高职高专土建类立体化系列教材——建筑工程技术专业

BIM 建模

主　编　姚亚锋

副主编　季京晨　秦志华　郝建涛

参　编　徐　笛　温　婧

　　　　张哲媚　潘元蒙

机械工业出版社

本书主要讲述利用 Revit 软件创建建筑模型的基本思路和具体操作。内容由浅入深、循序渐进，通过目前国家对 BIM 的需求和应用讲解 BIM 基础知识，通过一系列操作讲解利用 Revit 创建建筑模型的基本知识和基础操作方式，并通过一套完整的试题训练各操作步骤。

全书共 7 个项目。项目 1 为 BIM 概述，项目 2 为建模准备，项目 3~5 分别为建筑模型搭建、创建形状的基本方法——族、体量创建，项目 6 为模型后期应用，项目 7 为 Revit 与其他软件的对接。

本书努力体现快速而高效的学习方法，力争与实际工程相结合，突出专业性、实用性和可操作性，便于读者理解，非常适合 Revit 的初、中级读者阅读，本书可作为高职高专土建类相关专业的教材，也可供建筑行业人员学习参考。

图书在版编目（CIP）数据

BIM 建模/姚亚锋主编．—北京：机械工业出版社，2024.2
高职高专土建类立体化系列教材．建筑工程技术专业
ISBN 978-7-111-74767-3

Ⅰ.①B…　Ⅱ.①姚…　Ⅲ.①建筑设计-计算机辅助设计-应用软件-高等职业教育-教材　Ⅳ.①TU201.4

中国国家版本馆 CIP 数据核字（2024）第 046964 号

机械工业出版社（北京市百万庄大街 22 号　邮政编码 100037）
策划编辑：张荣荣　　　　责任编辑：张荣荣　关正美
责任校对：杨　霞　陈　越　　封面设计：张　静
责任印制：邓　博
北京盛通数码印刷有限公司印刷
2024 年 7 月第 1 版第 1 次印刷
184mm×260mm · 10.25 印张 · 250 千字
标准书号：ISBN 978-7-111-74767-3
定价：39.00 元

电话服务　　　　　　　　网络服务
客服电话：010-88361066　　机　工　官　网：www.cmpbook.com
010-88379833　　机　工　官　博：weibo.com/cmp1952
010-68326294　　金　书　网：www.golden-book.com
封底无防伪标均为盗版　　机工教育服务网：www.cmpedu.com

前言

“BIM 建模技术”是高等院校土建类相关专业的必修课，课程教学主要面向施工单位、建设单位生产一线的工作岗位，着眼培养具有基本 BIM 建模能力的实践性人才。

通过本课程的学习，学生应掌握建筑工程 BIM 基本概念，了解 BIM 建模基本原则和顺序，熟悉 BIM 结构建模、建筑建模基本步骤，同时熟悉各类构件族的创建方法以及体量的创建方式。本课程旨在为学生建立一套完整的土建建模所需的知识、技术和方法体系，通过实训巩固，进一步培养学生发现、分析、研究、解决建筑工程实际工程项目中模型问题的基本能力，为以后的工作打下坚实的基础。

本书教学内容可按 32~48 学时安排，各项目参考学时如下：项目 1 为 2 学时，项目 2 为 3 学时，项目 3 为 18~28 学时，项目 4 为 3~6 学时，项目 5 为 3~6 学时，项目 6 为 2 学时，项目 7 为 1 学时。

本书由南通职业大学、南通科技职业学院、江苏省通州中等专业学校、柯利达信息技术有限公司组成的教学团队负责编写，由姚亚锋担任主编，季京晨、秦志华、郝建涛、徐笛、温婧、张哲媚、潘元蒙参与本书的编写工作。具体编写分工如下：姚亚锋、潘元蒙编写项目 1 和项目 7，季京晨、徐笛编写项目 2 和项目 3，秦志华和郝建涛编写项目 4，温婧和郝建涛编写项目 5，张哲媚编写项目 6。全书由姚亚锋进行统稿。

在编写过程中，编者参考和引用了大量的文献资料，在此表示衷心感谢。由于编者水平有限，书中难免存在不足和疏漏之处，敬请广大读者批评指正。

编　者

目录

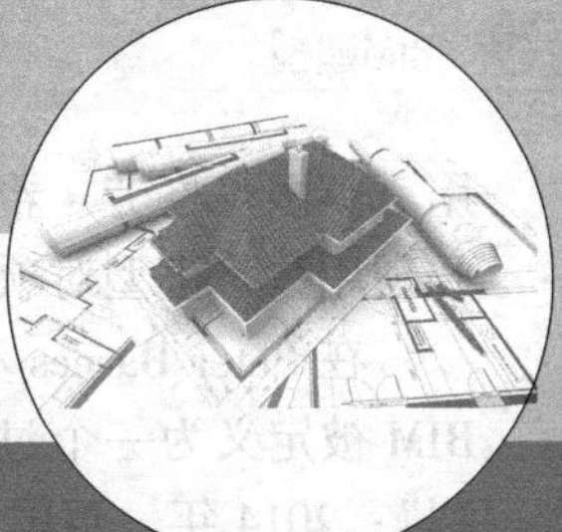

项目1 BIM概述

内容提要

建筑行业信息化技术的发展，使得 BIM 技术在建筑领域应用愈加广泛，BIM 已经不仅代表“建筑信息模型”或“建筑信息管理”，随着技术和应用的发展，BIM 自身的概念正在不断地被人们重新解读。本项目主要介绍四个方面的内容：一是 BIM 的基本概念及 BIM 应用的基本方向及难点；二是 BIM 人才需求与岗位能力要求；三是高校 BIM 人才培养途径；四是基于 BIM 模型的造价、施工方向全过程应用流程业务内容。

教学要求

知识要点	能力要求	相关知识
BIM 基本概念	(1) 能够了解 BIM 的含义 (2) 能够了解 BIM 的发展趋势	(1) BIM 的基本概念 (2) BIM 应用的基本方向 (3) BIM 应用的难点
BIM 人才需求	(1) 能够掌握 BIM 的人才缺口 (2) 能够掌握 BIM 人才上岗能力	(1) BIM 人才需求 (2) BIM 岗位能力要求
高校 BIM 环境	能够了解高校 BIM 培养策略	高校 BIM 人才培养途径
基于 BIM 模型的附加产业	(1) 能够了解基于 BIM 的造价业务 (2) 能够了解基于 BIM 的施工业务	(1) BIM 造价业务内容 (2) BIM 施工业务内容

1.1 什么是 BIM

理论知识一

1973 年，全球爆发第一次石油危机，由于石油资源的短缺和石油的提价，美国全行业均在考虑节能增效的问题；1975 年，“BIM 之父”美国乔治亚理工大学的 Chuck Eastman 教授提出了“Building Description System”（建筑描述系统），以便于实现建筑工程的可视化和量化分析，提高工程建设效率；1999 年，Eastman 将“建筑描述系统”发展为“建筑产品模型”（Building Product Model），认为建筑产品模型从概念、设计施工到拆除的建筑全生命周期过程中，均可提供建筑产品丰富、整合的信息；2002 年，Autodesk 收购三维建模软件公司 Revit Technology，首次将 BIM（Building Information Modeling）的首字母连起来使用，成了现在众所周知的“BIM”。

市面上各类 BIM 应用书籍大致从不同维度理解 BIM：第一个维度是项目不同阶段的 BIM 应用，第二个维度是项目不同参与方的 BIM 应用，第三个维度是不同层次和深度的 BIM 应用。英国麦格劳·希尔建筑信息公司 2009 年的一份报告里将 BIM 建筑信息模型定义为创建并利用数字模型对项目进行设计、建造及运营管理的过程。

在 Peter Barnes 和 Nigel Davies（2014 年）编著的 *BIM in principle and in practice* 一书中，BIM 被定义为一个过程，它是“基于计算机建筑 3D 模型，随实际建筑的变化而变化的过程”；2014 年，英国 BIM 研究院对 BIM 的定义是“一项综合的数字化流程”，即从设计到施工建设再到运营，提供贯穿所有项目阶段的可协调且可靠的共享数据。

BIM 没有官方权威的定义，市面上对 BIM 概念的解释较多，但相对片面，缺少系统认识。

在《建筑信息模型应用统一标准》（GB/T 51212—2016）中规定：在建设工程及设施全生命周期内，对其物理和功能特性进行数字化表达，并依此设计、施工、运营的过程和结果的总称，简称模型；在《建筑信息模型（BIM）职业技能等级标准》中规定：建筑信息模型（BIM）是指在建设工程及设施的规划、设计、施工以及运营维护阶段全寿命周期创建和管理建筑信息的过程，全过程应用三维、实时、动态的模型涵盖了几何信息、空间信息、地理信息、各种建筑组件的性质信息及工料信息。

1.2 制约 BIM 应用的难题

目前，世界各国都在推广 BIM 的应用，因为应用 BIM 技术能够产生经济效益、社会效益和环境效益，但是由于缺乏具有综合能力的 BIM 技术人员，已经阻碍了 BIM 技术在建筑产业中的应用。中国建筑施工行业信息化发展报告（2015 年）调研结果（图 1-1）表明，BIM 人才的培养是当前影响 BIM 深度应用与发展的主要障碍。如何推动 BIM 系列软件在建筑行业应用，进一步落实 BIM 技术推广，培养企业所需的 BIM 人才，是当前需要解决的问题。

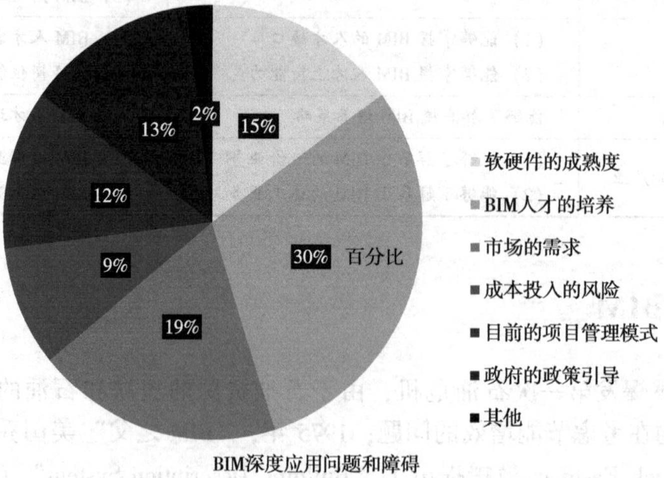

图 1-1 中国建筑施工行业信息化发展报告（2015 年）调研结果

1.3 BIM 人才分析

1.3.1 行业用人需求分析

随着建筑信息化时代的到来，行业岗位人才需求也发生了巨大变化，以下以 BIM 技术为代表对建筑行业信息化人才需求进行分析。

BIM 技术是在 CAD 技术基础上发展起来的多维模型信息集成技术，这些维度包括在三维建筑模型基础上的时间维度、造价维度、安全维度、性能维度等。BIM 的作用是使建设项目信息在规划、设计、建造和运营维护全过程中充分共享、无损传递；可以使建设项目的所有参与方在项目从概念产生到完全拆除的整个生命周期内，都能够在模型中操作信息和在信息中操作模型，进行协同工作，从而从根本上改变过去依靠以文字符号形式表达蓝图进行项目建设和运营管理的工作方式。

BIM 技术人才最基本的要求之一就是掌握最基础的 BIM 操作技能，即通过操作 BIM 建模软件，能将建筑工程设计和建造中产生的各种模型和相关信息制作成可用于工程设计、施工和后续应用所需的 BIM 及其相关的二维工程图、三维集合模型和其他有关的图形、模型和文档的能力；通过操作 BIM 专业应用软件进行 BIM 技术的综合应用能力。但是仅仅掌握 BIM 最基础的操作技能，并不能称为 BIM 技术人才。BIM 的意义在于项目全生命周期的信息交互（图 1-2）。

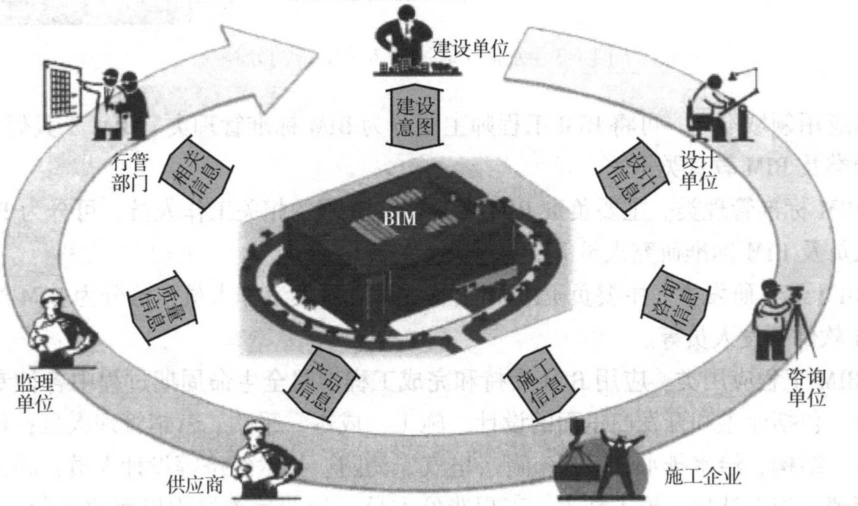

图 1-2 项目全生命周期的信息交互

因此，BIM 人才应该具备基本的工程能力+BIM 技能+管理协同能力。只会用单一软件建模，而不会用多种软件解决项目全生命周期的问题，或者只会用模型解决单一工种问题，而不会解决多工种问题的，不算懂 BIM；只会干活而不会带领团队，或者只会带队干活而不懂培养人才的也不算 BIM 人才。BIM 人才应该是复合型人才，只有这样才能担起在一个项目中的责任，才能发挥出 BIM 真正的价值。目前，企业 BIM 团队人才需求的分类如图 1-3 所示。

行业用人需求层次总结归纳为以下三个大类：

1）BIM 操作层，即 BIM 建筑建模师、BIM 结构建模师、BIM 机电建模师、BIM 全专业建模师。

2）BIM 专业层，即 BIM 建筑工程师、BIM 结构工程师、BIM 机电工程师、BIM 暖通工程师、BIM 桥梁工程师、BIM 轨道交通工程师、BIM 造价工程师。

3）BIM 管理层，即 BIM 技术经理、BIM 项目经理、BIM 企业总监。

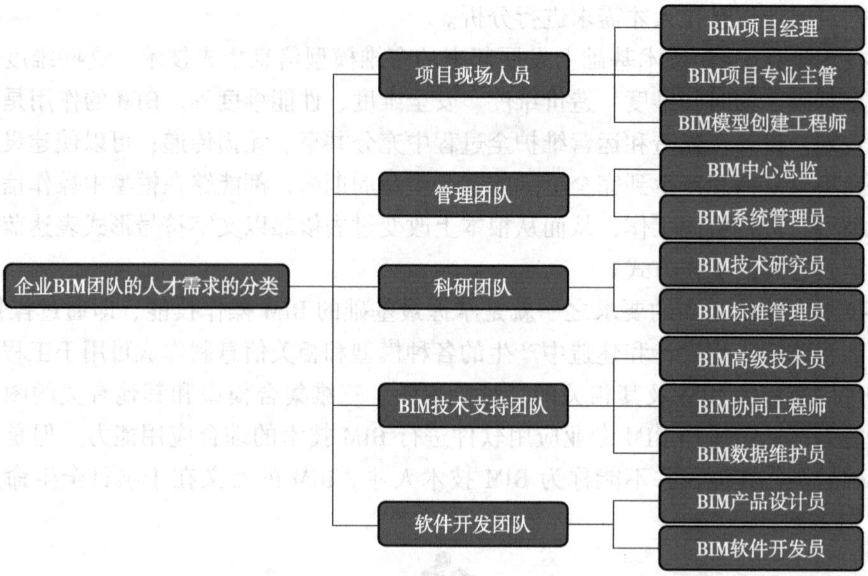

图 1-3　企业 BIM 团队人才需求的分类

根据应用领域不同，可将 BIM 工程师主要分为 BIM 标准管理类、BIM 工具研发类、BIM 工程应用类及 BIM 教育类等。

1）BIM 标准管理类。主要负责 BIM 标准研究管理的相关工作人员，可分为 BIM 基础理论研究人员及 BIM 标准研究人员等。

2）BIM 工具研发类。主要负责 BIM 工具的设计开发工作人员，可分为 BIM 产品设计人员及 BIM 软件开发人员等。

3）BIM 工程应用类。应用 BIM 支持和完成工程项目全生命周期过程中各种专业任务的专业人员，包括业主和开发商里面的设计、施工、成本、采购、营销管理人员；设计机构里面的建筑、结构、给水排水、暖通空调、电气、消防、技术经济等设计人员；施工企业里面的项目管理、施工计划、施工技术、工程造价人员；物业运维机构里面的运营、维护人员，以及各类相关组织里面的专业 BIM 应用人员等。BIM 工程师应用类又可分为 BIM 模型生产工程师、BIM 专业分析工程师、BIM 信息应用工程师、BIM 系统管理工程师、BIM 数据维护工程师等。

4）BIM 教育类。在高校或培训机构从事 BIM 教育及培训工作的相关人员，主要可分为高校教师及培训机构讲师等。

根据 BIM 应用程度可将 BIM 工程师主要分为 BIM 操作人员、BIM 技术主管、BIM 项目经理、BIM 战略总监等。

1）BIM 操作人员。进行实际 BIM 建模及分析人员，属于 BIM 工程师职业发展的初级阶段。

2）BIM 技术主管。在 BIM 项目实施过程中负责技术指导及监督人员，属于 BIM 工程师职业发展的中级阶段。

3）BIM 项目经理。负责 BIM 项目实施管理人员，属于项目级的职位，是 BIM 工程师职业发展的高级阶段。

4）BIM 战略总监。负责 BIM 发展及应用战略制定人员，属于企业级的职位，可以是部门或专业级的 BIM 专业应用人才或企业各类技术主管等，是 BIM 工程师职业发展的高级阶段。

1.3.2 BIM 人才能力分析

1. BIM 工程师基本素质要求

BIM 工程师基本素质要求是职业发展的基本要求，同时也是 BIM 工程师专业素质要求的基础。专业素质构成了工程师的主要竞争实力，而基本素质奠定了工程师的发展潜力与空间。BIM 工程师基本素质主要体现在职业道德、健康素质、团队协作及沟通协调等方面（图 1-4）。

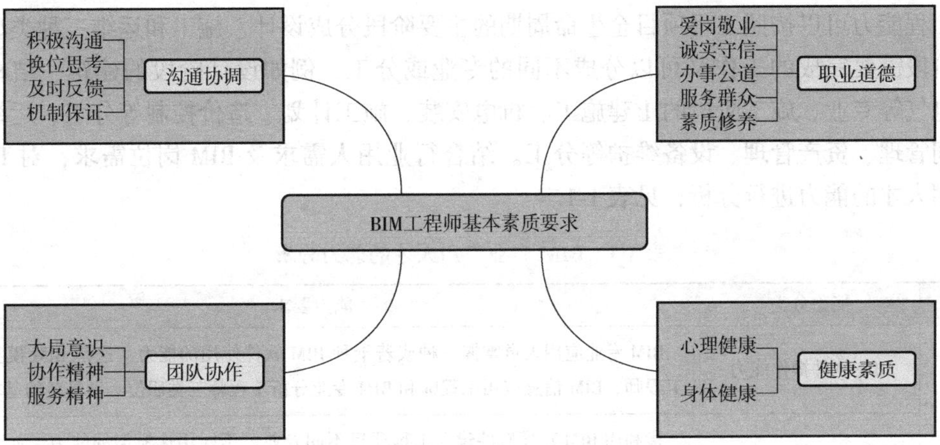

图 1-4 BIM 工程师基本素质要求

（1）职业道德

职业道德是指人们在职业生活中应遵循的基本道德，即一般社会道德在职业生活中的具体体现。它是职业品德、职业纪律、专业胜任能力及职业责任等的总称，属于自律范畴，通过公约、守则等对职业生活中的某些方面加以规范。职业道德素质对其职业行为产生重大的影响，是职业素质的基础。

（2）健康素质

健康素质主要体现在心理健康及身体健康两方面。BIM 工程师在心理健康方面应具有一定的情绪稳定性与协调性、较好的社会适应性、和谐的人际关系、心理自控能力、心理耐受力以及健全的个性特征等。在身体健康方面，BIM 工程师应满足个人各主要系统、器官功能正常的要求，体质及体力水平良好等。

（3）团队协作

团队协作能力，是指建立在团队基础之上，发挥团队精神、互补互助以达到团队最大工作效率的能力。对于团队的成员来说，不仅要有个人能力，更需要有在不同的位置上各尽所能、与其他成员协调合作的能力。

（4）沟通协调

沟通协调能力是指管理者在日常工作中妥善处理好上级、同级、下级等各种关系，使其减少摩擦，能够调动各方面的工作积极性的能力。

上述基本素质对 BIM 工程师的职业发展具有重要意义：有利于工程师更好地融入职业环境及团队工作中；有利于工程师更加高效、高标准地完成工作任务；有利于工程师在工作中学习、成长及进一步发展，同时为 BIM 工程师向更高层次发展奠定基础。

2. BIM 专业应用人才的能力

BIM 专业应用人才的能力由工程能力和 BIM 能力两部分构成（图 1-5）。

图 1-5　BIM 专业应用人才的能力

工程能力可以按照工程项目全生命周期的主要阶段分成设计、施工和运维三种类型；每一个阶段需要完成的工作又可以分成不同的专业或分工，例如设计阶段的建筑、结构、设备、电气等专业，施工阶段的土建施工、机电安装、施工计划、造价控制等分工，运维阶段的空间管理、资产管理、设备维护等分工。结合行业用人需求及 BIM 岗位需求，对 BIM 专业应用人才的能力进行分析，见表 1-1。

表 1-1　BIM 专业应用人才的能力分析

序号	能力分类	能力要求
1	BIM 软件操作能力	BIM 专业应用人员掌握一种或若干种 BIM 软件使用的能力，这是 BIM 模型生产工程师、BIM 信息应用工程师和 BIM 专业分析工程师三类职位必须具备的基本能力
2	BIM 模型生产能力	指利用 BIM 建模软件建立工程项目不同专业、不同用途模型的能力，如建筑模型、结构模型、场地模型、机电模型、性能分析模型、安全预警模型等，这是 BIM 模型生产工程师必须具备的能力
3	BIM 模型应用能力	指使用 BIM 模型对工程项目不同阶段的各种任务进行分析、模拟、优化的能力，如方案论证、性能分析、设计审查、施工工艺模拟等，这是 BIM 专业分析工程师需要具备的能力
4	BIM 应用环境建立能力	指建立一个工程项目顺利进行 BIM 应用而需要的技术环境的能力，包括交付标准、工作流程、构件部件库、软件、硬件、网络等，这是 BIM 项目经理在 BIM IT 应用人员支持下需要具备的能力
5	BIM 项目管理能力	指按要求管理协调 BIM 项目团队、实现 BIM 应用目标的能力，包括确定项目的具体 BIM 应用、项目团队建立和培训等，这是 BIM 项目经理需要具备的能力
6	BIM 业务集成能力	指把 BIM 应用和企业业务目标集成的能力，包括确认 BIM 对企业的业务价值、BIM 投资回报计算评估、新业务模式的建立等，这是 BIM 战略总监需要具备的能力

通过对岗位能力的要求及培养目标的要求进行分析，BIM 专业人才能力具体要求如图 1-6 所示。

通过图 1-6 不难看出，各 BIM 人才的培养应从低到高进行梯次提升，从会软件、会建模到会应用，这是通过项目实践应用后逐步发展到能够进行业务集成的高级 BIM 管理人员量变到质变的过程。

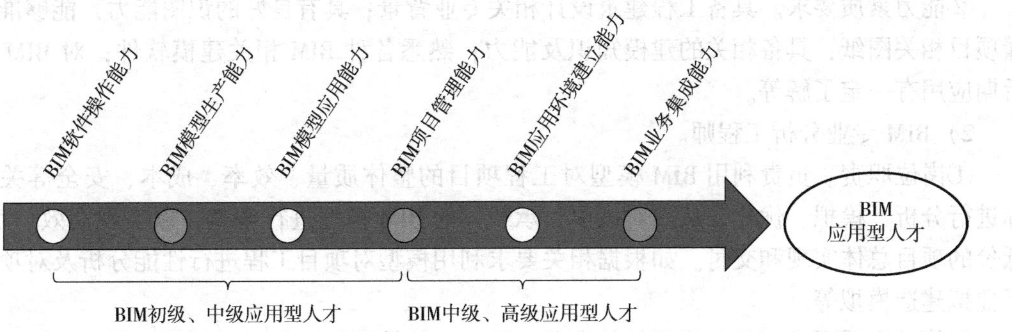

图 1-6 BIM 专业人才能力具体要求

1.3.3 企业及高校 BIM 人才培养

1. 不同应用领域的 BIM 工程师职业素质要求

（1）BIM 标准管理类

1）BIM 基础理论研究人员。

①岗位职责。负责了解国内外 BIM 发展动态（包括发展方向、发展程度、新技术应用等）；负责研究 BIM 基础理论；负责提出具有创新性的新理论等。

②能力素质要求。具有相应的理论研究及论文撰写经验；具有良好的文字表达能力；具有良好的文献数据查阅能力；对 BIM 技术具有比较全面的了解等。

2）BIM 标准研究人员。

①岗位职责。负责收集、贯彻国际、国家及行业的相关标准；负责编制企业 BIM 应用标准化工作计划及长远规划；负责组织制定 BIM 应用标准与规范；负责宣传及检查 BIM 应用标准与规范的执行；负责根据实际应用情况组织 BIM 应用标准与规范的修订等。

②能力素质要求。具有良好的文字表达能力；具有良好的文献数据查阅能力；对 BIM 技术发展方向及国家政策具有一定了解；对 BIM 技术具有比较全面的了解等。

（2）BIM 工具研发类

1）BIM 产品设计人员。

①岗位职责。负责了解国内外 BIM 产品概况，包括产品设计、应用及发展等；负责 BIM 产品概念设计；负责 BIM 产品设计；负责 BIM 产品投入市场的后期优化等。

②能力素质要求。熟悉 BIM 技术的应用价值；具有设计创新性；具有产品设计经验等。

2）BIM 软件开发人员。

①岗位职责。负责 BIM 软件设计；负责 BIM 软件开发及测试；负责 BIM 软件维护工作等。

②能力素质要求。了解 BIM 技术应用；掌握相关编程语言；掌握软件开发工具；熟悉数据库的运用等。

（3）BIM 工程应用类

1）BIM 模型生产工程师。

①岗位职责。负责根据项目需求建立相关的 BIM 模型，如场地模型、土建模型、机电模型、钢结构模型、幕墙模型、绿色模型及安全模型等。

②能力素质要求。具备工程建筑设计相关专业背景；具有良好的识图能力，能够准确读懂项目相关图纸；具备相关的建模知识及能力；熟悉各种 BIM 相关建模软件；对 BIM 模型后期应用有一定了解等。

2）BIM 专业分析工程师。

①岗位职责。负责利用 BIM 模型对工程项目的整体质量、效率、成本、安全等关键指标进行分析、模拟、优化，从而对该项目承载体的 BIM 模型进行调整，以实现高效、优质、低价的项目总体实现和交付。如根据相关要求利用模型对项目工程进行性能分析及对项目进行虚拟建造模拟等。

②能力素质要求。具备建筑相关专业知识；对建筑场地、空间、日照、通风、耗能、结构、噪声及景观能见度等相关知识要求较为了解；对项目施工过程及管理较为了解；具有一定 BIM 应用实践经验；熟悉相关 BIM 分析软件及协调软件等。

3）BIM 信息应用工程师。

①岗位职责。负责根据项目 BIM 模型完成各阶段的信息管理及应用的工作，如施工图出具、工程量估算、施工现场模拟管理、运维阶段的人员物业管理、设备管理及空间管理等。

②能力素质要求。对 BIM 项目各阶段实施有一定了解，且能够运用 BIM 技术解决工程实际问题等。

4）BIM 系统管理工程师。

①岗位职责。负责 BIM 应用系统、数据协同及存储系统、构件库管理系统的日常维护、备份等工作；负责各系统的人员及权限的设置与维护；负责各项目环境资源的准备及维护等。

②能力素质要求。具备计算机应用、软件工程等专业背景；具备一定的系统维护经验等。

5）BIM 数据维护工程师。

①岗位职责。负责收集、整理各部门、各项目的构件资源数据及模型、图纸、文档等项目交付数据；负责对构件资源数据及项目交付数据进行标准化审核，并提交审核情况报告；负责对构件资源数据进行结构化整理并导入构件库，并保证数据的良好检索能力；负责对构件库中构件资源的一致性、时效性进行维护，保证构件库资源的可用性；负责对数据信息的汇总、提取，供其他系统的应用和使用等。

②能力素质要求。具备建筑、结构、暖通、给水排水、电气等相关专业背景；熟悉 BIM 软件应用；具有良好的计算机应用能力等。

（4）BIM 教育类

1）高校教师。

①岗位职责。负责 BIM 研究（可分为不同领域）；负责 BIM 相关教材的编制，以便课程教学的实施；负责面向高校学生讲解 BIM 技术知识，培养学生运用 BM 技术能力；负责为社会系统地培养 BIM 技术专业人才等。

②能力素质要求。具有一定的 BIM 技术研究或应用经验；对 BIM 技术有较为全面或深入的了解；具有良好的口头表达能力等。

2）培训讲师。

①岗位职责。负责BIM研究（可分为不同领域）；负责BIM相关教材的编制，以便课程教学的实施；负责面向高校学生讲解BIM技术知识，培养学生运用BIM技术能力；负责为社会系统地培养BIM技术专业人才等。

②能力素质要求。具有一定的BIM技术研究或应用经验；对BIM技术有较为全面或深入的了解；具有良好的口头表达能力等。

2. 不同应用程度的BIM工程师职业素质要求

（1）BIM操作人员

①岗位职责。负责创建BIM模型、基于BIM模型创建三维视图以及添加指定的BIM信息；配合项目需求，负责BIM可持续设计，如绿色建筑设计、节能分析、室内外渲染、虚拟漫游、建筑动画、虚拟施工周期、工程量统计等。

②能力素质要求。具备土建、水电、暖通等相关专业背景；熟练掌握BIM各类软件，如建模软件、分析软件、三维可视化软件等。

（2）BIM技术主管

①岗位职责。负责对BIM项目在各阶段实施过程中进行技术指导及监督；负责将BIM项目经理的项目任务安排落实到BIM操作人员去实施；负责协同各BIM操作人员工作内容等。

②能力素质要求。具备土建、水电、暖通等相关专业背景；具有丰富的BIM技术应用经验，能够独立指导BIM项目实施技术问题；具有良好的沟通协调能力等。

（3）BIM项目经理

①岗位职责。负责对BIM项目进行规划、管理和执行，保质、保量实现BIM应用的效益，能够自行或通过调动资源解决工程项目BIM应用中的技术和管理问题；负责参与BIM项目决策，制定BIM工作计划；负责设计环节的保障监督，监督并协调IT服务人员完成项目BIM软硬件及网络环境的建立，确定项目中的各类BIM标准及规范，如大项目切分原则、构件使用规范、建模原则、专业内协同设计模式、专业间协同设计模式等，同时还需负责对BIM工作进度的管理与监控等。

②能力素质要求。具备土建、水电、暖通等相关专业背景；具有丰富的建筑行业实际项目的设计与管理经验、独立管理大型BIM建筑工程项目的经验；熟悉BIM建模及专业软件；具有良好的组织能力及沟通能力等。

（4）BIM战略总监

①岗位职责。负责企业、部门或专业的BIM总体发展战略，包括组建团队、确定技术路线、研究BIM对企业的质量效益和经济效益、制定BIM实施计划等；负责企业BIM战略与顶层设计、BIM理念与企业文化的融合、BIM组织实施机构的构建、BIM实施方案比选、BIM实施流程优化、企业BIM信息构想平台搭建以及BIM服务模式与管理模式创新等。

②能力素质要求。对BIM的应用价值有系统了解和深入认识；了解BIM基本原理和国内外应用现状；了解BIM将给建筑业带来的价值和影响；掌握BIM在施工行业的应用价值和实施方法，掌握BIM实施应用环境，如软件、硬件、网络、团队、合同等。

3. BIM工程师的岗位职责

BIM技术可应用于项目全生命周期各阶段中，包括项目各参与方，因此BIM技术应用

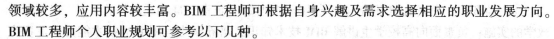

领域较多，应用内容较丰富。BIM 工程师可根据自身兴趣及需求选择相应的职业发展方向。BIM 工程师个人职业规划可参考以下几种。

（1）招标投标工作 BIM 工程师职责

BIM 工程师在招标投标管理方面的工作应用主要体现在以下几个方面：

①数据共享。BIM 模型的可视化能够让投标方深入了解招标方所提出的条件，避免信息孤岛的产生，保证数据的共通共享及可追溯性。

②经济指标的控制。控制经济指标的精确性与准确性，避免建筑面积与限高的造假。

③无纸化招标投标。实现无纸化招标投标，从而节约大量纸张和装订费用，真正做到绿色低碳环保。

④削减招标投标成本。可实现招标投标的跨区域、低成本、高效率、更透明、现代化，大幅度削减招标投标的人力成本。

⑤整合招标投标文件。整合所有招标文件，量化各项指标，对比论证各投标人的总价、综合单价及单价构成的合理性。

⑥评标管理。基于 BIM 技术能够记录评标过程并生成数据库，对操作员的操作进行实时的监督，评标过程可事后查询，最大限度地减少暗箱操作、虚假招标、权钱交易，有利于规范市场秩序，有效推动招标投标工作的公开化、法制化，使得招标投标工作更加公正、透明。

（2）设计阶段 BIM 工程师职责

BIM 工程师在设计方面的工作应用主要体现在以下几个方面：

①通过创建模型，更好地表达设计意图，突出设计效果，满足业主需求。

②利用模型进行专业协同设计，可减少设计错误，通过碰撞检查，把类似空间障碍等问题消灭在出图之前。

③可视化的设计会审和专业协同，基于三维模型的设计信息传递和交换将更加直观、有效，有利于各方沟通和理解。

（3）施工阶段 BIM 工程师职责

BIM 工程师在施工中的工作应用主要体现在以下几个方面：

①利用模型进行直观的“预施工”，预知施工难点，更大程度地消除施工的不确定性和不可预见性，降低施工风险，保证施工技术措施的可行、安全、合理和优化。

②在设计方提供的模型基础上进行施工深化设计，解决设计信息中没有体现的细节问题和施工细部做法，更直观、更切合实际地对现场施工工人进行技术交底。

③为构件加工提供最详细的加工详图，减少现场作业，保证质量。

④利用模型进行施工过程荷载验算、进度物料控制、施工质量检查等。

（4）造价方面 BIM 工程师职责

BIM 工程师在造价方面的工作应用主要体现在以下几个方面：

①项目计划阶段，对工程造价进行预估，应用 BIM 技术提供各设计阶段准确的工程量、设计参数和工程参数，将工程量和参数与技术经济指标结合，以计算出准确的估算、概算，再运用价值工程和限额设计等手段对设计成果进行优化。

②在合同管理阶段，通过对细部工程造价信息的抽取、分析和控制，从而控制整个项目的总造价。

(5) 运维阶段 BIM 工程师职责

BIM 工程师在运维方面的工作应用主要体现在以下几个方面：

①数据集成与共享化运维管理，把成堆的图纸、报价单、采购单、工期图等统筹在一起，呈现出直观、实用的数据信息，基于这些信息进行运维管理。

②可视化运维管理，基于 BIM 三维模型对建筑运维阶段进行直观化、可视化的管理。

③应急管理决策与模拟，提供实时的数据访问，在没有获取足够信息的情况下，做出应急响应决策。

可见，BIM 在工程的各个阶段都能发挥重要的作用，项目各方都能加以利用，项目各阶段各参与方的 BIM 使用情况见表 1-2。

表 1-2 项目各阶段各参与方的 BIM 使用情况

名称	相关企业单位	作用
BIM 与招标投标	房地产开发公司	负责招标、开标及评定标等
	施工单位	负责招标，利用 BIM 等相关软件提高中标率和投标质量
	设计单位	负责投标，基于 BIM 技术给招标方提供技术标书以及标书演示视频等
BIM 与设计	设计院	负责建筑方案前期构思、三维设计与可视化展示、设计分析、协调设计及碰撞检查、出具相关施工图
	研究院	负责对基于 BIM 技术的设计方法进行研究及创新，以提高项目设计阶段的效益
BIM 与施工	建筑施工单位	负责虚拟施工管理、施工进度管理、施工成本管理、施工过程安全管理、物料管理、绿色施工管理、工程变更管理、施工协同工作等
	研究院	负责对基于 BIM 技术的施工方法进行研究及创新，以提高项目施工阶段的效益
BIM 与造价	房地产开发公司	负责项目投资控制；负责进度款拨付、结算等
	设计院	主要负责配合设计各阶段计算投资
	施工单位	主要负责招标投标报价；负责施工过程中进度款申请、变更洽商、造价编制、工程结算等
	造价咨询事务所	主要负责项目及工程造价的编制、审核
BIM 与运维	房地产开发公司	负责空间管理、资产管理、维护管理、公共安全管理、耗能管理等
	市政单位	负责应用 BIM 技术对建筑及城市进行规划管理

4. 企业和高校 BIM 人才培养方式

1）目前，企业主要是公司项目形式带动 BIM 人才培养，即通过项目应用 BIM 技术，从而以公司项目部的形式组织进行 BIM 系列培训带动 BIM 人才培养。行业学会及协会组织的 BIM 等级考试及相关的培训，主要以 BIM 岗位等级认证证书能力考核为主导。

行业学会及协会 BIM 等级培训及资格认证考试是企业 BIM 人才培养的一种模式，目前主要的 BIM 认证考核组织如下：

①中国图学学会及国家人力资源和社会保障部联合颁发。一级 BIM 建模师、二级 BIM 高级建模师（区分专业）、三级 BIM 设计应用建模师（区分专业基础之上偏重模型的具体分析）。

②中国建设教育协会单独机构颁发。一级 BIM 建模师、二级专业 BIM 应用师（区分专业）、三级综合 BIM 应用师（拥有建模能力，包括与各个专业的结合、实施 BIM 流程、制定 BIM 标准、多方协同等，偏重于 BIM 在管理上的应用）。

③工业和信息化部电子行业职业技能鉴定指导中心和北京绿色建筑产业联盟联合颁发。BIM 建模技术、BIM 项目管理、BIM 战略规划考试。

④国际建设管理学会（ICM）颁发。BIM 工程师、BIM 项目管理总监。

2）高校 BIM 人才培养现状。BIM 技术的发展日新月异，负责人才培养的教育和培训事业面临着很大的挑战，但同时也是很大的机遇。鉴于我国快速大规模的城镇化和行业管理的一体化系统，我国 BIM 增长的曲线会更加陡高。那么随着我国 BIM 应用高峰的日渐临近，人才的培养需求已经迫在眉睫。BIM 技术高校落地实施的难题是 BIM 专业建设及专业人才培养方案的修订，BIM 如何与专业进行结合、如何入课是目前摆在高校面前的难题。BIM 高校应用现状调研如图 1-7 所示。

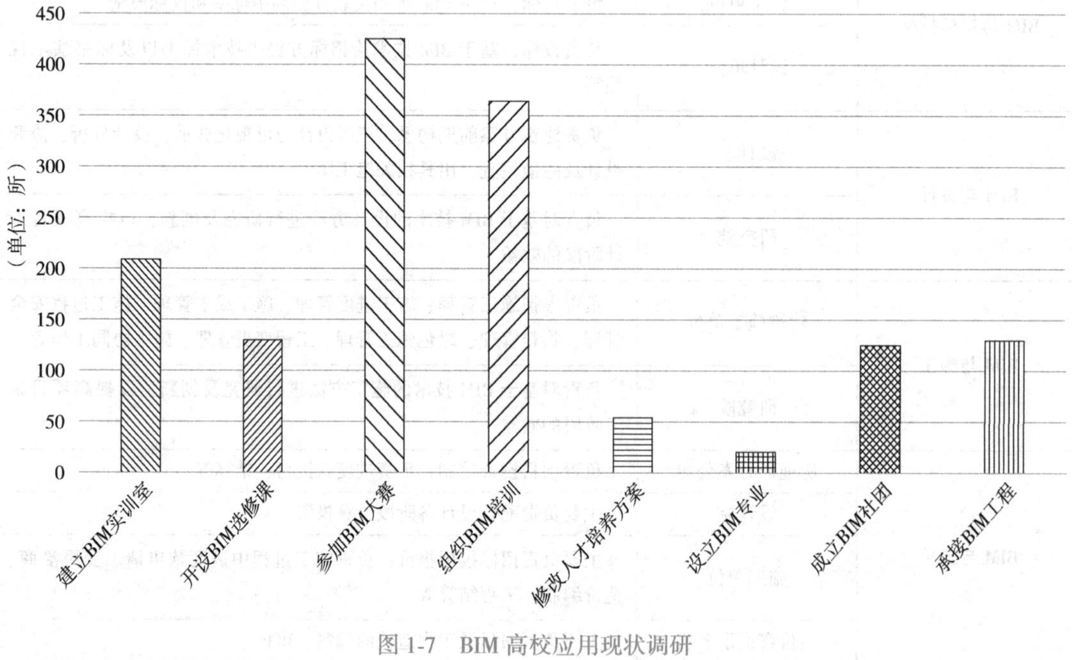

图 1-7 BIM 高校应用现状调研

3）高校 BIM 人才培养方向。BIM 标准人才，即做标准研究的 BIM 人才；BIM 工具人才，即做工具研制的 BIM 人才；BIM 应用人才，即应用 BIM 支持本人专业分工的人才。同时，结合行业 BIM 岗位需求分析，BIM 应用人才应该为高校人才培养的重中之重。

1.4 BIM 建模应用

理论知识二

1.4.1 概述

项目 BIM 实施与应用指的是基于 BIM 技术对项目进行信息化、集成化及协同化管理的过程。

引入 BIM 技术，将从建设工程项目的组织、管理的方法和手段等多个方面进行系统的变革，实现理想的建设工程信息积累，从根本上消除信息的流失和信息交流的障碍。

应用 BIM 技术，能改变传统的项目管理理念，引领建筑信息技术走向更高层次，从而大大提高建筑管理的集成化程度。从建筑的设计、施工、运营，直至建筑全生命周期的终结，各种信息始终整合于一个三维模型信息数据库中，BIM 技术可以轻松地实现集成化管理，如图 1-8 所示。

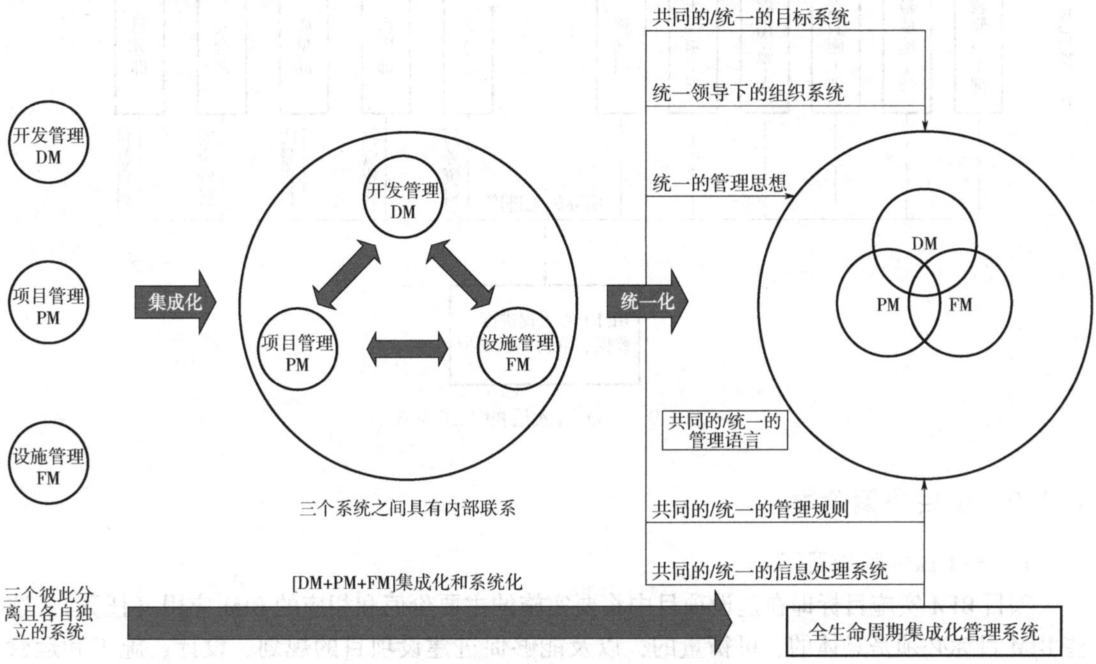

图 1-8 基于 BIM 的集成化管理

应用 BIM 技术，可为工程提供数据后台的巨大支撑，可以使业主、设计院、顾问公司、施工总承包、专业分包、材料供应商等众多单位在同一个平台上实现数据共享及协同工作，使沟通更为便捷、协作更为紧密、管理更为有效，从而革新了传统的项目管理模式。BIM 引入后的工作模式如图 1-9 所示。

随着 BIM 应用的深入发展，BIM 在设计阶段的建模应用已逐渐成为趋势，作为 BIM 设计模型的后价值之一，BIM 模型后续应用逐渐受到建设各方的关注。例如过去常采用 Revit 辅助算量，通过 Revit 本身具备的明细表功能，把模型构件按各种属性信息进行筛选、汇总，最后排列表达出来。但是 Revit 模型中的构件是完全纯净的，算量结果完全取决于建模的方法和模型精度，所以明细表中列出的工程量为“净量”，即模型构件的净几何尺寸，与国标清单工程量还有一定差距。

为了更好地探索设计模型后价值，目前除建立模型规则、统一标准、规范工作流程外，还一直在尝试 BIM 模型与 BIM 系列软件（如算量、施工软件等）进行对接，试图实现设计模型向算量模型等深层次应用的顺利传递，增加模型的附加值。

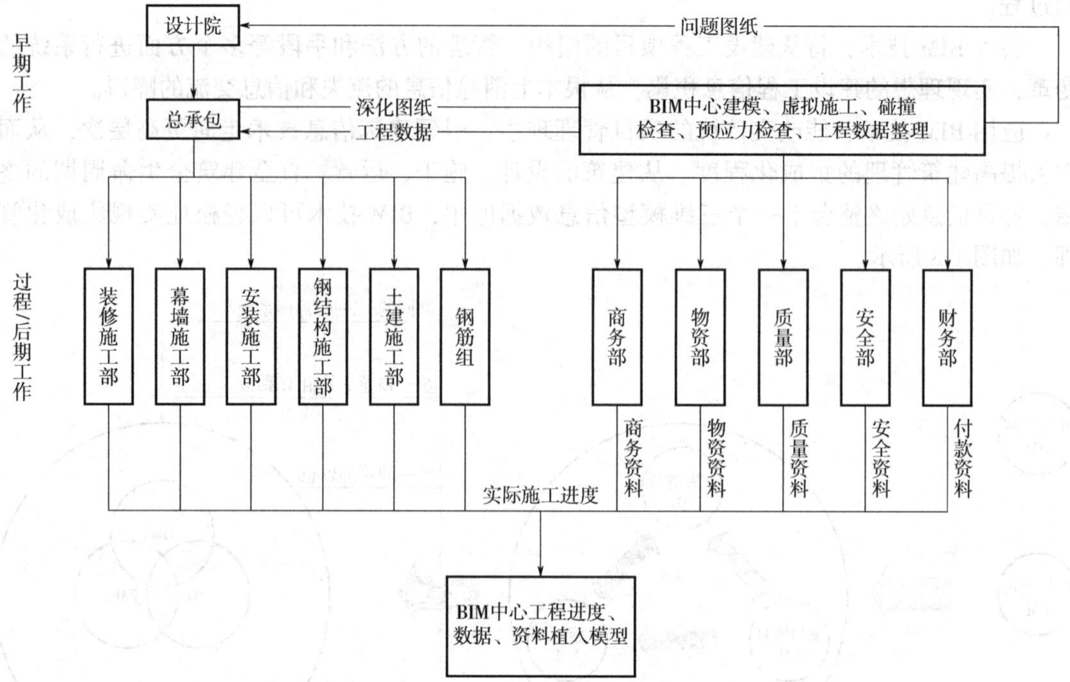

图 1-9　BIM 引入后的工作模式

1.4.2　项目决策阶段

1. 项目 BIM 实施目标

项目 BIM 实施目标即在建设项目中将要实施的主要价值和相应的 BIM 应用（任务）。这些 BIM 目标必须是具体的、可衡量的，以及能够促进建设项目的规划、设计、施工和运营成功进行的。以某一项目 BIM 实施目标为例。

BIM 目标可分为两大类：

（1）项目目标

项目目标包括缩短工期、更高的现场生产效率、通过工厂制造提升质量、为项目运营获取重要信息等。项目目标又可细分为以下两类：

1）与项目的整体表现有关，包括缩短项目工期、降低工程造价、提升项目质量等。例如关于提升质量的目标包括通过能量模型的快速模拟得到一个能源效率更高的设计、通过系统的 3D 协调得到一个安装质量更高的设计、通过开发一个精确的记录模型改善运营模型建立的质量等。

2）与具体任务的效率有关，包括利用 BIM 模型更高效地绘制施工图、通过自动工程量统计更快做出工程预算、减少在物业运营系统中输入信息的时间等。

（2）公司目标

公司目标包括业主通过样板项目描述设计、施工、运营之间的信息交换，设计机构获取高效使用数字化设计工具的经验等。

企业在应用 BIM 技术进行项目管理时，需明确自身在管理过程中的需求，并结合 BIM 本身特点来确定项目管理的服务目标。在定义 BIM 目标的过程中可以用优先级表示某个

BIM 目标对该建设项目设计、施工、运营成功的重要性，对每个 BIM 目标提出相应的 BIM 应用。BIM 目标可对应于某一个或多个 BIM 应用。

为完成 BIM 应用目标，各企业应紧随建筑行业技术发展步伐，结合自身在建筑施工领域全产业链的资源优势，确立 BIM 技术应用的战略思想。如某施工企业根据其“提升建筑整体建造水平、实现建筑全生命周期精细化动态管理、实现建筑全生命周期各阶段参与方效益最大化”的 BIM 应用目标，确立了“以 BIM 技术解决技术问题为先导、通过 BIM 技术实现流程再造为核心，全面提升精细化管理，促进企业发展”的 BIM 技术应用战略思想。

公司如没有服务目标盲从发展 BIM 技术，可能会出现在弱势技术领域过度投入，而产生不必要的资源浪费，只有结合自身建立有切实意义的服务目标，才能有效提升技术实力。

2. 项目 BIM 技术路线

项目 BIM 技术路线是指对要达到项目目标准备采取的技术手段、具体步骤及解决关键性问题的方法等在内的研究途径。合理的技术路线可保证顺利地实现既定目标。技术路线的合理性并不是技术路线的复杂性。明确了 BIM 应用需要实现的业务目标以及 BIM 应用的具体内容以后，选择相应的 BIM 技术路线，而选择什么 BIM 软件和确定使用流程则是 BIM 技术路线的选择的核心内容。

在确定技术路线的过程中根据 BIM 应用的主要业务目标和项目、团队、企业的实际情况来选择“合适”的软件从而完成相应的 BIM 应用内容，这里的“合适”是综合分析项目特点、主要业务目标、团队能力、已有软硬件情况、专业和参与方配合等各种因素以后得出的结论，从目前的实际情况来看，总体“合适”的软件未必对每一位项目成员都“合适”，这就是 BIM 软件的现状。因此，不同的专业使用不同的软件，同一个专业由于业务目标不同也可能会使用不同的软件，这都是 BIM 应用中软件选择的常态，目前全球同行和相关组织正在努力改善整体 BIM 应用能力的主要方向也是提高不同软件之间的信息互用水平。

以施工企业土建安装和商务成本控制两类典型部门的 BIM 应用情况为例，主要的技术路线有以下 4 种：

（1）技术路线 1

技术路线 1 即商务部门根据 CAD 施工图利用广联达、鲁班及斯维尔等算量软件建模，从而计算工程量及成本估算。而技术部门根据 CAD 施工图利用 Revit、Tekla 等建模，从而进一步进行深化设计、施工过程模拟、施工进度管理及施工质量管理等。

技术路线 1 的不足之处是：目前同一个项目技术部门和商务部门需要根据各自的业务需求创建两次模型，技术模型与算量模型之间的信息互用还没有成熟到普及应用的程度。但这是目前看来业务上和技术上都比较可行的路线。

（2）技术路线 2

技术路线 2 即商务部门根据 CAD 施工图利用广联达、鲁班及斯维尔等算量软件建模，从而计算工程量及成本估算。而技术部门根据技术部门建立的模型再利用 Revit、Tekla 等建模，从而进一步进行深化设计、施工过程模拟、施工进度管理及施工质量管理等。

技术路线 2 与技术路线 1 的共同点是：技术和商务使用两个不同的模型，使用不同的软件来实现各自的业务目标，不同模型之间的信息互用减少或避免了两个模型建立的重复工作。

(3) 技术路线3

技术路线3即技术部门根据CAD施工图利用Revit、Tekla等建模，从而进一步进行深化设计、施工过程模拟、施工进度管理及施工质量管理等，商务部门根据技术部门所建的模型进行工程量计算及成本估算。

技术路线3中“从土建、机电、钢结构等技术模型完成算量和预算”的做法已经有VICO、Innovaya等成功先例。

(4) 技术路线4

技术路线4即商务部门根据CAD施工图利用广联达、鲁班及斯维尔等算量软件建模，从而计算工程量及成本估算。而技术部门根据商务部门建立的模型进行深化设计、施工过程模拟、施工进度管理及施工质量管理等。

技术路线4中“从算量模型完成土建、机电、钢结构技术任务”的做法目前还没有类似的尝试，这样的做法无论从技术上还是业务流程上其合理性和可行性都还是值得商榷的。

3. 项目BIM实施保障措施

(1) 建立系统运行保障体系

建立系统运行保障体系主要包括组建系统人员配置保障体系、编制BIM系统运行工作计划、建立系统运行例会制度和建立系统运行检查机制等方面，从而保障项目BIM在实施阶段中整个项目系统能够高效准确运行，以实现项目实施目标。

1) 组建系统人员配置保障体系。

①按BIM组织架构表成立总承包BIM系统执行小组，由BIM系统总监全权负责。经业主审核批准，小组人员立刻进场，以最快速度投入系统的创建工作。

②成立BIM系统领导小组，小组成员由总承包项目总经理、项目总工、设计及BIM系统总监、土建总监、钢结构总监、机电总监、装饰总监、幕墙总监组成，定期沟通及时解决相关问题。

③总承包各职能部门设专人对口BIM系统执行小组，根据团队需要及时提供现场进展信息。

④成立BIM系统总分包联合团队，各分包派固定的专业人员参加，如果因故需要更换，必须有很好的交接，保持其工作的连续性。

2) 编制BIM系统运行工作计划。

编制BIM系统运行工作计划主要体现在以下两个方面：

①各分包单位、供应单位根据总工期以及深化设计出图要求，编制BIM系统建模以及分阶段BIM模型数据提交计划、四维进度模型提交计划等，由总承包BIM系统执行小组审核，审核通过后由总承包BIM系统执行小组正式发文，各分包单位参照执行。

②根据各分包单位的计划，编制各专业碰撞检测计划、修改后重新提交计划。

3) 建立系统运行例会制度。

建立系统运行例会制度主要体现在以下三个方面：

①BIM系统联合团队成员，每周召开一次专题会议，汇报工作进展情况、遇到的困难以及需要总承包协调的问题。

②总承包BIM系统执行小组，每周内部召开一次工作碰头会，针对本周本条线工作进展情况和遇到的问题，制定下周工作目标。

③BIM 系统联合团队成员，必须参加每周的工程例会和设计协调会，及时了解设计和工程进展情况。

4）建立系统运行检查机制。

建立系统运行检查机制主要体现在以下三个方面：

①BIM 系统是一个庞大的操作运行系统，需要各方协同参与。由于参与的人员多且复杂，需要建立健全的检查制度来保证体系的正常运作。

②对各分包单位，每两周进行一次系统执行情况飞行检查，了解 BIM 系统执行的真实情况、过程控制情况和变更修改情况。

③对各分包单位使用的 BIM 模型和软件进行有效性检查，确保模型和工作同步进行。

（2）建立模型维护与应用保障体系

建立模型维护与应用保障体系主要包括建立模型应用机制、确定模型应用计划和实施全过程规划等方面，从而保障从模型创建到模型应用的全过程信息无损化传递和应用。

1）建立模型维护与应用机制。建立模型维护与应用机制主要体现在以下八个方面：

①督促各分包在施工过程中维护和应用 BIM 模型，按要求及时更新和深化 BIM 模型，并提交相应的 BIM 应用成果。如在机电管线综合设计的过程中，对综合后的管线进行碰撞校验，并生成检验报告。设计人员根据报告所显示的碰撞点与碰撞量调整管线布局，经过若干个检测与调整的循环后，可以获得一个较为精确的管线综合平衡设计。

②在得到管线布局最佳状态的三维模型后，按要求分别导出管线综合图、综合剖面图、支架布置图以及各专业平面图，并生成机电设备及材料量化表。

③在管线综合过程中建立精确的 BIM 模型，还可以采用相关软件制作管道预制加工图，从而大大提高本项目的管道加工预制化、安装工程的集成化程度，进一步提高施工质量，加快施工进度。

④运用相关进度模拟软件建立四维进度模型，在相应部位施工前 1 个月内进行施工模拟，及时优化工期计划，指导施工实施。同时，按业主所要求的时间节点提交与施工进度相一致的 BIM 模型。

⑤在相应部位施工前的 1 个月内，根据施工进度及时更新和集成 BIM 模型，进行碰撞检测，提供包括具体碰撞位置的检测报告。设计人员根据报告很快找到碰撞点所在位置并进行逐一调整，为了避免在调整过程中有新的碰撞点产生，检测和调整会进行多次循环，直至碰撞报告显示零碰撞点。

⑥对于施工变更引起的模型修改，在收到各方确认的变更单后的 14 天内完成。

⑦在出具完工证明以前，向业主提交真实准确的竣工 BIM 模型、BIM 应用资料和设备信息等，确保业主和物业管理公司在运营阶段具备充足的信息。

⑧集成和验证最终的 BIM 竣工模型，按要求提供给业主。

2）确定 BIM 模型的应用计划。确定 BIM 模型的应用计划主要体现在以下七个方面：

①根据施工进度和深化设计及时更新和集成 BIM 模型，进行碰撞检测，提供具体碰撞的检测报告，并提供相应的解决方案，及时协调解决碰撞问题。

②基于 BIM 模型，探讨短期及中期的施工方案。

③基于 BIM 模型，准备机电综合管道图（CSD）及综合结构留洞图（CBWD）等施工深化图，及时发现管线与管线之间、管线与建筑之间、结构之间的碰撞点。

④基于 BIM 模型，及时提供能快速浏览的如 DWF 等格式的模型和图片，以便各方查看和审阅。

⑤在相应部位施工前的 1 个月内，施工进度表进行 4D 施工模拟，提供图片和动画视频等文件，协调施工各方优化时间安排。

⑥应用网上文件管理协同平台，确保项目信息及时有效地传递。

⑦将视频监视系统与网上文件管理平台整合，实现施工现场的实时监控和管理。

3）实施全过程规划。为了在项目期间最有效地利用协同项目管理与 BIM 计划，先投入时间对项目各阶段中团队各利益相关方之间的协作方式进行规划。

①对项目实施流程进行确定，确保每项任务能按照相应计划顺利完成。

②确保各人员团队在项目实施过程中能够明确各自相应的任务及要求。

③对整个项目实施时间进度进行规划，在此基础上确定每个阶段的时间进度，以保障项目如期完成。

1.4.3 项目实施阶段

1. BIM 实施模式

根据对部分大型项目的具体应用和中国建筑业协会工程建设质量管理分会等机构进行的调研，目前国内 BIM 组织实施模式大略可归纳为 4 类：设计主导管理模式、咨询辅助管理模式、业主自主管理模式和施工主导管理模式。

（1）设计主导管理模式

设计主导管理模式是由业主委托一家设计单位，将拟建项目所需的 BIM 应用要求等以 BIM 合同的方式进行约定，由设计单位建立 BIM 设计模型，并在项目实施过程中提供 BIM 技术指导、模型信息的更新与维护、BIM 模型的应用管理等，施工单位在设计模型上建立施工模型，如图 1-10 所示。

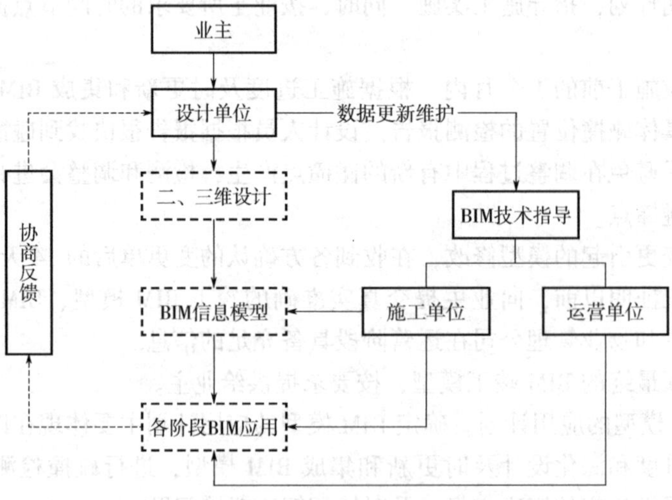

图 1-10 设计主导管理模式

设计方驱动模式应用最早、也较为广泛，各设计单位为了更好地表达自己的设计方案，通常采用 3D 技术进行建筑设计与展示，特别是大型复杂的建设项目，以期赢取设计招标。

但在施工及运维阶段，设计方的驱动力下降，对施工过程中以及施工结束后业主关注的运维等应用考虑较少，导致业主后期施工管理和运营成本较高。

（2）咨询辅助管理模式

业主分别同设计单位签订设计合同、同BIM咨询公司签订BIM咨询服务合同，先由设计单位进行设计，BIM咨询公司根据设计资料进行三维建模，并进行设计、碰撞检查，随后将检查结果及时反馈以减少工程变更，此即最初的BIM咨询模式，如图1-11所示。有些设计单位也在推进应用BIM技术辅助设计，由BIM咨询单位作为BIM总控单位进行协调设计和施工模拟，BIM咨询公司还需对业主方后期项目运营管理提供必要的培训和指导，以确保运营阶段的效益最大化。

此模式侧重基于模型的应用，如模拟施工、能效仿真等，且有利于业主方择优选择设计单位并进行优化设计，利于降低工程造价。缺点是业主方前期合同管理工作量大，参建各方关系复杂，组织协调难度较大。

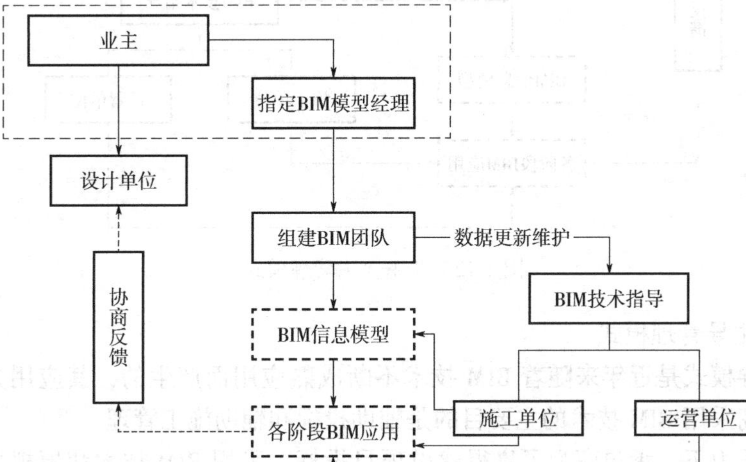

图1-11 BIM咨询辅助管理模式

（3）业主自主管理模式

在业主自主管理的模式下，初期建设单位主要将BIM技术集中用于建设项目的勘察、设计以及项目沟通、展示与推广上。随着对BIM技术认识的深入，BIM的应用已开始扩展至项目招标投标、施工、物业管理等阶段。

1）在设计阶段，建设单位采用BIM技术进行建设项目设计的展示和分析。一方面，将BIM模型作为与设计方沟通的平台，控制设计进度；另一方面，进行设计错误的检测，在施工开始之前解决所有设计问题，确保设计的可实施性，减少返工。

2）在招标阶段，建设单位借助于BIM的可视化功能进行投标方案的评审，提高投标方案的可视性，确保投标方案的可行性。

3）在施工阶段，采用BIM技术中的模拟功能进行施工方案模拟并进行优化。一方面，提供了一个与承建商沟通的平台，控制施工进度；另一方面，确保施工的顺利进行，保证投资控制和工程质量。

4）在物业管理阶段，前期建立的BIM模型集成了项目所有的信息，如材料型号、供应商等，可用于辅助建设项目维护与应用。

业主自主管理模式如图1-12所示，是由业主方为主导，组建专门的BIM团队，负责BIM实施，对直接参与的BIM技术人员及软硬件设备要求都比较高，特别是对BIM团队人员的沟通协调能力、软件操作能力有较高的要求，且前期团队组建困难较多、成本较高、应用实施难度大，对业主方的经济、技术实力有较高的要求。

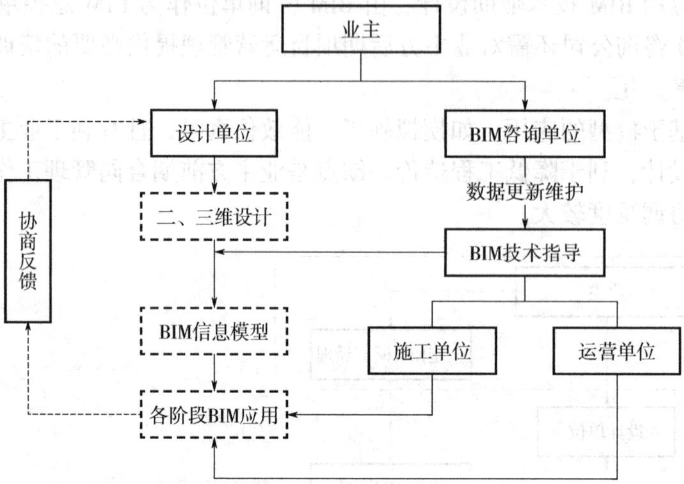

图1-12　业主自主管理模式

（4）施工主导管理模式

施工方主导模式是近年来随着BIM技术不断成熟应用而产生的，其应用方通常为大型承包商。承包商采用BIM技术的主要目的是辅助投标和辅助施工管理。

在竞争的压力下，承包商为了赢得建设项目投标，采用BIM技术和模拟技术来展示自己施工方案的可行性及优势，从而提高自身的竞争力。另外，在大型复杂建筑工程施工过程中，施工工序通常也比较复杂，为了保证施工的顺利进行、减少返工，承包商采用BIM技术进行施工方案的模拟与分析，在正式施工之前找出合理的施工方案，同时便于与分包商协作与沟通。

此种应用模式主要面向建设项目的招标投标阶段和施工阶段，当工程项目投标或施工结束时，施工方的BIM应用驱动力则降低，对于适用于全生命周期管理的BIM技术来说，其BIM信息没有被很好地传递，施工过程中产生的信息将会丢失，失去了BIM技术应用本身的意义。

综上所述，从项目BIM应用实施的初始成本、协调难度、应用扩展性、对运营的支持程度以及对业主的要求5个角度来分别考察四种模式的特点，可以得出如表1-3和表1-4所示的四种应用模式的特征对比、功能和效用比较。根据四种模式的特征可以得出各种模式的特点和适用情形和适用范围，如表1-5所示。

在工程项目参与各方中，业主处于主导地位。在BIM实施应用的过程中，业主是最大的受益者，因此业主实施BIM的能力和水平将直接影响BIM实施的效果。业主应当根据项目目标和自身特点选择合适的BIM实施模式，以保证实施效果，真正发挥BIM信息集成的作用，切实提高工程建设行业的管理水平。

表 1-3 四种 BIM 应用管理模式的特征对比

BIM 应用管理模式	初始成本	协调难度	应用扩展性	对运营的支持程度	对业主的要求
设计主导	较低	一般	一般	低	较低
咨询辅助	中	小	丰富	高	低
业主自主	较高	大	最丰富	高	高
施工主导	较低	一般	一般	低	较低

表 1-4 四种 BIM 应用管理模式功能和效用比较

BIM 应用管理模式	功能和效用		
	适用工程阶段	效用	目前应用程度
设计主导	设计阶段	最小	最广泛
咨询辅助	全过程	最大	稳步发展
业主自主	全过程	最大	较少
施工主导	投标和施工	较小	较少

表 1-5 四种 BIM 应用管理模式的特点和适用情况

BIM 应用管理模式	特点	适用情况
设计主导	（1）合同关系简单，合同管理容易 （2）业主方实施难度一般 （3）对设计方的 BIM 技术实力有考验 （4）设计招标难度大，具有风险性	（1）信息模型建立简单的项目 （2）适用于中小型规模、BIM 技术应用相对较为成熟的项目 （3）大部分情况下，项目竣工后交由第三方运营管理
咨询辅助	（1）BIM 咨询单位一般具有较高的专业技术水准，有利于 BIM 技术应用 （2）有利于项目全过程效益的发挥 （3）业主协调工作量大大减少	（1）适用的项目范围、规模大小较为广泛 （2）项目竣工后交由第三方运营管理，也可业主自营
业主自主	（1）业主方自建 BIM 团队，专业技术要求较高 （2）项目建设期结束后，参建人员转而进入后期运营管理 （3）要求业主方有 BIM 实施愿景	（1）适用于规模较大、专业较多、技术复杂的大型工程项目 （2）大部分情况下，业主方自建自营
施工主导	（1）前期无法介入 （2）一般局限在施工过程，且模型精度不高 （3）一般为特大型企业才主动推动 BIM 应用	适用于工程总承包项目等

2. BIM 组织架构

BIM 组织架构的建立即 BIM 团队的构建，是项目目标能否实现的重要影响因素，是项目准确高效运转的基础。故企业在项目实施前期应根据 BIM 技术的特点结合项目本身特征依次从领导层、管理层再到作业层分梯组建项目级 BIM 团队，从而更好地实现 BIM 项目从上而下的传达和执行。

1）领导层主要设置项目经理，其主要负责该项目的对外沟通协调，包括与甲方互动沟通、与项目其他参与方协调等。同时负责该项目的对内整体把控，包括实施目标、技术路线、资源配置、人员组织调整、项目进度和项目完成质量等方面的控制。故对该岗位人员的工程经验及领导能力等素质要求较高。

2）管理层主要设置技术主管，其主要负责将 BIM 项目经理的项目任务安排落实到 BIM 操作人员，同时在各阶段实施过程中对 BIM 项目进行技术指导及监督。故对该岗位人员的 BIM 技术能力和工程能力要求较高。

3）作业层主要设置建模团队、分析团队和咨询团队。其中，建模团队由各专业建模人员组成，包括建筑建模、结构建模和机电建模等，主要负责在项目前期根据项目要求创建 BIM 模型；分析团队主要有各专业分析人员和 IT 专员，各专业分析人员主要负责根据项目需求对建模团队所建模型进行相应的分析处理，IT 专员主要负责数据维护和管理；咨询团队主要由工程各阶段参与人员组成，包括设计阶段、施工阶段和造价咨询等，其主要职责是为建模团队和分析团队提供工程咨询，以准确满足项目需求。

因不同企业和项目具有各自不同的性质，在项目实施过程中具有不同的过程或特点，故在 BIM 团队组建时企业可根据自身特点和项目实际需求设置符合具体情况的 BIM 组织架构。

下面介绍某施工企业项目的 BIM 团队组建，可作为施工项目 BIM 团队组建的参考。

该项目选择的 BIM 工作模式为在项目部组建自己的 BIM 团队，在团队成立前期进行项目管理人员、技术人员 BIM 基础知识培训工作。团队由项目经理牵头，团队成员由项目部各专业技术部门、生产、质量、预算、安全和专业分包单位组成，共同落实 BIM 应用与管理的相关工作。其中，BIM 实施团队具体人员、职责及 BIM 能力要求如表 1-6 所示。

表 1-6 BIM 实施团队的要求

团队角色	BIM 工作及责任	BIM 能力要求
项目经理	监督、检查项目执行进展	基本应用
BIM 小组组长	制定 BIM 实施方案并监督、组织、跟踪	基本应用
项目副经理	制定 BIM 培训方案并负责内部培训考核、评审	基本应用
测量负责人	采集及复核测量数据，为每周 BIM 竣工模型提供准确数据基础；利用 BIM 模型导出测量数据指导现场测量作业	熟练运用
技术管理部	利用 BIM 模型优化施工方案，编制三维技术交底	熟练运用
深化设计部	运用 BIM 技术展开各专业深化设计，进行碰撞检测并充分沟通、解决、记录；图纸及变更管理	精通
BIM 工作室	预算及施工 BIM 模型建立、维护、共享、管理；各专业协调、配合；提交阶段竣工模型，与各方沟通；建立、维护、每周更新和传送问题解决记录	精通

（续）

团队角色	BIM 工作及责任	BIM 能力要求
施工管理部	利用 BIM 模型优化资源配置组织	熟练运用
机电安装部	优化机电专业工序穿插及配合	熟练运用
商务合约管理部	确定预算 BIM 模型建立的预算标准。利用 BIM 模型对内、对外的商务管控及内部的成本控制进行三算对比	熟练运用
物资设备管理部	利用 BIM 模型生成清单，审批、上报准确的材料计划	熟练运用
安全环境管理部	通过 BIM 可视化展开安全教育、危险源识别及预防预控，制定针对性应急措施	基本运用
质量管理部	通过 BIM 进行质量技术交底，优化检验批划分、验收与交接计划	熟练运用

3. 技术资源配置

（1）软件配置

1）软件选择。项目 BIM 在各阶段实施过程中应用点众多，应用形式丰富，故在项目实施前应根据各应用内容及结合企业自身情况，合理选择 BIM 软件。

根据应用内容的不同，BIM 软件主要可分为模型创建软件、模型应用软件和协同平台软件。

模型创建软件主要包括 BIM 概念设计软件和 BIM 核心建模软件等；模型应用软件主要包括 BIM 分析软件、BIM 检查软件、BIM 深化设计软件、BIM 算量软件、BIM 发布审核软件、BIM 施工管理软件、BIM 运维管理软件等；协同平台软件主要包括各参与方协同软件、各阶段协同平台软件等。

其中，各类型软件又有各种不同软件可供选择，如 BIM 核心建模软件主要有 Revit Architecture、Bentley Architecture、CATIA 和 ArchiCAD 等。因此，在项目 BIM 实施软件选择时，应首先了解各软件的特点及操作要求，在此基础上根据项目特点、企业条件和应用要求等因素选择合适的 BIM 软件。

下面以某项目 BIM 软件应用计划为例，对软件配置及应用做出具体描述，如表 1-7 所示。

表 1-7 BIM 软件应用计划

序号	实施内容	应用工具
1	全专业模型的建立	Revit 系列软件、Bentley 系列软件、AichiCAD Digital Project、Xsteel
2	模型的整理及数据的应用	Revit 系列软件、PKPM，RTABS、ROBOT
3	碰撞检测	Revit Architecture、Revit Structure Revit MEP、Navisworks Manage
4	管综优化设计	Revit Architecture Revit Structure Revit MEP、Navisworks Manage
5	4D 施工模拟	Navisworks Manage、Project Wise Navigator Visual Simulation、Synchro

（续）

序号	实施内容	应用工具
6	各阶段施工现场平面施工布置	Sketch up
7	钢骨柱节点深化	Revit Structure、钢筋放样软件 PKPM、Tekla Structure
8	协同、远程监控系统	自主开发软件
9	模架验证	Revit 系列软件
10	挖土、回填土算量	Civil 3D
11	虚拟可视空间验证	Navisworks Manage 3DMax
12	能耗分析	Revit 系列软件 MIDAS
13	物资管理	自主开发软件
14	协同平台	自主开发软件
15	三维模型交付及维护	自主开发软件

2）软件版本升级。为了保证数据传递的通畅性，在项目 BIM 实施阶段软件资源配置时，应根据甲方具体要求或与项目各参与方进行协同合理选择软件版本，对不符合要求的版本软件进行相应的升级，从而避免各软件之间的兼容问题及接口问题，以保证项目实施过程中 BIM 模型和数据能够实现各参与方之间的精准传递，实现项目全生命周期各阶段的数据共享和协同。

3）软件自主开发。因各项目具有各自不同的特征，且项目各阶段应用内容复杂，形式丰富，市场现有的 BIM 软件或 BIM 产品可能不能完全满足项目的所有需求。故在企业条件允许的情况下，可根据具体需求自主研发相应的实用性软件，也可委托软件开发公司开发符合其要求的软件，从而实现软件与项目实施的紧密配合。如某施工企业根据项目施工特色自主研发了用于指导施工过程的软件平台，在工作协同、综合管理方面，通过自主研发的施工总承包 BIM 协同平台，来满足工程建设各阶段需求。

（2）硬件配置

BIM 模型携带的信息数据庞大，因此在 BIM 实施硬件配置上应具有严格的要求，根据不同用途和方向并结合项目需求和成本控制，对硬件配置进行分级设置，既可最大限度地保证硬件设备在 BIM 实施过程中的正常运转，又可最大限度地有效控制成本。

另外，项目实施过程中 BIM 模型信息和数据具有动态性和可共享性，因此在保障硬件配置满足要求的基础上还应根据工程实际情况搭建 BIM Server 系统，方便现场管理人员和 BIM 中心团队进行模型的共享和信息传递。通过在项目部和 BIM 中心分别搭建服务器，以 BIM 中心的服务器作为主服务器，通过广域网将两台服务器进行互联，然后分别给项目部和 BIM 中心建立模型的计算机进行授权，就可以随时将自己修改的模型上传到服务器上，实现模型的异地共享，确保模型的实时更新。

以下从模型信息创建、数据存储管理和数据信息共享这三个阶段对硬件资源配置要求做出简要介绍。

1）模型信息创建。模型信息创建阶段是BIM技术应用的初始阶段，主要指的是BIM工程师根据设计要求在计算机上采用相应软件建立BIM模型，同时将项目相关信息数据录入相应模型及构件。故在此阶段对操作计算机的硬件要求较高，具体计算机配置要求如表1-8所示。

关于各个软件对硬件的要求，软件厂商一般会有推荐的硬件配置要求，但从项目应用BIM的角度出发，需要考虑的不仅是单个软件产品的配置要求，还需要考虑项目的大小、复杂程度、BIM的应用目标、团队应用程度、工作方式等。

表1-8 计算机硬件配置要求

计算机硬件	参考要求
CPU	推荐拥有二级或三级高速缓冲存储器的CPU 推荐多核系统，多核系统可以提高CPU的运行效率，在同时运行多个程序时速度更快，即使软件本身不支持多线程工作，采用多核也能在一定程度上优化其工作表现
内存	一般所需内存的大小应最少是项目内存的20倍，由于目前大部分用BIM的项目都比较大，一般推荐采用8G或8G以上的内存
显卡	应避免集成式显卡，集成式显卡运行时需占用系统内存，而独立显卡具有自己的显存，显示效果和运行性能更好。一般显存容量不应小于512M
硬盘	硬盘的转速对系统具有一定影响，但其对软件工作表现的提升作用没有前三者明显

2）数据存储管理。在模型数据创建完成后，BIM中心和项目部应配置相应设备将项目各专业模型及信息进行管理及存储，同时也包括对项目实施各阶段不断录入的数据进行保存。具体配置可参考如下：

①配置多台UPS，如几台6KVA。

②配置多台图形工作站。

③配置多台NAS存储。项目部配置多台10TB NAS存储，公司BIM中心配置多台10TB NAS存储。

3）数据信息共享。BIM技术的应用是对模型信息的动态协同管理和应用，故需在项目部与公司BIM中心之间建立相应的网络系统，从而实现数据信息共享，具体配置如表1-9所示。

表1-9 网络服务配置

部门	配置	说明
项目部	数据库服务器	提供数据查询、更新、事务管理、索引、高速缓存、查询优化、安全及多用户存取控制等服务
	文件服务器	向数据服务器提供文件
	WEB服务器	将整个系统发布到网络上，使用户通过浏览器就可以访问系统
	数据网关服务器	在网络层以上实现网络互连

（续）

部门	配置	说明
公司 BIM 中心	数据网关服务器	在网络层以上实现网络互连
	Revit server 服务器	它是与 Revit Architecture、Revit Structure、Revit MEP 和 Autodesk Revit 配合使用的服务器。它为 Revit 项目实现基于服务器的工作共享奠定了基础。工作共享的项目是一个可供多个团队成员同时访问和修改的 Revit 建筑模型

4. 软件培训

BIM 软件培训应遵循以下原则：

（1）培训对象

应选择具有建筑工程或相关专业大专以上学历、具备建筑信息化基础知识、掌握相关软件基础应用的设计、施工、房地产开发公司技术和管理人员。

（2）培训方式

主要培训方式如下：

1）授课培训。授课培训即脱产集中学习的方式，授课地点统一安排在多媒体计算机机房，每次培训人数不宜超过 30 人，为学员配备计算机，在集中授课时，配有助教随时辅导学员上机操作。技术部负责制定培训计划、跟踪培训实施、定期汇报培训实施状况，并最终给予考核成绩，以确保培训得以顺利实施，达到对培训质量的要求。

授课培训可分为内聘讲师培训及外聘讲师培训。

①内聘讲师培训。公司人力资源部从内部聘任一批 BIM 技术能手为讲师，采取“师带徒，一帮一”的培训方式。一方面充分利用公司内部员工的先进技能和丰富的实践经验，帮助 BIM 初学者尽快提高业务能力，另一方面可以节约培训费用，很好地解决了集中培训困难的问题。

②外聘讲师培训。事先调查了解员工在学习运用 BIM 技术过程中遇到的问题和困惑，然后外聘专业讲师进行针对性的专题培训。外聘讲师具有内部员工所不具备的 BIM 运用经验，善于使用专业的培训技巧，容易调动学习兴趣，高效解决实际疑难问题。

2）网络视频培训。网络视频培训是现代企业培训中不可或缺的一部分，成为现代化培训中非常重要、有效的手段，它将文字、声音、图像以静态和动态形式进行巧妙地结合，激发员工的学习兴趣，提高员工的思考和思维能力。培训课件内容丰富，从 BIM 软件的简单入门操作到高级技巧运用，从土建、钢筋到电气、消防、暖通专业，样样俱全，并包含大量的工程实例。

3）借助专业团队培养人才。运用 BIM 技术之初，管理人员在面对新技术时可能会比较困惑，缺乏对 BIM 的整体了解和把握。引进工程顾问专业团队，实现工程顾问一对一辅导、分专业培训，可帮助学员明确方向，避免不必要的错误。

4）结合实战培养人才。实战是培养人才的最好方式，通过实际项目的运作来检验学习成果。选择难度适中的 BIM 项目，让学员参与到项目的应用中，将前期所学的知识技能运用到实际工程中，同时发现自身不足之处或存在的知识盲区，通过学习知识—实际运用—运用反馈—再学习的培训模式，使学员在实战中迅速成长，同时也为学员初步积累了 BIM 运用经验。

(3) 培训主题

应普及 BIM 的基础概念，从项目实例中剖析 BIM 的重要性，深度分析 BIM 的发展前景与趋势，多方位展示 BIM 在实际项目操作与各个方面的联系；围绕市场主要 BIM 应用软件进行培训，同时要对学员进行测试，随时将理论学习与项目实战相结合，并要对学员的培训状况及时反馈。

5. 数据准备

数据准备即 BIM 数据库的建立及提取。BIM 数据库是管理每个具体项目海量数据创建、承载、管理、共享支撑的平台。企业将每个工程项目 BIM 模型集成在一个数据库中，即形成了企业级的 BIM 数据库。BIM 技术能自动计算工程实物量，因此 BIM 数据库也包含大量的数据。BIM 数据库可承载工程全生命周期几乎所有的工程信息，并且能建立起 4D（3D 实体+1D 时间）关联关系数据库。这些数据库信息在建筑全过程中动态变化调整，并可以及时准确地调用系统数据库中包含的相关数据，加快决策进度，提高决策质量，从而提高项目质量，降低项目成本，增加项目利润。

建立 BIM 数据库对整个工程项目有着重要的意义，具体体现在以下四个方面：

(1) 快速算量，精度提升

BIM 数据库的创建，通过建立 6D 关联数据库，可以准确快速地计算工程量，提升施工预算的精度与效率。由于 BIM 数据库的数据粒度达到构件级，可以快速提供支撑项目各条线管理所需的数据信息，有效提升施工管理效率。

(2) 数据调用，决策支持

BIM 数据库中的数据具有可计量的特点，大量工程相关的信息可以为工程提供数据后台的巨大支撑。BIM 中的项目基础数据可以在各管理部门进行协同和共享，工程量信息可以根据时空维度、构件类型等进行汇总、拆分、对比分析等，保证工程基础数据及时、准确地提供，为决策者制定工程造价项目群管理、进度款管理等方面的决策提供依据。

(3) 精确计划，减少浪费

施工企业精细化管理很难实现的根本原因在于海量的工程数据，无法快速准确地获取用以支持资源计划，以致使经验主义盛行。而 BIM 的出现可以让相关管理快速准确地获得工程基础数据，为施工企业制定精确的人材机计划提供有效支撑，大大减少了资源、物流和仓储环节的浪费，为实现限额领料、消耗控制提供了技术支撑。

(4) 多算对比，有效管控

管理的支撑是数据，项目管理的基础就是工程基础数据的管理，及时、准确地获取相关工程数据就是项目管理的核心竞争力。BIM 数据库可以实现任一时点上工程基础信息的快速获取，通过合同、计划与实际施工的消耗量、分项单价、分项合价等数据的多算对比，可以有效了解项目运营是盈是亏、消耗量有无超标、进货分包单价有无失控等问题，实现对项目成本风险的有效管控。

6. 项目试运行

项目试运行是一个确保、记录所有系统和部件都能按明细和最终用户要求以及业主运营需要执行其相应功能的系统化过程。

在传统的项目交付过程中，信息要求集中于项目竣工文档、实际项目成本、实际工期和计划工期的比较、备用部件、维护产品、设备和系统培训操作手册等，这些信息主要由施工团队以纸质文档形式进行递交。而使用项目试运行方法，信息需求来源于项目早期的各个阶段。连续试运行则要求从项目概要设计阶段就考虑试运行需要的信息要求，同时在项目发展的每个阶段随时收集这些信息。

虽然设计、施工和试运行等活动是在数年之内完成的，但是项目的全生命周期可能会延伸到几十年甚至几百年，因此运营和维护是最长的阶段，当然也是花费成本最大的阶段。毋庸置疑，运营和维护阶段是能够从结构化信息递交中获益最多的项目阶段。运营和维护阶段的信息需求包括设施的法律、财务和物理等各个方面，信息的使用者包括业主、运营商(包括设施经理和物业经理)、住户、供应商和其他服务提供商等。物理信息几乎完全可以来源于交付和试运行阶段。此外，运维阶段也产生自己的信息，这些信息可以用来改善设施性能，以及支持设施扩建或清理的决策。运维阶段产生的信息包括运行水平、满住程度、服务请求、维护计划、检验报告、工作清单、设备故障时间、运营成本、维护成本等。

最后，还有一些在运营和维护阶段对设施造成影响的项目，例如住户增建、扩建改建、系统或设备更新等，每一个这样的项目都有自己的生命周期、信息需求和信息源，实施这些项目最大的挑战就是根据项目变化更新整个设施的信息库。

7. 项目管理应用

由于施工项目有施工总承包、专业施工承包、劳务施工承包等多种形式，其项目管理的任务和工作重点也会有很大的差别。BIM 在项目管理中按不同工作阶段、对象、内容和目标可以分很多类别，具体如表 1-10 所示。

表 1-10　BIM 在项目管理中的分类

类别	按工作阶段划分	按工作对象划分	按工作内容划分	按工作目标划分
1	投标签约管理	人员管理	设计及深化设计	工程进度控制
2	设计管理	机具管理	各类计算机仿真模拟	工程质量控制
3	施工管理	材料管理	信息化施工、动态工程管理	工程安全控制
4	竣工验收管理	工法管理	工程过程信息管理与归纳	工程成本控制
5	运维管理	环境管理	—	—

下面以某一施工项目管理 BIM 应用为例对项目应用做出详细说明。

该施工项目中的 BIM 应用主要可分为十一大模块，分别为投标应用、深化设计、图纸和变更管理、施工工艺模拟优化、可视化交流、预制加工、施工和总承包管理、工程量应用、竣工管理和数字化集成交付、信息化管理及其他应用。每个模块的具体应用点如表 1-11 所示。

表 1-11　BIM 应用清单

模块	序号	应用点
模块一　BIM 支持投标应用	1	技术标书精细化
	2	提高技术标书表现形式
	3	工程量计算及报价
	4	投标答辩和技术汇报
	5	投标演示视频制作

（续）

模块	序号	应用点
模块二　基于 BIM 的深化设计	1	碰撞分析、管线综合
	2	巨型及异形构件钢筋复杂节点深化设计
	3	钢结构连接处钢筋节点深化设计研究
	4	机电穿结构预留洞口深化设计
	5	砌体工程深化设计
	6	样板展示楼层装饰装修深化设计
	7	综合空间优化
	8	幕墙优化
模块三　BIM 支持图纸和变更管理	1	图纸检查
	2	空间协调和专业冲突检查
	3	设计变更评审与管理
	4	BIM 模型出施工图
	5	BIM 模型出工艺参考图
模块四　基于 BIM 的施工工艺模拟优化	1	大体积混凝土浇筑施工模拟
	2	基坑内支撑拆除施工模拟及验算
	3	钢结构及机电工程大型构件吊装施工模拟
	4	大型垂直运输设备的安拆及爬升模拟与辅助计算
	5	施工现场安全防护设施施工模拟
	6	样板楼层工序优化及施工模拟
	7	设备安装模拟仿真演示
	8	4D 施工模拟
	9	基于 BIM 的测量技术
	10	模板、脚手架、高支模 BIM 应用
	11	装修阶段 BIM 技术应用
模块五　基于 BIM 的可视化交流	1	作为相关方技术交流平台
	2	作为相关方管理工作平台
	3	基于 BIM 的会议（例会）组织
	4	漫游仿真展示
	5	基于三维可视化的技术交底
模块六　BIM 支持预制加工	1	数字化加工 BIM 应用
	2	混凝土构件预制加工
	3	机电管道支架预制加工
	4	机电管线预制加工
	5	为构件预制加工提供模拟参数
	6	预制构件的运输和安排

（续）

模块	序号	应用点
模块七　基于 BIM 的施工和总承包管理	1	施工进度三维可视化演示
	2	施工进度监控和优化
	3	施工资源管理
	4	施工工作面管理
	5	平面布置协调管理
	6	工程档案管理
模块八　基于 BIM 的工程量应用	1	基于 BIM 技术的工程量测算
	2	BIM 工程量与定额的对接应用
	3	通过 BIM 进行项目策划管理
	4	5D 分析
模块九　竣工管理和数字化集成交付	1	竣工验收管理 BIM 应用
	2	物业管理信息化
	3	设备设施运营和维护管理
	4	数字化交付
模块十　基于 BIM 的管理化信息化	1	采购管理 BIM 应用
	2	造价管理 BIM 应用
	3	BIM 数据库在生产和商务上的应用
	4	质量管理 BIM 应用
	5	安全管理 BIM 应用
	6	绿色施工
	7	BIM 协同平台的应用
	8	基于 BIM 的管理流程再造
模块十一　其他应用	1	三维激光扫描与 BIM 技术结合应用
	2	GIS+BIM 技术结合应用
	3	物联网技术与 BIM 技术结合应用

1.4.4　项目总结与评价阶段

1. 项目总结

项目总结是指在项目完成后对其进行一次全面系统的总检查、总评价、总分析、总研究，并分析其中不足，得出经验。项目总结主要体现在以下两个方面：

（1）项目重点、难点总结

项目重点、难点是项目能否实施完成、项目完成能否达到预期目标的重要因素，同时也是整个项目包括各阶段中投入工作量较大且容易出错的地方。故在项目总结阶段对工作难点、重点进行分析总结很有必要。

（2）存在的问题

存在的问题包括可避免的和不可避免的两种。其中，可避免的问题主要是由技术方法不合理引起的。比如软件选择不合理、BIM 实施流程制定不合理、项目 BIM 技术路线不合理等。对于此类问题，可通过调整及完善技术或方法解决此项目中不合理的地方。故对此类问题的总结有利于企业在技术及方法方面的积累，可对今后相关项目提供详细的参考经验，以避免相似问题再次出现。不可避免的问题主要是人员及环境等主观因素引起的，比如工作人员个人因素的影响及环境天气不可预见性的影响等。对于此类问题的总结，可为相似项目在项目决策阶段提供参考，对于可能会出现的问题可提前做出准备及相应措施，以最大程度地降低由此带来的损失。

以某项目 BIM 进度管理为例，可对工程应用 BIM 存在的问题及解决问题程度总结如下：在该项目中 BIM 对由主观因素引起的进度管理问题无法解决，只能解决或部分解决；由客观条件和技术的落后所造成的进度问题，如表 1-12 所示，简明地对比了传统方法和 BIM 技术在工程项目进度管理中的差异，提出了传统方法的局限性（问题）和 BIM 技术的优越性，同时分析了 BIM 技术对这些问题的解决程度。

表 1-12 问题及解决程度分析

序号	现有问题	应用 BIM 技术	解决程度
1	劳动力不足或消极怠工	不能解决	×
2	二维图很难检查错误和矛盾	三维模型的碰撞检查能够有效规避设计成果中的冲突和矛盾	—
3	进度计划编制中存在问题	基于 BIM 的虚拟施工有助于进度计划的优化	—
4	二维图形象性差	三维模型有很强的形象性基于同一模型并相互关联的进度计	√
5	工程参与方沟通配合不通畅	划、资金计划和材料供应计划有助于各参与方之间的配合	—
6	对施工环境的影响预计不足	计算机虚拟环境有助于项目管理者有效预测环境的影响	—

注：“√”表示完全解决；“—”表示部分解决；“×”表示不能解决。

三维模型的可视化有效地解决了施工人员的读图问题，按三维模型施工可减少施工成品与设计图不符的现象发生，所以针对表 1-12 中问题 4 应用 BIM 技术能够完全解决。对于表 1-12 中问题 2、3、5、6，BIM 技术的应用只能提高工作效率和降低这些问题发生的概率，无法解决由人员工作和管理中的失误所引起的进度问题，所以这些问题只能部分解决。同时，表 1-12 中问题 1 是由于实际条件限制和人的主观因素造成的，这些问题是无法通过改进工具和技术得到解决的，所以应用 BIM 技术对此不能解决。

通过以上的经验总结可以全面、系统地了解以往的工作情况，可以正确认识以往工作中的优缺点，可以明确下一步工作的方向，少走弯路，少犯错误，提高工作效率。

2. 项目评价

项目评价是指在 BIM 项目已经完成并运行一段时间后，对项目的目的、执行过程、效益、作用和影响进行系统的、客观的评价的一种技术经济活动。项目评价主要分为以下三部分：

（1）项目完成情况

项目完成情况即对项目BIM应用内容完成情况的评价。主要体现在是否完成设计项目及是否完成合同约定。完成设计项目情况是指是否完成项目各部分内容。以某一体育中心BIM应用项目为例，其项目各部分包括建筑方案、结构找形、结构设计、深化设计、仿真分析、施工模拟、运维管理等。完成合同约定情况是指是否按照合同要求按时、按质、按量完成项目，并交付相应文件资料。合同约定主要有总承包合同约定、分包合同约定、专业承包合同约定等，以某国际会展中心BIM项目分包合同为例，其合同中约定在指定日期内乙方须完成建筑模型建立、结构模型建立、机电管道模型建立、结构部分施工过程动画模拟，并对甲方交付模型文件及动画文件。

（2）项目成果评价

项目成果评价即对项目BIM是否达到实施目标做出分析评价。以某体育中心BIM项目为例，其在项目决策阶段制定的BIM实施目标是实现建筑性能化分析、结构参数化设计、建造可视化模拟、施工信息化管理、安全动态化监测、运营精细化服务，故在项目竣工完成后可从以上六个方面对项目成果进行评价，以检验项目完成是否达到应用目标。

（3）项目意义评价

项目意义评价是指对BIM项目的效益及影响作用做出客观分析评价，包括经济效益、环境效益、社会效益等。项目意义评价有利于对项目BIM形成更全面、更长远的认识。以某政务中心BIM项目为例，可从项目意义方面对其评价如下：该项目积累了高层结构建模、深化设计、施工模拟、平台开发及总承包管理的宝贵经验，所创建的企业级BIM标准为相关企业BIM应用标准的编制提供了依据，所开发的基于BIM技术的施工项目管理平台可作为类似项目平台研究及开发的样板，对以后BIM技术在施工中的深入应用具有参考价值。同时BIM技术的应用大大提高了施工管理的效率，与传统管理方式相比，该项目节省了大量人力、物料及时间，具有显著的经济效益。

通过从以上三个方面对项目进行评价，确定项目目标是否达到，项目或规划是否合理有效，项目的主要效益指标是否实现，总结经验教训，并通过及时有效的信息反馈，为未来项目的决策和提高投资决策管理水平提出建议，同时也为被评价项目实施运营中出现的问题提出改进建议，从而达到提高投资效益的目的。

1.4.5 项目各阶段的BIM应用

1. 方案策划阶段

方案策划指的是在确定建设意图之后，项目管理者需要通过收集各类项目资料，对各类情况进行调查，研究项目的组织、管理、经济和技术等，进而得出科学、合理的项目方案，为项目建设指明正确的方向和目标。

在方案策划阶段，信息是否准确、信息量是否充足成为管理者能否做出正确决策的关键。BIM技术的引入，使方案阶段所遇到的问题得到了有效的解决。其在方案策划阶段的应用内容主要包括现状建模、成本核算、场地分析和总体规划。

（1）现状建模

利用BIM技术可为管理者提供概要的现状模型，以方便建设项目方案的分析、模拟，从而为整个项目的建设降低成本、缩短工期并提高质量。例如在对周边环境进行建模（包括周边道路、已建和规划的建筑物及园林景观等）之后，将项目的概要模型放入环境模型中，以便于对项目进行场地分析和性能分析等工作。

（2）成本核算

项目成本核算是通过一定的方式和方法对项目施工过程中发生的各种费用成本进行逐一统计考核的一种科学管理活动。

目前，市场上主流的工程量计算软件在逼真度及效率方面还存在一些不足，如用户需要将施工蓝图通过数据形式重新输入计算机，相当于人工在计算机上重新绘制一遍工程图。这种做法不仅增加了前期工作量，而且没有共享设计过程中的产品设计信息。

利用BIM技术提供的参数更改技术能够将针对建筑设计或文档任何部分所做的更改自动反映到其他位置，从而可以帮助工程师提高工作效率、协同效率以及工作质量。BIM技术具有强大的信息集成能力和三维可视化图形展示能力，利用BIM技术建立起的三维模型可以全面地加入工程建设的所有信息。根据模型能够自动生成符合国家工程量清单计价规范标准的工程量清单及报表，快速统计和查询各专业工程量，对材料计划、使用做精细化控制，避免材料浪费，如利用BIM信息化特征可以准确提取整个项目中防火门数量、不同样式、材料的安装日期、出厂型号、尺寸大小等，甚至可以统计防火门的把手等细节。同时，基于BIM技术生成的工程量不是简单的长度和面积的统计，专业的BIM造价软件可以进行精确的3D布尔运算和实体减扣，从而获得更符合实际的工程量数据，并且可以自动形成电子文档进行交换、共享、远程传递和永久存档。准确率和速度上都较传统统计方法有很大的提高，有效降低了造价工程师的工作强度，提高了工作效率。

（3）场地分析

场地分析是对建筑物的定位、建筑物的空间方位及外观、建筑物和周边环境的关系，以及建筑物将来的车流、物流、人流等各方面的因素进行集成数据分析的综合。在方案策划阶段，景观规划、环境现状、施工配套及建成后交通流量等与场地的地貌、植被、气候条件等因素关系较大，传统的场地分析存在诸如定量分析不足、主观因素过重、无法处理大量数据信息等弊端，通过BIM结合GIS技术进行场地分析模拟，得出较好的分析数据，能够为设计单位后期设计提供理想的场地规划、交通流线组织关系、建筑布局等关键决策。利用相关软件对场地地形条件和日照阴影情况进行模拟分析，帮助管理者更好地把握项目的决策。

（4）总体规划

通过BIM建立模型能够更好地对项目做出总体规划，并得出大量的直观数据作为方案决策的支撑。例如，在可行性研究阶段，管理者需要确定建设项目方案在满足类型、质量、功能等要求下是否具有技术与经济的可行性，而BIM能够帮助提高技术经济可行性论证结果的准确性和可靠性。通过对项目与周边环境的关系、朝向可视度、形体、色彩、经济指标等进行分析对比，化解功能与投资之间的矛盾，使策划方案更加合理，为下一步的方案与设计提供直观、具有数据支撑的依据。

2. BIM在招标投标中的应用

BIM技术的推广与应用，极大地促进了招标投标管理的精细化程度和管理水平。在招标投标过程中，招标方根据BIM模型可以编制准确的工程量清单，做到清单完整、快速算量、精确算量，有效地避免漏项和错算等情况，最大限度地减少施工阶段因工程量问题而引起的纠纷。投标方根据BIM模型快速获取正确的工程量信息，与招标文件的工程量清单比较，可以制定更好的投标策略。

（1）BIM在招标控制中的应用

在招标控制环节，准确和全面的工程量清单是核心关键。而工程量计算是招标投标阶段耗费时间和精力最多的重要工作。BIM是一个富含工程信息的数据库，可以真实地提供工程量计算所需要的物理和空间信息。借助这些信息，计算机可以快速对各种构件进行统计分析，从而大大减少根据图纸统计工程量带来的复杂的人工操作和潜在错误，在效率和准确性上得到显著提高。

（2）BIM在投标过程中的应用

首先是基于BIM的施工方案模拟。基于BIM模型，对施工组织设计方案进行论证，就施工中的重要环节进行可视化模拟分析，按时间进度进行施工安装方案的模拟和优化。对于一些重要的施工环节或采用新施工工艺的关键部位、施工现场平面布置等施工指导措施进行模拟和分析，以提高计划的可行性。在投标过程中，通过对施工方案的模拟，直观、形象地展示给甲方。

其次是基于BIM的4D进度模拟。通过将BIM与施工进度计划相链接，将空间信息与时间信息整合在一个可视的4D模型中，可以直观、精确地反映整个建筑的施工过程和虚拟形象进度。借助4D模型，施工企业在工程项目投标中将获得竞标优势，BIM可以让业主直观地了解投标单位对投标项目主要施工的控制方法、施工安排是否均衡、总体计划是否基本合理等，从而对投标单位的施工经验和实力做出有效评估。

再则是基于BIM的资源优化与资金计划。利用BIM可以方便、快捷地进行施工进度模拟、资源优化，以及预计产值和编制资金计划。通过进度计划与模型的关联，以及造价数据与进度关联，可以实现不同维度（空间、时间、流水段）的造价管理与分析。通过对BIM模型的流水段划分，可以自动关联并快速计算出资源需用量计划，不但有助于投标单位制定合理的施工方案，还能形象地展示给甲方。

总之，利用BIM技术可以提高招标投标的质量和效率，有力地保障工程量清单的全面和精确，促进投标报价的科学、合理，加强招标投标管理的精细化水平，减少风险，进一步促进招标投标市场规范化、市场化、标准化的发展。

3. 设计阶段

建设项目的设计阶段是整个生命周期内最为重要的环节，它直接影响着建安成本以及维运成本，对工程质量、工程投资、工程进度，以及建成后的使用效果、经济效益等方面都有着直接的联系。设计阶段可分为方案阶段、初步设计阶段、施工图设计阶段。从初步设计、扩初设计到施工图的设计是一个变化的过程，是建设产品从粗糙到细致的过程，在这个进程中需要对设计进行必要的管理，从性能、质量、功能、成本到设计标准、规程，都需要去管控。

BIM技术在设计阶段的应用主要体现在以下几个方面：

（1）可视化设计交流

可视化设计交流，是指采用直观的3D图形或图像，在设计、业主、政府审批、咨询专家、施工等项目参与方之间，针对设计意图或设计成果进行更有效的沟通，从而使设计人员充分理解业主的建设意图，使设计结果最贴近业主的建设需求，最终使业主能及时看到所希望的设计成果，使审批方能清晰地认知所审批的设计是否满足审批要求。

可视化设计交流贯穿于整个设计过程中，典型的应用包括三维设计与效果图及动画展示。

1）三维设计。三维设计是新一代数字化、虚拟化、智能化设计平台的基础。它是建立在平面和二维设计的基础上，让设计目标更立体化、更形象化的一种新兴设计方法。

当前，二维图是我国建筑设计行业最终交付的设计成果，生产流程的组织与管理也均围绕着二维图的形成来进行。然而，二维设计技术对复杂建筑几何形态的表达效率较低。而且，为了照顾兼容和应对各种错漏问题，二维设计往往在结构和表现方面都处理得非常复杂，效率较低。

BIM技术引入的参数化设计理念，极大地简化了设计本身的工作量，同时其继承了初代三维设计的形体表现技术，将设计带入一个全新的领域。通过信息的集成，也使得三维设计的设计成品（即三维模型）具备更多的可供读取的信息，对于后期的生产（即建筑的施工阶段）提供更大的支持。基于BIM的三维设计能够精确表达建筑的几何特征，相对于二维绘图，三维设计不存在几何表达障碍，对任意复杂的建筑造型均能准确表现。通过进一步将非几何信息集成到三维构件中，如材料特征、物理特征、力学参数、设计属性、价格参数、厂商信息等，使得建筑构件成为智能实体，三维模型升级为BIM模型。BIM模型可以通过图形运算并考虑专业出图规则自动获得二维图，并可以提取出其他的文档，如工程量统计表等，还可以将模型用于建筑能耗分析、日照分析、结构分析、照明分析、声学分析、客流物流分析等诸多方面。

2）效果图及动画展示。BIM系列软件具有强大的建模、渲染和动画技术，通过BIM可以将专业、抽象的二维建筑描述通俗化、三维直观化，使得业主等非专业人员对项目功能性的判断更为明确、高效，决策更为准确，如建筑效果图及动画等。

基于BIM技术和虚拟现实技术对真实建筑及环境进行模拟，同时可出具高度仿真的效果图，设计者可以完全按照自己的构思去构建装饰“虚拟”的房间，并可以任意变换自己在房间中的位置，去观察设计的效果，直到满意为止。这样就使设计者的设计意图能够更加直观、真实、详尽地展现出来，既能为建筑的投资方提供直观的感受，也能为后面的施工提供很好的依据。

另外，如果设计意图或者使用功能发生改变，基于已有的BIM模型，可以在短时间内修改完毕，效果图和动画也能及时更新。而且，基于BIM能够进行预演，方便业主和设计方进行场地分析、建筑性能预测和成本估算，对不合理或不健全的方案进行及时的更新和补充。

（2）设计分析

设计分析是初步设计阶段主要的工作内容，一般情况下，当初步设计展开之后，每个专业都有各自的设计分析工作。这些设计分析是体现设计在工程安全、节能、节约造价、可实施性方面重要作用的工作过程。在BIM概念出现之前，设计分析就是设计的重要工作之一，BIM的出现使得设计分析更加准确、快捷与全面，例如针对大型公共设施的安全疏散分析，就是在BIM概念出现之后逐步被设计方采用的设计分析内容。

1）结构分析。最早使用计算机进行的结构分析包括三个步骤，分别是前处理、内力分析、后处理。其中，前处理过程是通过人机交互式输入结构简图、荷载、材料参数以及其他结构分析参数的过程，也是整个结构分析中的关键步骤，所以该过程也是比较耗费设计时间的过程；内力分析过程是结构分析软件的自动执行过程，其性能取决于软件和硬件，内力分析过程的结果是结构构件在不同工况下的位移和内力值；后处理过程是将内力值与材料的抗力值进行对比产生安全提示，或者按照相应的设计规范计算出满足内力承载能力要求的钢筋配置数据，这个过程人工干预程度也较低，主要由软件自动执行。在 BIM 模型支持下，结构分析的前处理过程实现了自动化：BIM 软件可以自动将真实的构件关联关系简化成结构分析所需的简化关联关系，能够依据构件的属性自动区分结构构件和非结构构件，并将非结构构件转化成加载于结构构件上的荷载，从而实现了结构分析前处理的自动化。

2）节能分析。节能分析通过两个途径实现节能目的：一个途径是改善建筑围护结构保温和隔热性能，降低室内外空间的能量交换效率；另一个途径是提高暖通、照明、机电设备及其系统的能效，有效降低暖通空调、照明以及其他机电设备的总能耗。

建设项目的景观可视度、日照、风环境、热环境、声环境等性能指标在开发前期就已经基本确定，但是由于缺少合适的技术手段，一般项目很难有时间和费用对上述各种性能指标进行多方案分析模拟，BIM 技术为建筑性能分析的普及应用提供了可能性。基于 BIM 的建筑性能化分析包含室外风环境模拟、自然采光模拟、室内自然通风模拟、小区热环境模拟和建筑环境噪声模拟分析。

3）安全疏散分析。在大型公共建筑设计过程中，室内人员的安全疏散时间是防火设计的一项重要指标。室内人员的安全疏散时间受室内人员数量、密度、人员年龄结构、疏散通道宽度等多方面的影响，简单的计算方法已经不能满足现代建筑设计的安全要求，需要运用安全疏散模拟进行计算。基于人的行为模拟疏散过程中人员疏散过程，统计疏散时间，这个模拟过程需要数字化的真实空间环境支持，BIM 模型为安全疏散计算和模拟提供了支持，这种应用已经在许多大型项目上得到了验证。

(3) 协同设计与冲突检查

在传统的设计项目中，各专业设计人员分别负责其专业内的设计工作，设计项目一般通过专业协调会议，以及相互提交设计资料实现专业设计之间的协调。在许多工程项目中，专业之间因协调不足出现冲突是非常突出的问题。这种协调不足造成了在施工过程中冲突不断、变更不断的常见现象。

BIM 为工程设计的专业协调提供了两种途径：一种是在设计过程中通过有效、适时的专业间协同工作避免产生大量的专业冲突问题，即协同设计；另一种是通过对 3D 模型的冲突进行检查，查找并修改，即冲突检查。至今，冲突检查已成为人们认识 BIM 价值的代名词。实践证明，BIM 的冲突检查已取得良好的效果。

1）协同设计。传统意义上的协同设计很大程度上是指基于网络的一种设计沟通交流手段，以及设计流程的组织管理形式。其包括通过 CAD 文件、视频会议、建立网络资源库、借助网络管理软件等。

基于 BIM 技术的协同设计是指建立统一的设计标准，包括图层、颜色、线型、打印样式等，在此基础上，所有设计专业及人员在一个统一的平台上进行设计，从而减少现行各专业之间（以及专业内部）由于沟通不畅或沟通不及时导致的错、漏、碰、缺，真正实现所有图纸信息元的单一性，实现一处修改其他处自动修改，提升设计效率和设计质量。协同设计工作是以一种协作的方式，有效降低成本，在更快地完成设计的同时，对设计项目的规范化管理也起到重要作用。

协同设计由流程、协作和管理三类模块构成。设计、校审和管理等不同角色人员利用该平台中的相关功能实现各自工作。

2）碰撞检测。二维图不能用于空间表达，使得图纸中存在许多意想不到的碰撞盲区。并且，目前的设计方式多为“隔断式”设计，各专业分工作业，依赖人工协调项目内容和分段，这也导致设计往往存在专业间的碰撞。同时，在机电设备和管道线路的安装方面还存在软碰撞的问题（即实际设备、管线间不存在实际的碰撞，但在安装方面会造成安装人员、机具不能到达安装位置的问题）。

基于BIM技术可将两个不同专业的模型集成为两个模型，通过软件提供的空间冲突检查功能查找两个专业构件之间的空间冲突可疑点，软件可以在发现可疑点时向操作者报警，经人工确认该冲突。冲突检查一般从初步设计后期开始进行，随着设计的进展，反复进行“冲突检查—确认修改—更新模型”的BIM设计过程，直到所有冲突都被检查出来并修正，最后一次检查所发现的冲突数为零，则标志着设计已达到100%的协调。一般情况下，由于不同专业是分别设计、分别建模，所以，任何两个专业之间都可能产生冲突，因此，冲突检查的工作将覆盖任何两个专业之间的冲突关系。具体如下：

①建筑与结构专业，标高、剪力墙、柱等位置不一致，或梁与门冲突。

②结构与设备专业，设备管道与梁柱冲突。

③设备内部各专业，各专业与管线冲突。

④设备与室内装修，管线末端与室内吊顶冲突。

冲突检查过程是需要计划与组织管理的过程，冲突检查人员也被称作“BIM协调工程师”，他们将负责对检查结果进行记录、提交、跟踪提醒与覆盖确认。

（4）设计阶段造价控制

设计阶段是控制造价的关键阶段，在方案设计阶段，设计活动对工程造价影响较大。理论上，我国建设项目在设计阶段的造价控制主要是方案设计阶段的设计估算和初步设计阶段的设计概算，而实际上大量的工程并不重视估算和概算，而将造价控制的重点放在施工阶段，错失了造价控制的有利时机。基于BIM模型进行设计过程的造价控制具有较高的可实施性。由于BIM模型中不仅包括建筑空间和建筑构件的几何信息，还包括构件的材料属性，可以将这些信息传递到专业化的工程量统计软件中，由工程量统计软件自动产生符合相应规则的构件工程量。这一过程基于对BIM模型的充分利用，避免了在工程量统计软件中为计算工程量而专门建模的工作，可以及时反映与设计对应的工程造价水平，为限额设计和价值工程在优化设计上的应用提供了必要的基础，使适时的造价控制成为可能。

（5）施工图生成

设计成果中最重要的表现形式就是施工图，它是含有大量技术标注的图纸，在建筑工程的施工方法仍然以人工操作为主的技术条件下，2D施工图有其不可替代的作用。但是，传统的CAD方式存在的不足也是非常明显的：当产生了施工图之后，如果工程的某个局部发生设计更新，则会同时影响与该局部相关的多张图纸，如一个柱子的断面尺寸发生变化，则含有该柱的结构平面布置图、柱配筋图、建筑平面图、建筑详图等都需要再次修改，这种问题在一定程度上影响了设计质量的提高。

BIM模型是完整描述建筑空间与构件的3D模型，基于BIM模型自动生成2D图是一种理想的2D图产出方法，理论上基于唯一的BIM模型数据源，任何对工程设计的实质性修改

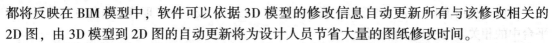

都将反映在BIM模型中，软件可以依据3D模型的修改信息自动更新所有与该修改相关的2D图，由3D模型到2D图的自动更新将为设计人员节省大量的图纸修改时间。

4. 施工阶段

施工阶段是实施贯彻设计意图的过程，是在确保工程各项目标的前提下，建设工程的重要环节，也是周期最长的环节。此阶段的工作任务是如何保质、保量、按期地完成建设任务。

BIM技术在施工阶段具体应用主要体现在以下几方面：

(1) 预制加工管理

BIM技术在预制加工管理方面的应用主要体现在钢筋准确下料、构件信息查询及出具构件加工详图上，具体内容如下：

1) 钢筋准确下料。在以往工程中，由于工作面大、现场工人多，工程交底困难而导致的质量问题非常常见，而通过BIM技术能够优化断料组合加工表，将材料损耗减至最低。

2) 构件信息查询。检查和验收信息将被完整地保存在BIM模型中，相关单位可快捷地对任意构件进行信息查询和统计分析，在保证施工质量的同时，能使质量信息在运维期有据可循。

3) 出具构件加工详图。BIM模型可以完成构件加工、制作图纸的深化设计。利用如Tekla、Structures等深化设计软件真实模拟进行结构深化设计，通过软件自带功能将所有加工详图（包括布置图、构件图、零件图等）利用三视图原理进行投影、剖面生成深化图纸，图纸上的所有尺寸，包括杆件长度、断面尺寸、杆件相交角度均是在杆件模型上直接投影产生的，通过深化设计产生的加工数据清单，直接导入精密数控加工设备进行加工，保证了构件加工的精密性及安装精度。

(2) 虚拟施工管理

结合施工方案、施工模拟和现场视频监测进行基于BIM技术的虚拟施工，可以根据可视化效果看到并了解施工的过程和结果，可以较大程度地降低返工成本和管理成本，降低风险，增强管理者对施工过程的控制能力。

BIM在虚拟施工管理中的应用主要有场地布置方案、专项施工方案、关键工艺展示、施工模拟（土建主体及钢结构部分）、装修效果模拟等，下面将分别对其进行详细介绍。

1) 场地布置方案。基于建立的BIM三维模型及搭建的各种临时设施，可以对施工场地进行布置，合理安排塔式起重机、库房、加工厂地和生活区等的位置，解决现场场地划分问题；通过与业主的可视化沟通协调，对施工场地进行优化，选择最优施工路线。

2) 专项施工方案。通过BIM技术指导编制专项施工方案，可以直观地对复杂工序进行分析，将复杂部位简单化、透明化，提前模拟方案编制后的现场施工状态，对现场可能存在的危险源、安全隐患、消防隐患等提前排查，对专项方案的施工工序进行合理排布，有利于方案的专项性、合理性。

3) 关键工艺展示。基于BIM技术，能够提前对重要部位的安装进行动态展示，提供施工方案讨论和技术交流的虚拟现实信息，从而帮助施工人员选择合理的安装方案，同时可视化的动态展示有利于安装人员之间的沟通及协调。

4) 施工模拟。根据拟定的最优施工现场布置和最优施工方案，将由项目管理软件，如Project编制而成的施工进度计划与施工现场3D模型集成一体，引入时间维度，能够完成对工程主体结构施工过程的4D施工模拟。通过4D施工模拟，可以使设备材料进场、劳动力配置、机械排班等各项工作安排得更加经济合理，从而加强了对施工进度、施工质量的控制。针对主体结构施工过程，利用已完成的BIM模型进行动态施工方案模拟，展示重要施工环节动画，对比分析不同施工方案的可行性，能够对施工方案进行分析，并听从甲方指令对施工方案进行动态调整。

5）装修效果模拟。针对工程技术重难点、样板间、精装修等，完成对窗帘盒、吊顶、木门、地面砖等基础模型的搭建，并基于BIM模型，对施工工序的搭接以及新型、复杂施工工艺进行模拟，对灯光环境等进行分析，综合考虑相关影响因素，利用三维效果预演的方式有效解决各方协同管理的难题。

（3）施工进度管理

在传统的项目进度管理过程中事故频发，究其根本在于传统的进度管理模式存在一定的缺陷，如二维CAD设计图形象性差不方便各专业之间的协调沟通以及网络计划抽象难以理解和执行等。BIM技术的引入，可以突破二维的限制，给项目进度控制带来不同的体验，如可减少变更和返工进度损失、加快生产计划及采购计划编制、加快竣工交付资料准备工作，从而提升了全过程的协同效率。

BIM在工程项目进度管理中的应用主要体现在以下五个方面：

1）BIM施工进度模拟。通过将BIM与施工进度计划相链接，将空间信息与时间信息整合在一个可视的4D（3D+Time）模型中，不仅可以直观、精确地反映整个建筑的施工过程，还能够实时追踪当前的进度状态，分析影响进度的因素，协调各专业，制定应对措施，以缩短工期、降低成本、提高质量。

通过4D施工进度模拟，能够完成以下内容：基于BIM模型，对工程重点和难点的部位进行分析，制定切实可行的对策；依据模型，确定方案，排定计划，划分流水段；BIM施工进度用季度卡来编制计划；将周和月结合在一起，假设后期需要任何时间段的计划，只需在这个计划中过滤一下即可自动生成；做到对现场的施工进度进行每日管理。

2）BIM施工安全与冲突分析系统。BIM施工安全与冲突分析系统应用主要体现在以下三个方面：

①时变结构和支撑体系的安全分析通过模型数据转换机制，自动由4D施工信息模型生成结构分析模型，进行施工期时变结构与支撑体系任意时间点的力学分析计算和安全性能评估。

②施工过程进度、资源、成本的冲突分析通过动态展现各施工段的实际进度与计划的对比关系，实现进度偏差和冲突分析及预警；指定任意日期，自动计算所需人力、材料、机械、成本，进行资源对比分析和预警；根据清单计价和实际进度计算实际费用，动态分析任意时间点的成本及其影响关系。

③场地碰撞检测基于施工现场4D时空模型和碰撞检测算法，可对构件与管线、设施与结构进行动态碰撞检测和分析。

3）BIM建筑施工优化系统。BIM建筑施工优化系统应用主要体现在以下两个方面：

①基于BIM和离散事件模拟的施工优化通过对各项工序的模拟计算，得出工序工期、人力、机械、场地等资源的占用情况，对施工工期、资源配置以及场地布置进行优化，实现多个施工方案的比选。

②基于过程优化的4D施工过程模拟将4D施工管理与施工优化进行数据集成，实现了基于过程优化的4D施工可视化模拟。

4）三维技术交底及安装指导。三维技术交底及安装指导即通过三维模型让工人直观地了解自己的工作范围及技术要求，主要方法有两种：一种是虚拟施工和实际工程照片对比；另一种是将整个三维模型进行打印输出，用于指导现场的施工，方便现场的施工管理人员对照图纸进行施工指导和现场管理。

5）移动终端现场管理。采用无线移动终端、WED及RFID等技术，全过程与BIM模型集成，实现数据库化、可视化管理，避免任何一个环节出现问题给施工和进度质量带来影响。

（4）施工质量管理

基于BIM的工程项目质量管理包括产品质量管理及技术质量管理。

产品质量管理：BIM模型储存了大量的建筑构件、设备信息。通过软件平台，可快速查找所需的材料及构配件信息、规格、材质、尺寸要求等，并可根据BIM设计模型，对现场施工作业产品进行追踪、记录、分析，掌握现场施工的不确定因素，避免不良后果的出现，监控施工质量。

技术质量管理：通过BIM的软件平台动态模拟施工技术流程，再由施工人员按照仿真施工流程施工，确保施工技术信息的传递不会出现偏差，避免实际做法和计划做法不一样的情况出现，减少不可预见情况的发生，监控施工质量。

下面仅对BIM在工程项目质量管理中的关键应用点进行具体介绍。

1）建模前期协同设计。建模前期协同设计即在建模前期，建筑专业和结构专业的设计人员大致确定吊顶高度及结构梁高度，对于净高要求严格的区域，提前告知机电专业，各专业针对空间狭小、管线复杂的区域，协调出二维局部剖面图。建模前期协同设计的目的是，在建模前期就解决部分潜在的管线碰撞问题，对潜在质量问题提前预知。

2）碰撞检测。碰撞检测即基于BIM可视化技术，施工设计人员在建造之前就可以对项目进行碰撞检查，彻底消除硬碰撞、软碰撞，优化工程设计，减少在建筑施工阶段可能存在的错误和返工的可能性，以及对净空和管线排布方案进行优化。最后施工人员可以利用碰撞优化后的三维方案，进行施工交底、施工模拟，提高施工质量的同时也提高了与业主沟通的能力。

3）大体积混凝土测温。使用自动化监测管理软件进行大体积混凝土温度的监测，将测温数据无线自动传输汇总到分析平台上，通过对各个测温点的分析，形成动态监测管理。电子传感器按照测温点布置要求，自动直接将温度变化情况输出到计算机，形成温度变化曲线图，随时可以远程动态监测基础大体积混凝土的温度变化，根据温度变化情况，随时加强养护措施，确保大体积混凝土的施工质量，确保在工程基础筏板混凝土浇筑后不出现由于温度变化剧烈引起的温度裂缝。利用基于BIM的温度数据分析平台对大体积混凝土进行温度检测。

4）施工工序质量控制。工序质量控制就是对工序活动条件即工序活动投入的质量和工序活动效果的质量及分项工程质量的控制。利用BIM技术进行工序质量控制主要体现在以下几方面：

①利用BIM技术能够更好地确定工序质量控制工作计划。

②利用BIM技术主动控制工序活动条件的质量。

③能够及时检验工序活动效果的质量。

④利用BIM技术设置工序质量控制点（工序管理点），实行重点控制。

（5）施工安全管理

采用 BIM 技术可使整个工程项目在设计、施工和运营维护等阶段都能够有效地控制资金风险，实现安全生产。下面将对 BIM 技术在工程项目安全管理中的具体应用进行介绍。

1）施工准备阶段安全控制。在施工准备阶段，利用 BIM 进行与实践相关的安全分析，能够降低施工安全事故发生的可能性，如 4D 模拟与管理和安全表现参数的计算可以在施工准备阶段排除很多建筑安全风险；BIM 虚拟环境划分施工空间，排除安全隐患；基于 BIM 及相关信息技术的安全规划可以在施工前的虚拟环境中发现潜在的安全隐患并予以排除；采用 BIM 模型结合有限元分析平台，进行力学计算，保障施工安全；通过模型发现施工过程重大危险源并实现危险源自动识别。

2）施工过程仿真模拟。仿真分析技术能够模拟建筑结构在施工过程中不同时段的力学性能和变形状态，为结构安全施工提供保障。在 BIM 模型的基础上，开发相应的有限元软件接口，实现三维模型的传递，再附加材料属性、边界条件和荷载条件，结合先进的时变结构分析方法，便可以将 BIM、4D 技术和时变结构分析方法结合起来，实现基于 BIM 的施工过程结构安全分析，有效捕捉施工过程中可能存在的危险状态，指导安全维护措施的编制和执行，防止发生安全事故。

3）模型试验。对于结构体系复杂、施工难度大的结构，结构施工方案的合理性与施工技术的安全可靠性都需要验证，为此利用 BIM 技术建立试验模型，对施工方案进行动态展示，从而为试验提供模型基础信息。

4）施工动态监测。对施工过程进行实时施工监测，特别是重要部位和关键工序，可以及时了解施工过程中结构的受力和运行状态。三维可视化动态监测技术较传统的监测手段具有可视化的特点，可以人为操作在三维虚拟环境下漫游来直观、形象地提前发现现场的各类潜在危险源，提供更便捷的方式查看监测位置的应力应变状态，在某一监测点应力或应变超过拟定的范围时，系统将自动采取报警给予提醒。

5）防坠落管理。坠落危险源包括尚未建造的楼梯井和天窗等，通过在 BIM 模型中的危险源存在部位建立坠落防护栏杆构件模型，研究人员能够清楚地识别多个坠落风险；且可以向承包商提供完整且详细的信息，包括安装或拆卸栏杆的地点和日期等。

6）塔式起重机安全管理。在整体 BIM 施工模型中布置不同型号的塔式起重机，能够确保其同电源线和附近建筑物的安全距离，确定哪些人员在哪些时候会使用塔式起重机。在整体施工模型中，用不同颜色的色块来表明塔式起重机的回转半径和影响区域，并进行碰撞检测来生成塔式起重机回转半径计划内的任何非钢安装活动的安全分析报告。

7）灾害应急管理。利用 BIM 及相应灾害分析模拟软件，可以在灾害发生前，模拟灾害发生的过程，分析灾害发生的原因，制定避免灾害发生的措施，以及发生灾害后人员疏散、救援支持的应急预案，为发生意外时减少损失并赢得宝贵时间。BIM 能够模拟人员疏散时间、疏散距离、有毒气体扩散时间、建筑材料耐燃烧极限、消防作业面等，主要应用有利用 4D 模拟、3D 漫游和 3D 渲染标识各种危险，同时 BIM 中生成的 3D 动画、渲染能够用来同工人交流相应的应急预案计划方案。

（6）施工成本管理

基于 BIM 技术，建立成本的 5D（3D 实体、时间、工序）关系数据库，以各 WBS 单位工程量人机料单价为主要数据进入成本 BIM 中，能够快速进行多维度（时间、空间、WBS）成本分析，从而对项目成本进行动态控制。

下面对BIM技术在工程项目成本控制中的应用进行介绍。

1）快速精确的成本核算。BIM是一个强大的工程信息数据库。BIM建模所完成的模型包含的二维图中所有位置长度等信息，并包含了二维图中不包含的材料等信息，计算机通过识别模型中的不同构件及模型的几何物理信息（时间维度、空间维度等），对各种构件的数量进行汇总统计，这种基于BIM的算量方法，将算量工作大幅度简化，减少了人为原因造成的计算错误，大量节约了人力的工作量和花费的时间。

2）预算工程量动态查询与统计。基于BIM技术，模型可直接生成所需材料的名称、数量和尺寸等信息，而且这些信息将始终与设计保持一致，在设计出现变更时，该变更将自动反映到所有相关的材料明细表中，预算工程量动态查询与计价工程师使用的所有构件信息也会随之变化。在基本信息模型的基础上增加工程预算信息，即形成具有资源和成本信息的预算信息模型。如系统根据计划进度和实际进度信息，可以动态计算任意WBS节点任意时间段内每日计划工程量、计划工程量累计、每日实际工程量、实际工程量累计，帮助施工管理者实时掌握工程量的计划完工和实际完工情况。在分期结算过程中，每期实际工程量累计数据是结算的重要参考，系统动态计算实际工程量可以为施工阶段工程款结算提供数据支持。

3）限额领料与进度款支付管理。基于BIM软件，在管理多专业和多系统数据时，能够采用系统分类和构件类型等方式对整个项目数据进行管理，为视图显示和材料统计提供规则。例如，给水排水、电气、暖通专业可以根据设备的型号、外观及各种参数分别显示设备，方便计算材料用量，增加工程预算信息，即形成了具有资源和成本信息的预算信息模型。

传统模式下工程进度款申请和支付结算工作较为复杂，基于BIM能够快速准确地统计出各类构件的数量，减少预算的工作量，且能形象、快速地完成工程量拆分和重新汇总，为工程进度款结算工作提供技术支持。

（7）物料管理

基于BIM的物料管理通过建立安装材料BIM模型数据库，使项目部各岗位人员及企业不同部门都可以进行数据的查询和分析，为项目部材料管理和决策提供数据支撑，具体表现如下：

1）安装材料BIM模型数据库。项目部拿到机电安装各专业施工蓝图后，由BIM项目经理组织各专业机电BIM工程师进行三维建模，并将各专业模型组合到一起，形成安装材料BIM模型数据库，该数据库以创建的BIM机电模型和全过程造价数据为基础，把原来分散在安装各专业的工程信息模型汇总到一起，形成一个汇总的项目级基础数据库。

2）安装材料分类控制。材料的合理分类是材料管理的一项重要基础工作，安装材料BIM模型数据库的最大优势是包含材料的全部属性信息。在进行数据建模时，各专业建模人员对施工所使用的各种材料属性，按其需用量大小、占用资金多少及重要程度进行“星级”分类，科学合理地控制。

3）用料交底。设备、电气、管道、通风空调等安装专业三维建模并碰撞后，BIM项目经理组织各专业BIM项目工程师进行综合优化，提前消除施工过程中各专业可能遇到的碰撞。用BIM三维图、CAD图或者表格下料单等书面形式做好用料交底，防止班组“长料短用、整料零用”，做到物尽其用，减少浪费及边角料，把材料消耗降到最低限度。

4）物资材料管理。运用BIM模型，结合施工程序及工程形象进度周密安排材料采购计划，不仅能保证工期与施工的连续性，而且能用好用活流动资金、降低库存、减少材料二次搬运。同时，材料员根据工程实际进度，可以方便地提取施工各阶段材料用量，在下达施工任务书中，附上完成该项施工任务的限额领料单，作为发料部门的控制依据，实行对各班组限额发料，防止错发、多发、漏发等无计划用料。从源头上做到材料的“有的放矢”，减少施工班组对材料的浪费。

5）材料变更清单。BIM 模型在动态维护工程中，可以及时地将变更图进行三维建模，将变更发生的材料、人工等费用准确、及时地计算出来，便于办理变更签证手续，保证工程变更签证的有效性。

（8）绿色施工管理

绿色施工管理是指以绿色为目的、以 BIM 技术为手段，用绿色的观念和方式进行建筑的规划、设计，采用 BIM 技术在施工和运营阶段促进绿色指标的落实，促进整个行业进一步资源优化整合。

下面介绍以绿色为目的、以 BIM 技术为手段的施工阶段节地、节水、节材、节能管理和减排措施。

1）节地与室外环境。节地主要体现在建筑设计前期的场地分析、运营管理中的空间管理以及施工用地的合理利用。BIM 在施工节地中的主要应用内容有场地分析、土方量计算、施工用地管理及空间管理等。

2）节水与水资源利用。BIM 技术在节水方面的应用主要体现在协助土方量的计算、模拟土地沉降、场地排水设计、分析建筑的消防作业面、设置最经济合理的消防器材，以及设计规划每层排水地漏位置的雨水等非传统水源收集循环利用。

3）节材与材料资源利用。基于 BIM 技术，重点从钢材、混凝土、木材、模板、围护材料、装饰装修材料及生活办公用品材料七个主要方面进行施工节材与材料资源利用控制，通过 5D-BIM 安排材料采购的合理化，建筑垃圾减量化，可循环材料的多次利用化，钢筋配料，钢构件下料以及安装工程的预留、预埋，管线路径的优化等措施；同时根据设计的要求，结合施工模拟，达到节约材料的目的。BIM 在施工节材中的主要应用内容有管线综合设计、复杂工程预加工预拼装、物料跟踪等。

4）节能与能源利用。在方案论证阶段，项目投资方可以使用 BIM 来评估设计方案的布局、视野、照明、安全、人体工程学、声学、纹理、色彩及规范的遵守情况。BIM 甚至可以做到建筑局部的细节推敲，迅速分析设计和施工中可能需要应对的问题。

5）减排措施。利用 BIM 技术可以对施工场地废弃物的排放、放置进行模拟，以达到减排的目的。

5. 竣工交付阶段

竣工验收与移交是建设阶段的最后一道工序，目前在竣工阶段主要存在着以下问题：一是验收人员仅从质量方面进行验收，对使用功能方面的验收关注不够；二是验收过程中对整体项目的把控力度不大，譬如整体管线的排布是否满足设计、施工规范要求，是否美观，是否便于后期检修等，缺少直观的依据；三是竣工图难以反映现场的实际情况，给后期运维管理带来各种不可预见性，增加运营维护管理难度。

通过完整、有数据支撑、可视化竣工 BIM 模型与现场实际建成的建筑进行对比，可以较好地解决以上问题。BIM 技术在竣工阶段的具体应用如下：

（1）检查结算依据

1）竣工结算的依据一般包含以下几个方面：

①《建设工程工程量清单计价规范》(GB 50500—2013)。

②施工合同(工程合同)。

③工程竣工图及资料。

④双方确认的工程量。

⑤双方确认追加(减)的工程价款。

⑥双方确认的索赔、现场签证事项及价款。

⑦投标文件。

⑧招标文件。

⑨其他依据。

2)在竣工结算阶段,对于设计变更,传统的办法是从项目开始对所有的变更等依据时间顺序进行编号成表,各专业修改做好相关记录,它的缺陷在于:

①无法快速、形象地知道每一张变更单究竟修改了工程项目对应的哪些部位。

②结算工程量是否包含设计变更只是依据表格记录,复核费时间。

③结算审计往往要随身携带大量的资料。

BIM 的出现将改变以上传统方法的困难和弊端,每一份变更的出现可依据变更修改 BIM 模型而持有相关记录,并且将技术核定单等原始资料"电子化",将资料与 BIM 模型有机关联,通过 BIM 系统,工程项目变更的位置一览无余,各变更单位置对应的原始技术资料随时从云端调取,查阅资料,对照模型三维尺寸、属性等。在某项目集成于 BIM 系统的含变更的结算模型中,BIM 模型高亮显示部位就是变更位置,结算人员只需要单击高亮位置,相应的变更原始资料即可调阅。

(2)核对工程数量

在结算阶段,核对工程量是最主要、最核心、最敏感的工作,其主要工程数量核对形式依据先后顺序分为以下四种:

1)分区核对。分区核对处于核对数据的第一阶段,主要用于总量比对,一般预算员、BIM 工程师按照项目施工段的划分将主要工程量分区列出,形成对比分析表,如预算员采用手工计算则核对速度较慢,碰到参数的改动,往往需要一小时甚至更长的时间才可以完成,但是对于 BIM 工程师来讲,可能几分钟就能完成重新计算,得出相关数据。施工实际用量的数据也是结算工程量的一个重要参考依据,但是对于历史数据来说,分区统计存在误差,所以往往只存在核对总量的价值,特别是钢筋数据。

2)分部分项清单工程量核对。分部分项核对工程量是在分区核对完成以后,确保主要工程量数据在总量上差异较小的前提下进行的。

如果 BIM 数据和手工数据需要比对,可通过 BIM 建模软件导入外部数据,在 BIM 建模软件中快速形成对比分析表,通过设置偏差百分率警戒值,可自动根据偏差百分率排序,迅速地对数据偏差较大的分部分项工程项目进行锁定,再通过 BIM 软件的"反查"定位功能,对所对应的区域构件进行综合分析,确定项目最终划分,从而得出较为合理的分部分项子目,而且通过对比分析表也可以对漏项进行对比检查。

3)BIM 模型综合应用查漏。由于目前项目承包管理模式(土建与机电往往不是同一家单位)和在传统手工计量的模式下,缺少对专业与专业之间相互影响的考虑,这将会对实际结算工程量造成的一定偏差,或者由于相关工作人员专业知识的局限性,造成结算数据的偏差。

通过各专业BIM模型的综合应用，大大减少了以前由于计算能力不足、预算员施工经验不足造成经济损失。

4）大数据核对。大数据核对是在前三个阶段完成后的最后一道核对程序。对项目的高层管理人员依据一份大数据对比分析报告，可对项目结算报告做出分析，得出初步结论。BIM完成后，可直接在云服务器上自动检索高度相似的工程进行云指标对比，查找漏项和偏差较大的项目。

（3）其他方面

BIM在竣工阶段的应用除工程数量核对以外，还主要包括以下几个方面：

1）验收人员根据设计、施工阶段的模型，直观、可视化地掌握整个工程的情况，包括建筑、结构、水、暖、电等各专业的设计情况，既有利于对使用功能、整体质量进行把关，同时又可以对局部进行细致的检查、验收。

2）验收过程可以借助BIM模型对现场实际施工情况进行校核，譬如管线位置是否满足要求、是否有利于后期检修等。

3）通过竣工模型的搭建，可以将建设项目的设计、经济、管理等信息融合到一个模型中，便于后期的运维管理单位使用，更好、更快地检索到建设项目的各类信息，为运维管理提供有力保障。

6. 运维阶段

目前，传统的运维阶段存在的问题主要有：一是目前竣工图、材料设备信息、合同信息、管理信息分离，设备信息往往以不同格式和形式存在于不同位置，信息的凌乱造成运营管理的难度；二是设备管理维护没有科学的计划性，仅仅是根据经验不定期进行维护保养，难以避免设备故障发生所带来的损失，处于被动式地管理维护状态；三是资产运营缺少合理的工具支撑，没有对资产进行统筹管理统计，造成很多资产的闲置浪费。

BIM技术可以保证建筑产品的信息创建便捷、信息存储高效、信息错误率低、信息传递过程高精度等，解决传统运维过程中最严重的两大问题：数据之间的“信息孤岛”和运维阶段与前期的“信息断流”问题，整合设计阶段和施工阶段的关联基础数据，形成完整的信息数据库，能够方便运维信息的管理、修改、查询和调用，同时结合可视化技术，使得项目的运维管理更具操作性和可控性。

BIM在运维阶段应用的四大优势如下：

1）数据存储借鉴。利用BIM模型，提供信息和模型的结合。不仅将运维前期的建筑信息传递到运维阶段，更保证了运维阶段新数据的存储和运转。BIM模型所储存的建筑物信息，不仅包含建筑物的几何信息，还包含大量的建筑性能信息。

2）设备维护高效。利用BIM模型可以储存并同步建筑物设备信息，在设备管理子系统中，有设备的档案资料，可以了解各设备可使用年限和性能；设备运行记录，了解设备已运行时间和运行状态；设备故障记录，对故障设备进行及时处理并将故障信息进行记录借鉴；设备维护维修，确定故障设备的及时反馈以及设备的巡视。同时，还可利用BIM可视化技术对建筑设施设备进行定点查询，直观地了解项目的全部信息。

3）物流信息丰富。采用BIM模型的空间规划和物资管理系统，可以随时获取最新的3D设计数据，以帮助协同作业。在数字空间进行模拟现实的物流情况，显著提升庞大物流管理的直观性和可靠性，使服务者了解庞大的物流管理活动，有效降低服务者进行物流管理时的操作难度。

4）数据关联同步。BIM模型的关联性构建和自动化统计特性，对运维管理信息的一致性和数据统计的便捷化做出了贡献。

运维管理的范畴主要包括以下五个方面：

（1）空间管理

空间管理主要是满足组织在空间方面的各种分析及管理需求，更好地响应组织内各部门对于空间分配的请求及高效处理日常相关事务、计算空间相关成本、执行成本分摊等内部核算，增强企业各部门控制非经营性成本的意识，提高企业收益。

1）空间分配。创建空间分配基准，根据部门功能，确定空间场所类型和面积，使用客观的空间分配方法，消除员工对所分配空间场所的疑虑，同时快速地为新员工分配可用空间。

2）空间规划。将数据库和BIM模型整合在一起的智能系统跟踪空间的使用情况，提供收集和组织空间信息的灵活方法，根据实际需要、成本分摊比率、配套设施和座位容量等参考信息，使用预定空间，进一步优化空间使用效率；基于人数、功能用途及后勤服务预测空间占用成本，生成报表、制定空间发展规划。

3）租赁管理。大型商业地产对空间的有效利用和租赁是业主实现经济效益的有效手段，也是充分实现商业地产经济价值的表现。应用BIM技术对空间进行可视化管理，分析空间使用状态、收益、成本及租赁情况，业主通过三维可视化直观地查询定位到每个租户的空间位置以及租户的信息，如租户名称、建筑面积、租约区间、租金情况、物业管理情况；实现租户的各种信息的提醒功能。同时，根据租户信息的变化，实现对数据的及时调整和更新。从而判断影响不动产财务状况的周期性变化及发展趋势，帮助提高空间的投资回报率，并能够抓住出现的机会及规避潜在的风险。

4）统计分析。开发如成本分摊比例表、成本详细分析、人均标准占用面积、组织占用报表、组别标准分析等报表，方便获取准确的面积和使用情况信息，满足内外部报表需求。

（2）资产管理

资产管理是运用信息化技术增强资产监管力度，降低资产的闲置浪费，减少和避免资产流失，使业主在资产管理上更加全面、规范，从整体上提高业主资产管理水平。

1）日常管理。主要包括固定资产的新增、修改、退出、转移、删除、借用、归还、计算折旧率及残值率等日常工作。

2）资产盘点。按照盘点数据与数据库中的数据进行核对，并对正常或异常的数据做出处理，得出资产的实际情况，并可按单位、部门生成盘盈明细表、盘亏明细表、盘亏明细附表、盘点汇总表、盘点汇总附表。

3）折旧管理。包括计提资产月折旧、打印月折旧报表、对折旧信息进行备份、恢复折旧工作、折旧手工录入、折旧调整等工作。

4）报表管理。可以对单条或一批资产的情况进行查询，查询条件包括资产卡片、保管情况、有效资产信息、部门资产统计、退出资产、转移资产、历史资产、名称规格、起始及结束日期、单位或部门。

（3）维护管理

建立设施设备基本信息库与台账，定义设施设备保养周期等属性信息，建立设施设备维护计划；对设施设备运行状态进行巡检管理并生成运行记录、故障记录等信息，根据生成的保养计划自动提示到期需保养的设施设备；对出现故障的设备从维修申请，到派工、维修、完工验收等实现过程化管理。

（4）公共安全管理

公共安全管理包括应对火灾、非法侵入、自然灾害、重大安全事故和公共卫生事故等危害人们生命财产安全的各种突发事件，建立起应急及长效的技术防范保障体系。基于BIM技术可存储大量具有空间性质的应急管理所需数据，可以协助应急响应人员定位和识别潜在的突发事件，并且通过图形界面准确确定其危险发生的位置。此外，BIM模型中的空间信息也可以用于识别疏散线路和环境危险之间的隐藏关系，从而降低应急决策制定的不确定性。BIM也可以作为一个模拟工具，评估突发事件导致的损失，并且对响应计划进行讨论和测试。

（5）能耗管理

对于业主，有效地进行能源的运行管理是业主在运营管理中提高收益的一个主要方面。基于该系统通过BIM模型可以更方便地对租户的能源使用情况进行监控与管理，赋予每个能源使用记录表以传感功能，在管理系统中及时做好信息的收集处理，通过能源管理系统对能源消耗情况自动进行统计分析，并且可以对异常使用情况进行警告。

1.4.6 项目各参与方的BIM应用

1. 政府机构

目前，我国政府在建设项目的管理机构设置上基本上沿袭计划经济体制下的传统模式：计划管理部门负责项目的立项、审批、招标投标等综合监督；财政部门负责资金的拨付与财务管理；审计部门负责对资金运用等进行监督；建设管理部门负责建设监理，安全、质量监督；国有资产管理、监察、纪委等部门以及重大建设项目稽查特派员对项目也负有监管的职责。其中，计划、财政、审计和建设主管部门在项目全生命周期中承担着重要的投资监管责任。在传统模式下，我国政府机构在项目管理方面存在一些问题，例如信息共享与协同困难、数据更新与维护迟钝等。BIM技术的引用改变了传统的政府项目管理工作模式，使政府各管理机构在一定程度上得到了职责再造与优化。具体表现在以下几个方面：

（1）质量控制责任

政府机构的管理人员可以通过BIM模型进行仿真模拟，减少与各专业设计工程师之间的协调错误，简化人为的图纸综合审核。在此基础上，可以准备BIM协同设计实施计划工程规划书，包括工程评估（选择更优化的方案）；文档管理（如文件、轴网、坐标中心约定）；制图及图签管理；数据统一管理；设计进度、人员分工及权限；三维设计流程控制；工程建模，碰撞检测，分析碰撞检测报告；专业探讨反馈，优化设计等，使建设信息标准化，预先对工程全过程质量提出可行性的数据支撑。

（2）工期控制责任

政府机构通过建立以BIM技术为依托的工程成本数据平台，将传统的2D平面信息扩展到5D或ND的信息模型，将时间和感官动态模拟，应用到了工程行业的工期控制管理当中。投资方只要将包含成本信息的BIM模型上传到系统服务器，系统就会自动对文件进行解析，同时将海量的成本数据进行分类和整理，形成一个多维度、多层次、包含三维图形的成本数据库。政府基于BIM平台，只要认真履行建设管理职能，对整个工程的工期进度负责，做到提前策划、精心组织，周密计划，建立强有力的指挥系统，实行领导分管，指挥部总体负责，靠前指挥，主动协调，就可以保证工程的整体推进和工期计划的实施。

（3）造价控制责任

根据批准的工程总投资，由政府或者投资公司进行统一支付，合理确定政府内部各部门投资控制工程和费用，监督和指导投资控制目标的落实，考核各部门投资控制管理工作，通过BIM的建筑信息共享和工期阶段性的模拟和计算，对设计（咨询）、监理、施工单位投资控制管理进行统一考核，审批最终结算价款。

（4）智慧城市

智慧城市就是运用信息和通信技术手段感测、分析、整合城市运行核心系统的各项关键信息，从而对包括民生、环保、公共安全、城市服务、工商业活动在内的各种需求做出智能响应。其实质是利用先进的信息技术，实现城市智慧式管理和运行，进而为城市中的人们创造更美好的生活，促进城市和谐、可持续成长。

随着城市数量和城市人口的不断增多，城市被赋予了前所未有的经济、政治和技术的属性，从而使城市发展在世界中心舞台起到主导作用。虽然城市在人类发展中起着越来越重要的作用，但如今城市的运行模式是否能够适应未来的发展？是否能够解决面临的挑战？低效的城市管理方式、拥堵的交通系统、难以发挥实效的城市应急系统、远远不完善的环境监测体系等，这些挑战如何解决？当城市面临这些实质性的挑战时，政府机构必须考虑，城市应该应用新的措施和能力使城市管理变得更加智能。城市必须使用新的科技去改善它们的核心系统，从而最大限度地优化和利用有限的能源。

例如，智慧城市可以为城市中的人们提供智慧公共服务，建设智慧公共服务和城市管理系统。政府可以建立智慧政务城市综合管理运营平台，满足政府应急指挥和决策办公的需要，对区内现有监控系统进行升级换代，增加智能视觉分析设备，提升快速反应速度，做到事前预警，事中处理及时迅速，统一数据、统一网络，建设数据中心、共享平台；并提供智慧教育文化服务，建设智慧健康保障体系，建设“数字交通”工程，通过监控、监测、交通流量分布优化等技术，完善公安、城管、公路等监控体系和信息网络系统。

2. 建设方

建设单位是BIM应用的最大受益者。作为项目的业主，利用BIM技术使得项目在早期就可以对建筑物不同方案的性能做出各种分析、模拟、比较，从而得到高性能的建筑方案。积累的信息不但可以支持建设阶段降低成本、缩短工期、提高质量，而且可以为建成后的运营、维护、改建、扩建、交易、拆除、使用等服务。因而不论是建设阶段还是使用阶段，利用BIM技术对建筑物质量和性能的提高其最大的受益者永远是业主。

（1）项目开发可行性分析

在项目开发的前期，主要工作内容是项目的论证与策划，其涉及范围最广，包括项目定位、资金、营销、设计、建造、销售等，因此需要建设企业内部多部门共同参与。由于参与部门较多，涉及交流的内容又如此繁杂，反复的调整在所难免。当一个部门的数据做出调整，其他部门的数据都要跟着变动，如果没有良好的用于信息沟通的载体，这些变化将产生大量低效率的重复劳动。

BIM应用则很好地解决了这一问题，它可以成为各部门信息沟通的纽带和数据载体，为项目决策提供有力的数据依据。同时，通过应用 BIM 技术对项目景观、项目环境日照、项目风环境、项目环境噪声、项目环境温度、户型舒适度及销售价格进行分析，可以为建设单位提供精准的信息。

(2) 设计管理

建筑工程设计阶段项目管理（简称设计管理）是建筑工程全过程项目管理的一部分，涉及从产品研究、市场开拓，到项目立项、方案设计、初步设计、施工图设计、施工配合等多个方面，是对建筑工程设计活动的全过程实施监督和管理。

设计管理的突出作用是极大地提高了建设单位或开发商的投资效益，在设计阶段为开发商控制项目工程造价，实现降低项目总投资的目的。设计管理的主要作用是，尽量在设计阶段及时发现问题、解决问题，避免在施工阶段出现更多设计变更，防止在施工阶段影响建筑工程的质量、进度和工程造价。

设计管理的核心是通过建立一套沟通、交流与协作的系统化管理制度，帮助业主和设计单位去解决设计阶段中设计单位与业主（建设单位）、政府有关建筑主管部门、承包商以及其他项目参与方的组织、沟通和协作问题，实现建设项目建设的艺术、经济、技术和社会效益平衡。

由于建设项目分阶段开展设计工作的特点，设计管理是一个标准的长流程管理，而通过 BIM 进行设计管理，则可以简化管理流程、压缩路径从而破除信息割裂，共享信息流，使各种信息能够顺畅地流向 BIM 模型。BIM 并不是简单意义上的从二维到三维的发展，是为建筑设计、建造以及管理提供协调一致、准确可靠、高度集成的信息模型，是整个工程项目各参与方在各个阶段共同工作的对象。其在不同的设计阶段拥有不可比拟的生命价值。

运用 BIM 进行设计管理带来的最直接的变革就是项目各参建单位，包括建设单位、设计单位、施工单位、政府有关部门等均围绕 BIM 模型开展“三控三管一协调”等工作，以 BIM 模型深化作为核心工作，完成从设计方案模型到运营维护模型的整体交付，从而破除传统模式中很多难以规避的程序化、流程性工作，实现准确、高效、高附加值的设计管理效果。

(3) 施工管理

我国的建设项目数量多、规模大，项目高度不断攀升，复杂程度也随之提高。对于这些大型复杂项目，能否保质保量、按时完工是每个业主最为关心的问题。目前，施工单位使用的进度计划表主要有两个类型：一类简单但是无法清楚表达；另一类表达清楚但是过于繁复。

对于业主及施工管理者而言，直观、形象的三维图形、图像或者三维动画的表达形式无疑会利于对设计、加工、建造、安装及施工的理解，避免错误理解导致的错误建造。BIM 的应用可以实现这一目标。

(4) 运维管理

项目运维管理是整个建筑运维阶段生产和服务的全部管理，主要包括以下几个方面：

1）经营管理。为项目最终的使用者、服务者以及相应建筑用途提供经营性管理，维护建筑物使用秩序。

2）设备管理。包括建筑内正常设备的运行维护和修理，设备的应急管理等。

3）物业管理。包括建筑物整体的管理，公共空间使用情况的预测和计划，部分空间的租赁管理，以及建筑对外关系。

建筑运维管理的主要问题集中在信息效率上。其目的是实现建筑资产的增值与保值，以及优化运维管理以延长资产寿命，提供资产利用率，有效降低资产设备的维护成本。

3. 设计方

设计单位在 BIM 应用中贡献最大。建筑物的性能基本上是由设计决定的，利用 BIM 模型提供的信息，从设计初期即可对各个发展阶段的设计方案进行各种性能分析、模拟和优化，从而得到具有最佳性能的建筑物。利用 BIM 模型也可以对新形式、新结构、新工艺和复杂节点等施工难点进行分析模拟，从而改进设计方案。利用 BIM 模型还可以对建筑物的各类系统（建筑、结构、机电、消防、电梯等）进行空间协调，保证建筑物产品本身和施工图没有常见的错、漏、碰、缺现象。同时设计用的 BIM 模型还可以给施工单位提供方案计划分析，给业主单位提供运营维护管理。BIM 建筑信息模型这一平台的建立使得设计单位从根本上改变了二维设计的信息割裂问题。目前，普遍设计周期较短的情况，难免出现疏漏，而 BIM 的数据是采用唯一、整体的数据存储方式，无论平面图、立面图还是剖面图其针对某一部位采用的都是同一数据信息，这使得修改变得简便而准确，不易出错，同时也极大地提高了工作效率。

(1) 前期构思

在前期概念构思阶段，建筑设计师面临项目场地、气象气候、规划条件等大量设计信息，这些信息的分析、反馈和整理对于建筑设计师设计初期是一件非常有价值的事。通过对 BIM 信息技术平台及 GIS 分析软件等的利用，建筑设计师可以更便捷地对设计条件进行判断、整理、分析，从而找出关注的焦点，充分利用已有条件，在设计最初阶段就能朝着最有效的方向努力并做出最适当的决定，从而避免潜在的错误。

在三维设计出现前，建筑设计师只能依靠透视草图或是实体模型来研究三维空间，这些工具有自己的优势，但也存在一些不足。如绘制草图，可以随心所欲、流畅地表达设计意图，但是在准确性和空间整体感上受到很大限制。实体模型在研究外部形态时有很大作用，但是其内部空间无法观察，难以提供对空间序列关系的人视点的直观体验和表达。建筑信息模型以三维设计为基础，采用虚拟现实物体的方法，让电脑取代人脑完成由二维到三维的转化，这样建筑设计师可以将更多的精力投入到关注设计本身，而不是耗费大量精力在二维图的绘制上。

(2) BIM 在建筑设计中应用的价值

在建筑设计中，BIM 技术的引入整合了数据库的三维模型，可以将建筑设计的表达与现实过程中的信息集中化、过程集成化，进而大大提高生产效率，减少设计错误。目前，国内设计单位的主流方式一般是采用 AutoCAD 绘制平面图、立面图以及剖面图等，这些图纸在绘制时往往有很多内容是重复的，但即使这样还会有很多内容无法表达，需要借助一些说明性的文字或者详图才能解释清楚。同时，在这样的工作量下产生的图纸数量也是庞大的，这也成为提高项目整合度和协作设计的重大障碍。在 BIM 软件平台上，以数据库代替绘图，将设计内容归为一个总数据库而非单独的图纸。该数据库可以作为该项目内所有建筑实体和功能特征的中央存储库。随着设计的变化，构件可以将自身参数进行调整，从而适应新的设计。建筑设计是一项跨学科、跨阶段的综合设计过程，而 BIM 的产生正好迎合了这一需求，实现了在单一数据平台上各专业的协调设计和数据集中。通过 BIM 结合相关专业软件应用，可以进行建筑的热工分析、照明分析、自然通风模拟、太阳辐射分析等，为绿色建筑设计带来了便利。

(3) BIM 在结构设计中应用的价值

在建筑设计的初步设计阶段，结构设计可以同步开展起来，目前设计单位结构设计采用的软件工具与建筑设计一样，主要依靠 AutoCAD 软件进行施工图绘制。首先由建筑师确定建筑的总体设计方案及布局，专业的结构工程师根据建筑设计方案进行结构设计，建筑和结构双方的设计师要在整个设计过程中反复相互提资，不断修改。在设计院里，建筑设计师拿着图纸找结构设计人员改图的场景屡见不鲜。

将 BIM 模型应用到结构设计中之后，BIM 模型作为一个信息数据平台，可以把上述结构设计过程中的各种数据统筹管理，BIM 模型中的结构构件同时也具有真实构件的属性及特性，记录了项目实施过程的所有数据信息，可以被实时调用、统计分析、管理与共享。结构设计的 BIM 应用主要包括结构建模及计算、规范校核、三维可视化辅助设计、工程造价信息统计、输出施工图等，大大提高了结构设计的效率，将设计疏漏出现的概率降到了最低。

(4) BIM 在水暖电设计中应用的价值

建筑机电设备专业通常称为水暖电专业。这三个专业是建筑工程和暖通、电气电信、给水排水的交叉学科，其共同特点是：设备选型及管线设计占比极大；在设计过程中要同时考虑管线及设备安装顺序，以保证足够的安装空间；需同时考虑设备及管线的工作、维修、更换要求。

传统水暖电设计主要依靠 CAD 进行二维设计，这使得管线综合问题在设计阶段很难解决，只能在各专业设计完成后反复协调，将各方图纸进行比对，发现碰撞后提出解决方案，修改后再确定成图。将 BIM 三维模型引入水暖电设计后流程如下：

1）引入 BIM 模型进行初步分析，通过引入 BIM 建筑模型，建立负荷空间计算单元，提取体积、面积等空间信息，并指定空间功能和类型，计算设计负荷，导出模型数据，进行初步分析。

2）建立机电专业模型，进行机电选型，在建筑模型空间内由设备、管道、连接件等构件对象组合成子系统，最后并入市政管网。

3）整理、输出、分析各项数据，三方软件进行调整更新原数据。现有 BIM 软件可以对系统进行一些初步检测，或使用其他软件调用分析后再导入，进行设计更新，从而实现数据共享，合作设计。

4）通过碰撞检测功能对各专业管线碰撞进行检测，在设计阶段就尽量减少碰撞问题，根据最后汇总进一步调整设计方案。

5）综合建筑、结构以及水暖电各专业的建筑信息模型，可以自动生成各专业的设计成果，如平面图、立面图、系统图以及详图等。BIM 对于水暖电专业设计的价值除了可以通过三维模型解决空间管线综合及碰撞问题外，还在于能够自动创建路径和自动计算功能，具有极高的智能性。

(5) BIM 技术在提高设计进度方面的价值

目前，很多建设项目采取一边设计一边修改的设计方式，设计工作的时间成本影响了项目的整体进度。而 BIM 技术在设计单位的应用，能够大大加快项目的设计进度。但是，由于现阶段设计单位使用的 BIM 软件生产率不够高，且当前设计院的设计成果交付质量较低，目前仍有不少人认为采用 BIM 技术进行设计工作会拖延设计进度。实际上，采取 BIM 技术进行设计，表面上项目设计进度虽然拉长了，但交付成果质量却大大提升了。因此，BIM 技术能大大提升设计进度，可以在施工以前提前解决很多设计变更问题，为施工阶段工作减轻了负担，降低了项目的成本。

（6）BIM 技术在可持续设计方面应用的价值

虽然我国一直在呼吁建筑设计要注重环境设计和环境融为一体并且采用绿色概念设计节能环保，但是在实际设计过程中还是有很多建筑项目较少考虑环境问题。因为绿色设计在一定程度上无法在短时间内评估建筑的经济性能和环保性能，而且建筑施工和维护运行成本会比普通建筑要高很多。在建筑市场竞争激烈的今天建筑开发商和业主更多关注的是设计带来的经济效益而很少在乎环境效益。建筑设计很难在前期进行可持续设计评估，传统的物理模式和工程图根据 CAD 评估建筑性能，这需要大量人员干预和解释说明，并增加人力、物力投入。但是 BIM 有专业的技术支持，拥有不同的参数化建筑建模器对设计方案的照明、安全、布局、声学、色彩、能耗等进行评估。相关可持续分析小组能够用一个包含关联信息的综合数据库来表示建筑，全面掌握整个项目设计的能耗和生命周期成本，可以在标准设计流程中以附件的形式生产用于可持续设计、分析和认证的信息。这种评估方式能够优化和简化评估过程，降低设计成本，还能保证建设设计的环保性。

（7）BIM 技术在价值工程中应用的价值

价值工程在建设工程的应用中有利于提高建筑设计性能、降低建设成本，为业主带来了可观的经济效益，但建设工程由于自身的复杂性，在价值工程的应用上有一定的困难，现阶段通常将 BIM 模型同价值工程结合起来共同促进其在建设工程中的应用。BIM 技术理念的引入，使得设计人员能够从 BIM 模型的历史经验数据库中提取相关的设计经济指标，帮助其快速进行限额设计的投资指标计算，从而保障了设计的经济型和合理性。造价工程师从 BIM 模型中提取到相应的项目参数和工程量数据，与指标数据库和概算数据库进行充分的对照后，得到快速计算而来的准确概算价，核算设计指标的经济性，应用价值工程的方法考虑项目全生命周期的建造成本和使用成本，对设计方案进行优化调整，达到控制整体投资的目标，为后续工作做出铺垫。

（8）BIM 技术在限额设计中应用的价值

方案设计阶段选出最优设计方案后，价值工程优化的限额设计方法将进一步对方案进行价值优化和限额分配。利用 BIM 数据库，对工程量进行直接统计，在历史数据库中找到类似工程的投资指标分配方案提供参考。基于价值工程的角度并考虑全生命周期，对初步设计各个阶段的专业成本进行限额分配，从中选择工程成本与功能相互匹配的最佳方案，从而控制工程成本的投资限额，实现项目价值最大化。

4. 施工方

（1）投标

标前评价是提高投标质量的重要工作。利用 BIM 数据库，结合相关软件完成数据整理工作，通过核算人、材料、机械的用量，分析施工环境和难点，结合企业实际施工能力，可以综合判断选择项目投标，做好投标的先期准备和筛选工作，进而提高中标率和投标质量。

（2）施工管理

建设项目施工管理是为实现项目投资、进度、质量目标而进行的全过程、全方位的规划组织、控制和协调工作，内容是研究如何高效益地实现项目目标。建设项目的施工管理包括成本、进度、质量和安全控制，四个控制没有轻重之分，同等重要并有机结合。

1）成本控制。成本控制不仅是财务意义上实现利润最大化，其终极目标是单位建筑面积自然资源消耗最少。任何成本的减少要在不影响建筑结构安全，不减弱社会责任的前提下，通过技术经济和信息化手段，优化设计、优化组合、优化管理，把无谓的浪费降至最低。

BIM 技术在处理实际工程成本核算中有着巨大的优势。建立 BIM 的 5D 施工资源信息模型（3D 实体、时间、工序）关系数据库，让实际成本数据及时进入 5D 关系数据库，成本汇总、统计、拆分对应瞬间可得。建立实际成本 BIM 模型，周期性（月、季）按时调整维护好该模型，统计分析工作就很轻松，软件强大的统计分析能力可轻松满足各种成本分析需求。基于 BIM 的实际成本核算方法，较传统方法具有以下几大优势：

①快速。由于建立基于 BIM 的 5D 实际成本数据库，汇总分析能力大大加强，速度快，短周期成本分析不再困难，工作量小、效率高。

②准确。成本数据动态维护，准确性大为提高，通过总量统计的方法，消除累积误差，成本数据随进度进展准确度越来越高。另外，通过实际成本 BIM 模型，很容易检查出哪些项目还没有实际成本数据，监督各成本实时盘点，提供实际数据。

③分析能力强。可以多维度（时间、空间、WBS）汇总分析更多种类、更多统计分析条件的成本报表。

④提升企业成本控制能力。将实际成本 BIM 模型通过互联网集中在企业总部服务器。企业总部成本部门、财务部门就可共享每个工程项目的实际成本数据，实现了总部与项目部的信息对称，总部成本管控能力大为加强。

2）进度控制。进度控制是采用科学的方法确定进度目标，编制进度计划与资源供应计划，进行进度控制，在与质量、费用、安全目标协调的基础上，实现工期目标。由于进度计划实施过程中目标明确而资源有限，不确定因素多，干扰因素多，这些因素有客观的、主观的，主客观条件的不断变化，计划也随着改变，因此在项目施工过程中必须不断掌握计划的实施状况，并将实际情况与计划进行对比分析，必要时采取有效措施，使项目进度按预定的目标进行，确保目标的实现。进度控制管理是动态的、全过程的管理，其主要方法是规划、控制、协调。

利用 BIM4D 模拟技术可以掌握进度计划的实施状况，并将实际情况与计划进行对比分析，这样有助于排除未知因素，采取有效纠偏措施，确保项目进度按预定的目标进行。

①4D 模拟建造。施工中进度计划的常规表示方法之一是编制网络横道图，为方便绘制项目的网络横道图，常将一个项目分成若干个子项目进度计划，由此施工中一旦遇到突发事件往往会引起各子项目横道图的手工调整、重新计算和核算工期的情况。而采用 BIM 技术可充分利用模型的可视化效果，进行模拟建设，是一种先进行模拟而后进行实体建造的过程，相对于二维横道图而言，BIM 技术将横道图与三维模型相结合形成 4D 模拟建造，可以最大限度控制进度。

②编制进度、资源供应计划。该工程子进度计划和资源供应计划繁多，除了土建外，还有幕墙、机电、装饰、消防、暖通等分项进度、资源供应计划，为正确的安排各项进度和资源的配置，尽最大限度减少各分项工程间的相互影响，该工程采用 BIM 技术建立 4D 模型，

并结合其模型进度计划形成初步进度计划，最后将初步进度计划与三维模型结合形成4D模型的进度、资源配置计划。在此过程中，决策部门各施工现场一直存在着信息交换。

3）质量控制。质量控制主要是全面贯彻质量管理的思想，进行施工质量目标的事前准备工作、事中关键控制点和事后检查控制的系统过程，该控制过程主要是按照PDCA的循环原理通过计划、实施、检查、处理的步骤展开控制。目前，施工过程中对施工质量的控制主要是事前先召开方案讨论会议，然后在事中由专业技术人员和管理人员在现场进行跟踪式管理，而运用BIM碰撞检测等技术则是先建立模型对重点部位进行预测，再以模型为导向进行事中管理，最后再次进行事后排除检查。

①三维模型展示工序流程。如一般工程都有若干专项方案和一般方案，每一个方案都是质量控制的重点，通过建立的BIM模型可以很清楚地展示每一个施工质量控制重点，如专业水平这个质量控制中的重点，若工程班组的专业化水平不是很高，BIM可视化技术在施工班组进行技术交底时，可表现出极大的优势。例如，同查看含有建筑术语的二维图和照样板施工的传统方法相比，施工班组通过三维模型，可以快速了解隐藏信息，特别是对细节问题如钢筋的放置、钢节点和网架节点的处理、管线布置等信息的处理上表现明显。

②管件的碰撞检查。代替水、暖、电三者分开的二维平面系统图，通过搭建的BIM信息平台，利用MEP的碰撞检测技术，将结构、暖通、机电整合在一起，有效检测它们之间相交叉的地方，协调好三者的空间位置达到提前解决冲突的目的，做好事前控制。

③二维出图以及参数化设置。在处理饰面、防水洞口、泛水、幕墙和管道构件安装等细部时，可事先将上述构件的图元属性先调为精细模式，再进行隔离图元操作，生成二维剖面图，替代查阅各类图集，在加快速度的同时也保证了质量。同时根据参数设置也可以很方便地修改尺寸大小及位置。

④高集成化方便信息查询和搜集。BIM技术具有高集成化的特点，其建立的模型实质上是一个庞大的数据库，在进行质量检查时可以随时调用模型，查看各个构件，例如预埋件位置查询，起到对整个工程逐一排查的作用，事后控制极为方便。

4）安全控制。安全控制就是在施工全过程中始终坚持“安全第一，预防为主”的方针，以防安全事故的发生。传统进行安全控制的方法很难用可视化的效果进行演示，其标准规范和注意事项只能在施工班组交底和安全工作会议上讲解，并没有完全结合现场的实际工况。采用BIM技术可视化等特点，用不同颜色标注施工中各空间位置，展现危险与安全区域，真正做到提前控制。

①碰撞检测技术检查安全问题。利用碰撞检测技术可模拟施工设备的运行，例如调试塔式起重机作业半径和检测是否与脚手架等建筑凸出部位发生碰撞，此外还可以检测天泵、运土车、挖掘机等安全作业半径，从而达到提前预知危险的目的。

②施工空间安全管理。对每个现场施工作业人员来讲，安全空间都是有限的，特别是在该项目中，各分包单位材料、机械设备等的摆放以及每个施工队的施工作业面都存在大量的交叉空间。在工程中BIM技术对“四口”“五临边”“物料堆放区”等地方进行了危险空间区域的划分，提前做好施工部署，保证了每个劳务人员安全和施工的有序进行。

③制定并优化应急预案。可以通过BIM技术制定和优化应急子预案，包括作业人员的安全出入口、机械和设备的运行路线、消防路线、紧急疏散路线、救护路线等，同时还可以通过BIM模型中生成的3D动画来同工人沟通，以达到预期效果。

1.5 BIM 模型全过程应用流程

随着 BIM 技术应用逐渐深入，BIM 应用从最开始的 BIM 模型创建及各专业模型碰撞检查等应用，开始向基于 BIM 模型深度应用进行转变。

（1）基于 BIM 模型造价方向全过程应用见图 1-13。

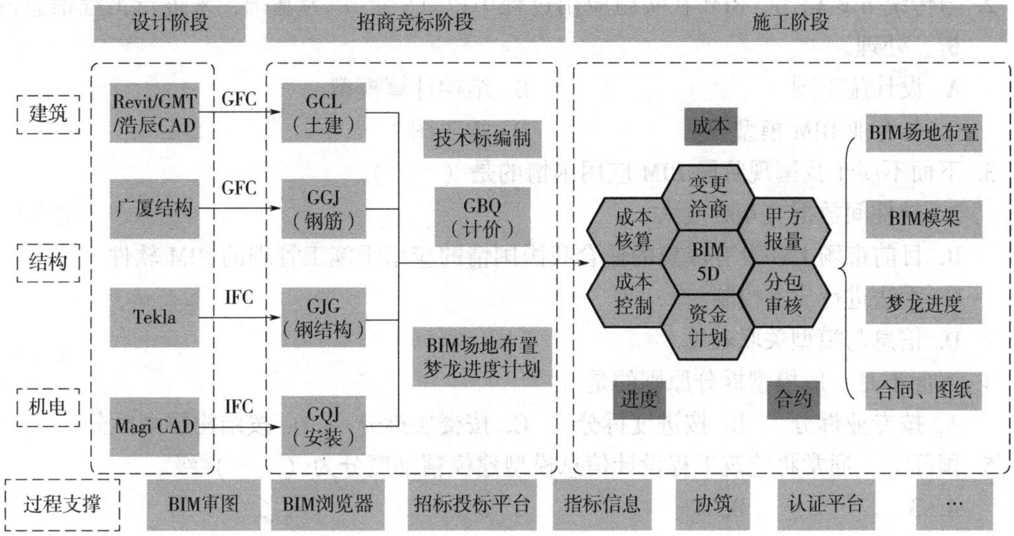

图 1-13 基于 BIM 模型造价方向全过程应用

（2）基于 BIM 模型施工方向全过程应用见图 1-14。

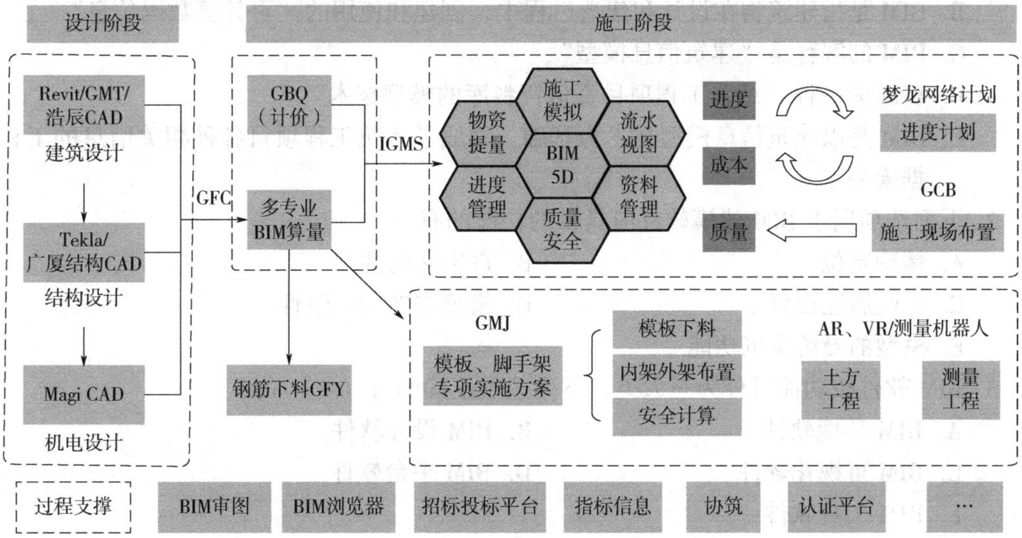

图 1-14 基于 BIM 模型施工方向全过程应用

思考与练习

一、单选题

1. BIM 的中文含义是（　　）。

   A. 建筑信息模型　　B. 建筑模型信息

   C. 建筑信息模型化　　D. 建筑模型信息化建模

2. 与传统方式相比，BIM 在实施应用过程中以（　　）为基础，来进行工程信息的分析、处理。

   A. 设计施工图　　B. 结构计算模型

   C. 各专业 BIM 模型　　D. 竣工图

3. 下面不属于我国现阶段 BIM 应用国情的是（　　）。

   A. 软件间数据交互难度大

   B. 目前市场上还没有成熟的适合我国国情的应用于施工管理的 BIM 软件

   C. 无法进行成本控制

   D. 信息与模型关联难度

4. 下面不是一般模型拆分原则的是（　　）。

   A. 按专业拆分　　B. 按进度拆分　　C. 按楼层拆分　　D. 按结构层高拆分

5. 国际上，通常将建筑工程设计信息模型建模精细度分为（　　）级。

   A. 3　　B. 4　　C. 5　　D. 6

二、多选题

1. 下列选项关于 BIM 说法正确的有（　　）。

   A. BIM 是建筑学、工程学及土木工程的新工具

   B. BIM 是指建筑物在设计和建造过程中，创建和使用的“可计算数码信息”

   C. BIM 的解释是“建筑信息模型”

   D. BIM 为一种“结合工程项目资信资料库的模型技术”

   E. BIM 是以建筑信息模型技术为基础，集成了建筑工程项目各种相关信息的工程数据模型

2. 下列选项属于 BIM 建模软件应具备的功能的有（　　）。

   A. 精确定位　　B. 自定义构件

   C. 专业属性设置　　D. 模型视图的一致性

   E. 模型的漫游浏览功能

3. BIM 软件按功能可分为三大类，下列选项正确的有（　　）。

   A. BIM 环境软件　　B. BIM 设计软件

   C. BIM 可视化软件　　D. BIM 平台软件

   E. BIM 工具软件

项目2

建模准备

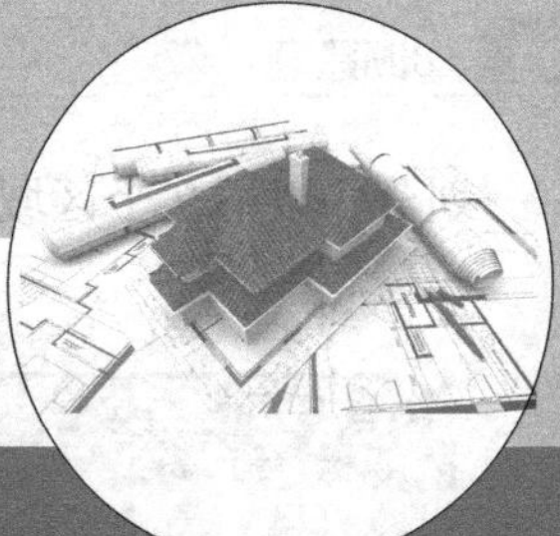

内容提要

本项目主要介绍了建模软件 Revit 的安装、软件界面以及常用操作界面，介绍了 Revit 的建模流程以及建模定位基础标高与轴网的设置。

教学要求

知识要点	能力要求	相关知识
常用操作命令	(1) 能了解常用的修改操作 (2) 能灵活运用各种常用修改操作命令	(1) 复制、移动、阵列等常用操作 (2) 偏移、镜像、断开等常用操作 (3) 修剪、缩放等常用操作
建模流程	能了解 Revit 中建模基本操作步骤	能按流程正确建立模型
标高与轴网创建	(1) 能依据不同创建方式创建标高与轴网 (2) 能设置标高与轴网相关参数	(1) 创建标高与轴网 (2) 理解如何编辑标高与轴网相关参数

2.1 软件界面与功能介绍

2.1.1 Revit 启动界面

在 Revit 启动界面，可以启动项目文件或族文件。根据需要选择新建或打开所需的项目或族文件，同时在此界面默认显示最近访问的文件，这些文件以图标的方式进行显示，如图 2-1 所示。

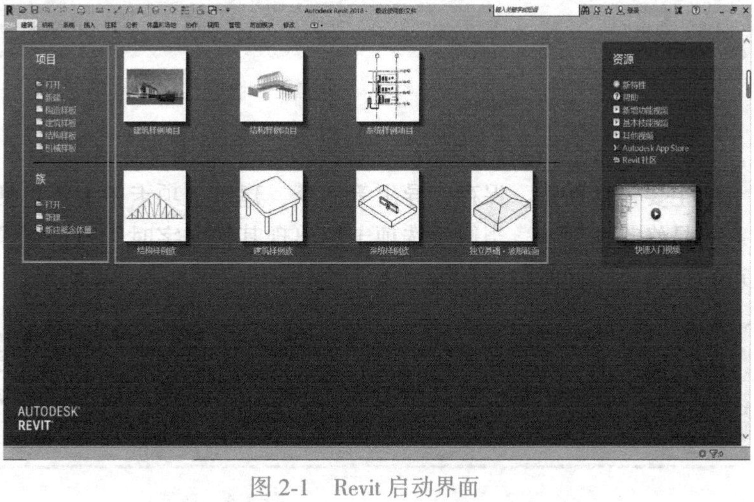

图 2-1 Revit 启动界面

在用户界面组成部分，内容模块划分较多，根据常用的模块功能区，划分为以下 7 个区域部分，如图 2-2 所示。

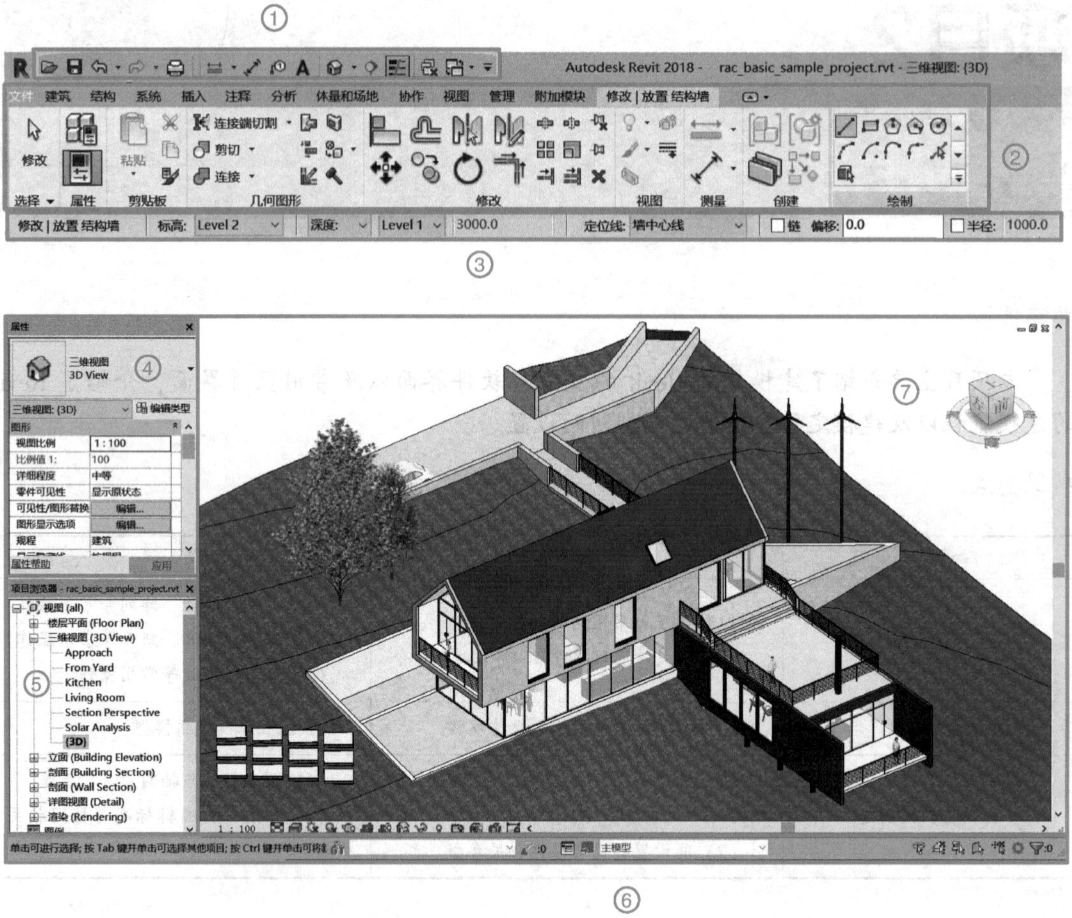

图 2-2 模块功能区

1）快速访问工具栏。用于显示部分常用命令，以便快速选择和使用，如图 2-3 所示。

图 2-3 快速访问工具栏

2）功能区。包含选项卡、面板、命令三个分级，主要用于对命令进行分类。文件选项卡中主要包括新建、保存、导出等命令，建筑选项卡中主要包括墙、板、门窗等命令。较特殊的是修改选项卡，当修改选项卡后出现其他文字时，该选项卡内会出现适用于当前状态的可操作命令，此时也被称为“上下文选项卡”，如图 2-4 所示。

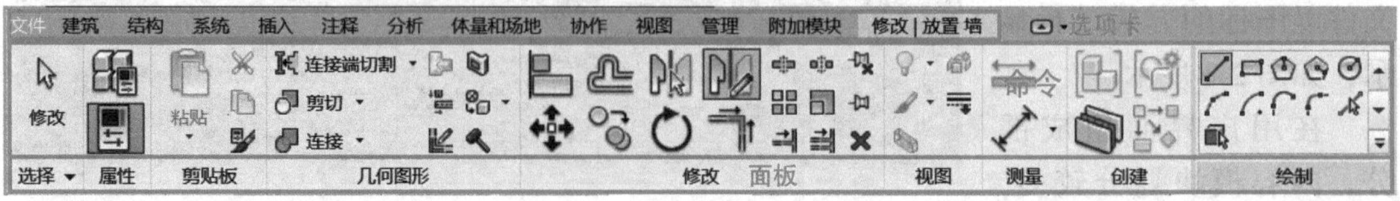

图 2-4 功能区

3）选项栏。用于对当前激活的命令或选定的图元构件显示可使用的选项，如创建墙体时的相关设置选项，如图 2-5 所示。

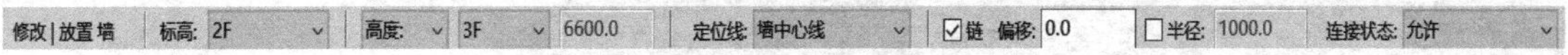

图 2-5 选项栏

4）属性选项板。用于查看和修改所选中的或将要创建的图元的相关属性。它内含类型选择器、属性筛选器、编辑类型按钮和实例属性四部分。可对选中的图元进行类型和属性上的筛选且可对类型属性及实例属性进行编辑，如图 2-6 所示。

5）项目浏览器。用于显示当前项目中所有视图、明细表、图纸、族和其他部分的逻辑层次。展开和折叠各分支时，将显示下一层内容，如图 2-7 所示。

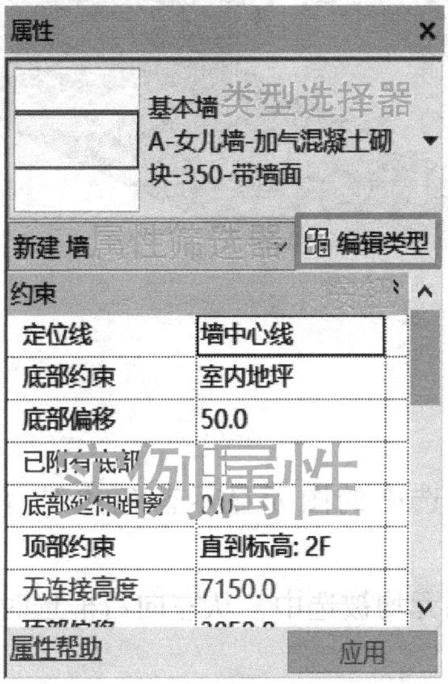

图 2-6 属性选项板

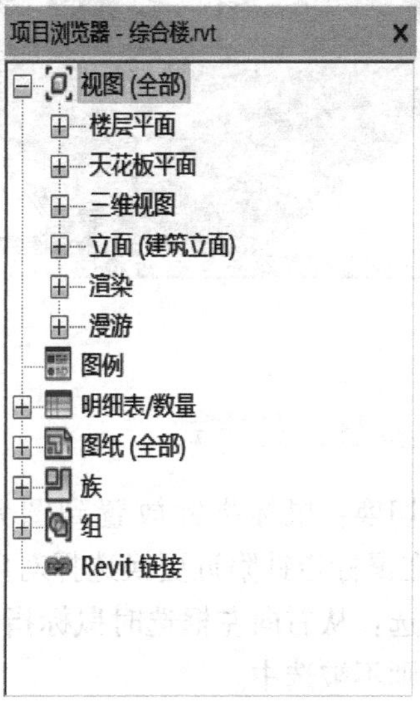

图 2-7 项目浏览器

6）状态栏。用于提供当前可执行操作的提示。选择图元或鼠标指针指向构件时，状态栏会显示族和类型的名称。同时右侧有几个控件，其中最重要的是最右侧的选择控制控件组，用于控制鼠标指针可选择的内容，如图 2-8 所示。

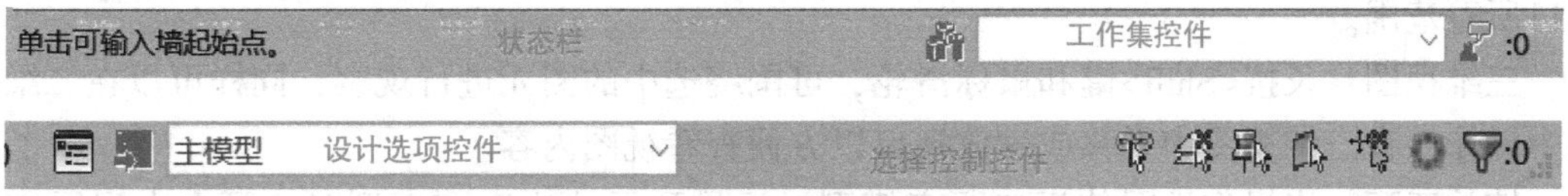

图 2-8 状态栏

7）绘图区域。用于显示当前项目的视图（以及图纸和明细表）。每次打开项目中的某一视图时，此视图会显示在绘图区域中其他打开的视图的上面。可在此区域内对图元进行创建或观察。绘图区域左下角有用于对当前视图进行设置的视图控制栏，可以对当前视图中图元的显示比例、显示方式、显示精度、隐藏/隔离等进行控制，如图 2-9 所示。

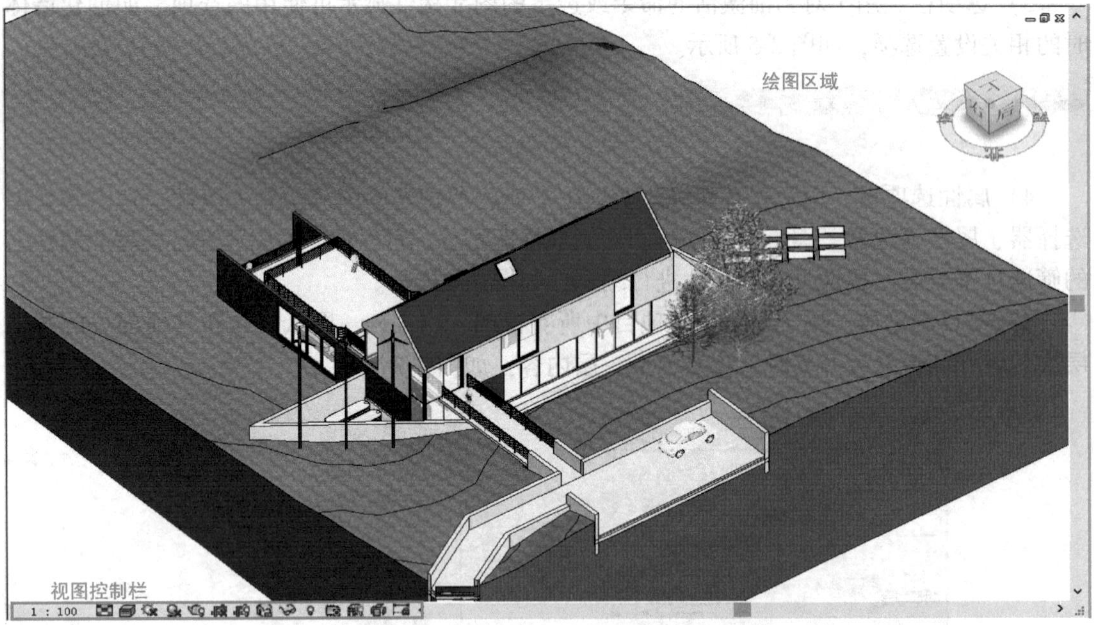

图 2-9　绘图区域

2.1.2　选择图元的方式

点选与切换：鼠标指针放置到图元上，将被选中的图元显示蓝色边缘（默认），按<Tab>键可在鼠标指针附近更换选择对象。

左右框选：从右向左框选时鼠标指针范围内图元均被选中，从左向右框选时图元没有完全在范围内则不被选中。

加选与减选：当复数图元都需要选中但距离过远时，长按<Ctrl>键单击即可多次选择。如选取内容超出所需范围，长按<Shift>键单击即可将已选中图元退出选中状态。

2.1.3　视图的操作方式

二维视图：按下鼠标滑轮即可拖拽视图，平移视口位置。滚动鼠标滑轮即可放大或缩小视口所看范围。

三维视图：长按<Shift>键和鼠标滑轮，可围绕选中的图元进行观察，同样可以在二维视图中操作，在三维视图中平移或缩放视口以方便查看视图内容。

缩放匹配：当操作视图使视口距离模型过远导致无法观察到模型时，可右击视图空白处，选择“缩放匹配”选项以使图元满铺视图。同样应注意，当视图内有图元距离主体过远时，满铺视图会导致视图中图元过小而无法观察到。

2.1.4　图元的常用修改命令

对齐：选择一个平面或模型表面作为对齐目标，再选择一个平面或模型表面作为移动实体。

镜像：用于创建选定图元的镜像。拾取轴可通过拾取现有的线、边或图元表面或自行绘制轴线作为镜像轴来完成镜像图元的创建。

移动和复制：通过选择基点的方式将选中的图元移动或复制到指定位置。应注意移动图元时，相连的图元会互相限制（如两条相交的墙），使其无法正常移动。

修剪/延伸图元：通过选择目标（线、边）的方式将线性图元修剪/延伸到目标位置。

修剪/延伸为角：选择两个交叉或未交叉的线性图元，使其相交成角。

锁定、解锁、删除：添加锁定（图钉）可使选中的图元不能被删除或移动，使用解锁可解除，不需要的图元再选中后选择删除命令可将其删除。

偏移：选中一个线性图元（线、墙、梁）使其复制或移动到指定位置，应注意无法对面、独立类图元产生作用（如参照平面、柱子）。

旋转：选中一个图元使其在围绕指定的原点（默认为图元中心）处旋转，应注意相连的图元会互相限制（如两条相交的墙），使其无法正常旋转。

拆分：对一个线性图元（线、墙、梁）进行打断。应注意无法对面、独立类图元产生作用（如参照平面、柱子）。

用间隙拆分：间隙拆分可直接打断出指定间距。应注意仅能对墙使用。

阵列：可对选中图元进行线性（直线方向）和半径（环绕）阵列出大量重复的所选图元。使用方式同“复制”和“旋转”一致。

缩放：可以对选中的线、墙、图像、导入的 DWG 等图元进行缩小或放大。当导入的 CAD 图比例与所标识的有差距但不明确时，可通过此命令调整图纸。

2.2 建模流程

BIM 工作流程更加强调和依赖设计团队的协作，很少有人就单人建模的工作流程进行探索。在这里，我们从实际工程工序角度出发，帮助初学者建立一套完整的学习流程和建模流程，如图 2-10 所示。

在软件初期建模之前，需要先打开 Revit 软件进行新建项目，同时需要选择对应的项目样板文件，如需新建样板，可根据需求自行建立。

轴网和标高是对于 BIM 建模必不可缺的两项定位信息。轴网决定平面绘图的定位，而标高决定构件所处不同的空间位置，因此首先确定项目的轴网和标高信息是建模的前提。

BIM 建模过程中，基本都是按照先结构后建筑的思路。在进行结构建模时，按照先地下后地上的绘制顺序进行建模。常见的结构构件一般包括基础构件、结构柱、剪力墙、结构梁、结构板、楼梯等，根据结构类型的不同，绘制顺序也不同。本书主要讲解结构柱的创建。

BIM 建模过程中，在进行建筑建模时，按照先主体后装饰再零星的思路进行建模。常见的建筑构件一般包括砌体墙、门窗、内外装修、台阶、散水等。建筑建模可按照砌体墙、门窗、内装、外装、室外零星等构件顺序进行绘制。

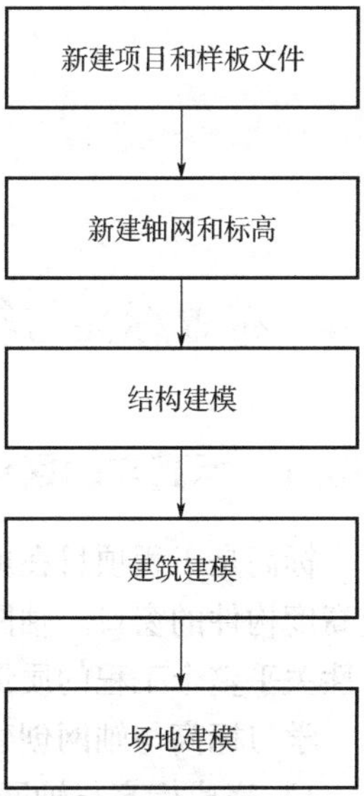

图 2-10 建模流程

BIM 建模过程中，场地建模是确定工程项目所处地段场地模型的过程。根据工程所在地不同位置的高程信息，可以绘制出符合实际情况的场地情况，同时也可以结合实际再绘制建筑地坪及场地类构件，直观形象地表达模型周边情景，更具模拟性。

2.3 工程设置

在管理选项卡中选择设置面板中的项目信息命令，可以设置工程项目的项目发布日期、项目地址、项目名称等基本工程信息，如图 2-11 所示。

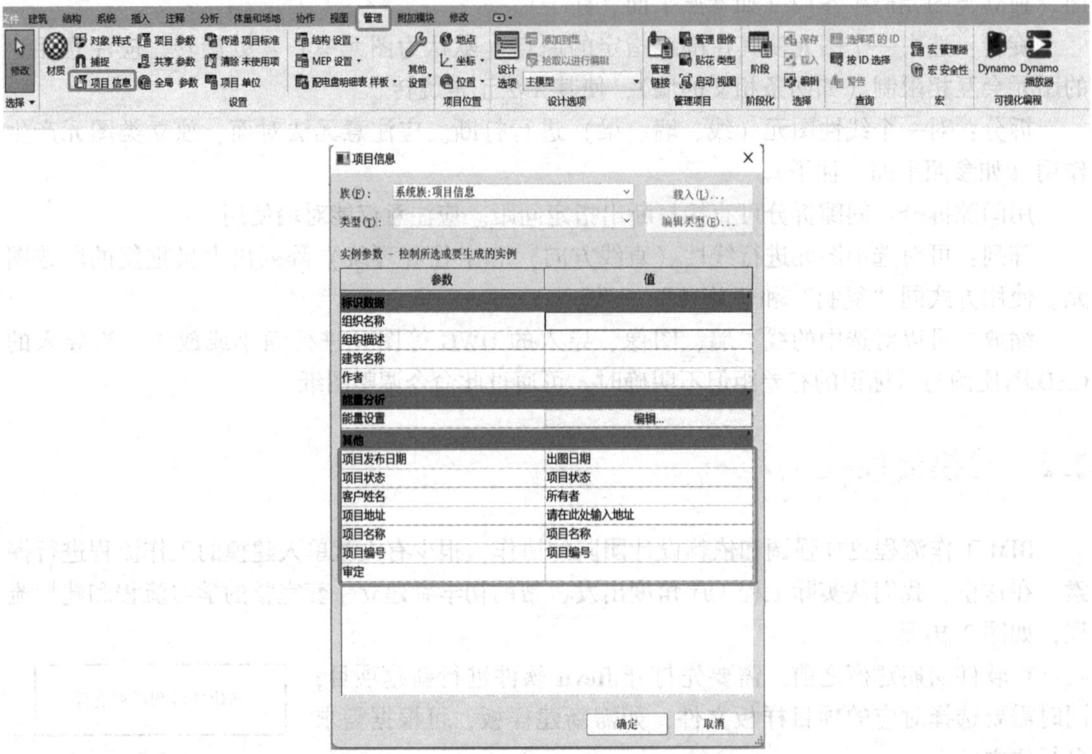

图 2-11　项目信息

2.4 布置标高与轴网

标高　轴网

2.4.1 标高与轴网创建的意义与学习目标

标高是工程项目在虚拟三维空间中高度维度的定位基础，而对应标高的视图则是创建对应高度构件的窗口。轴网是工程项目在虚拟三维空间中横纵方向的定位基础，轴网的定位准确性关乎整个工程的质量。

学习标高与轴网创建的目标如下：

1）完成标高与轴网的创建，掌握标高与轴网的不同绘制方式，并能快速地调整标高与轴网各项属性。

2）创建标高对应的平面视图，了解视图与标高、轴网的关系，并能快速地创建标高对应的视图。

3）培养学生严谨细致的职业精神、团队协作及举一反三的能力。

2.4.2 标高与轴网的创建

首先进入立面视图。在“建筑”“结构”选项卡中都有一个“基准”面板，其中都有“标高”“轴网”命令，单击该命令即可创建标高与轴网。标高与轴网的创建方式共有三种：绘制创建、复制创建和阵列创建。注意标高的创建必须在立面视图进行，如图 2-12 所示。

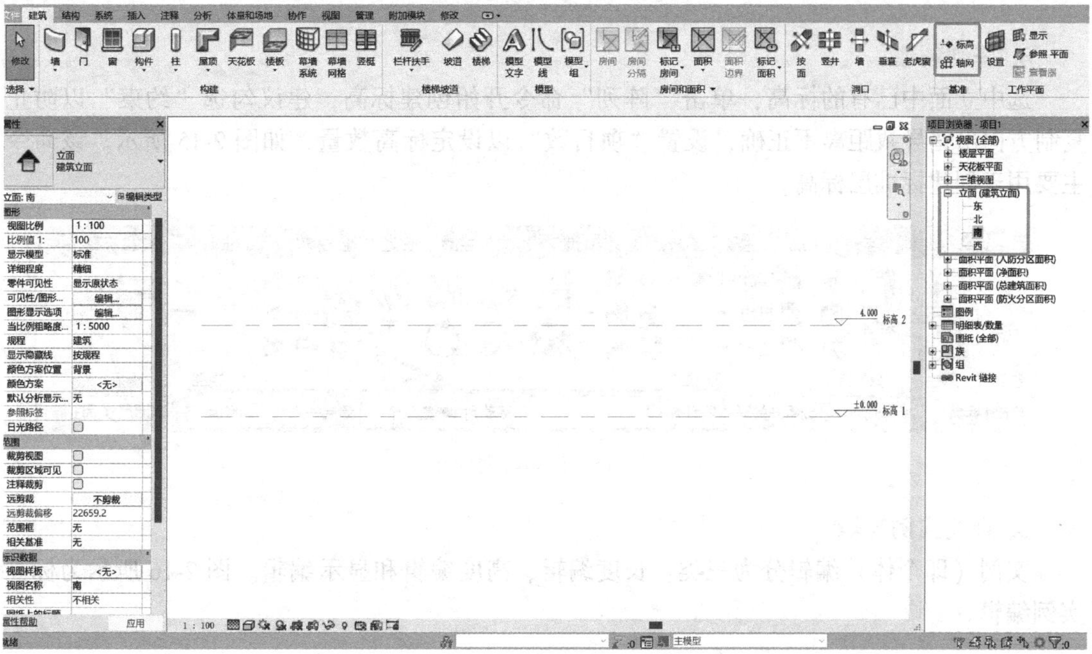

图 2-12 标高的创建

2.4.3 标高与轴网的编辑

1. 绘制创建

激活标高命令后，功能区自动跳转到“修改 | 放置标高”上下文选项卡中，在“绘制”面板内提供两种创建方式，如图 2-13 所示。

图 2-13 标高绘制创建

2. 复制创建

选中立面中已有的标高，单击“复制”命令开始复制标高，建议勾选“约束”以防止复制方向出错导致距离不正确，勾选“多个”以不限制复制次数，如图 2-14 所示。该命令主要用于创建高度不相等但数量较多的楼层标高。

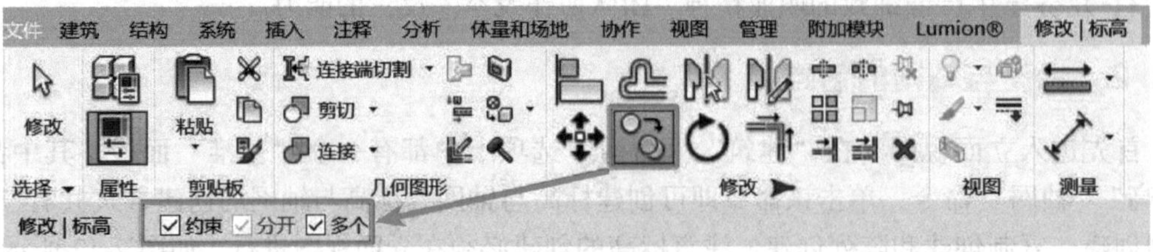

图 2-14 标高复制创建

3. 阵列创建

选中立面中已有的标高，单击“阵列”命令开始创建标高，建议勾选“约束”以防止复制方向出错导致距离不正确，设置“项目数”以设定标高数量，如图 2-15 所示。该命令主要用于创建标准层标高。

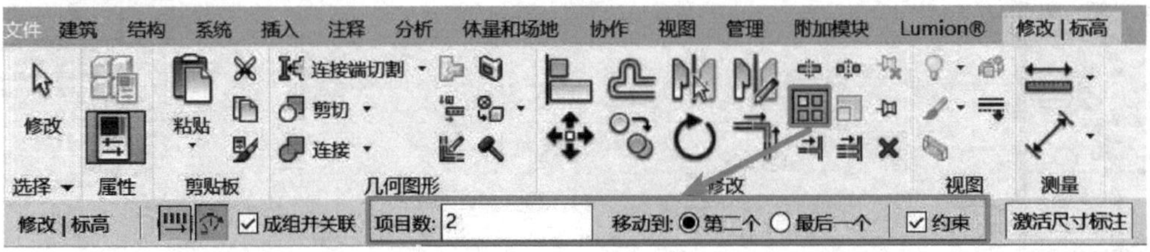

图 2-15 标高阵列创建

4. 标高实例编辑

实例（即个体）编辑分为三类：长度编辑、高度编辑和显示编辑。图 2-16 所示为标高实例编辑。

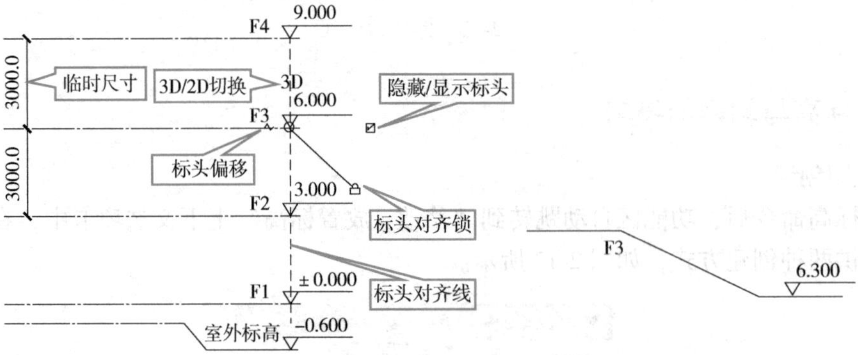

图 2-16 标高实例编辑

1）长度编辑。长度编辑包含端点拖拽、端点锁的添加与解除。图 2-17 所示为长度编辑。

应该注意以下两点：

①标高是定义了一个高度上的平面，与立面相切，在立面中显示为线。

②立面中标高线无法打断、修剪，长度仅能通过拖拽端点来控制。

2）高度编辑。高度编辑包含数字修改、移动修改和标注修改。图 2-18 所示为高度编辑。

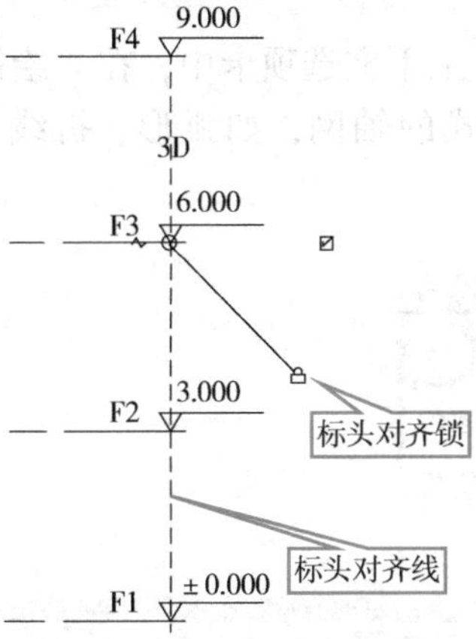

图 2-17　长度编辑

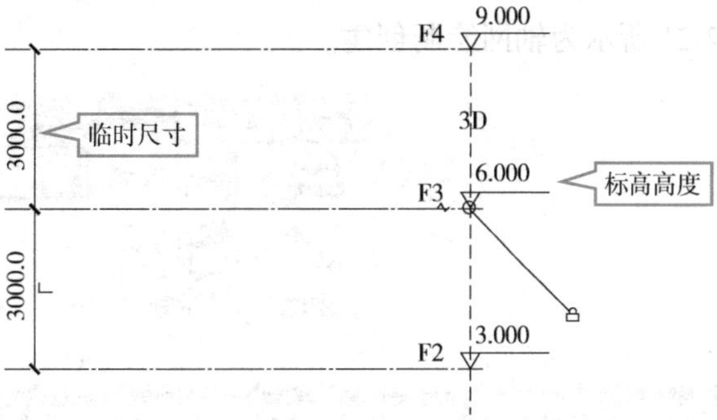

图 2-18　高度编辑

应该注意以下两点：

①直接修改标高高度应以“m”为单位。

②用其他命令或方式改变高度时应以“mm”为单位。

3）显示编辑。显示编辑包含标高名称、弯头添加和 2D/3D。图 2-19 所示为显示编辑。

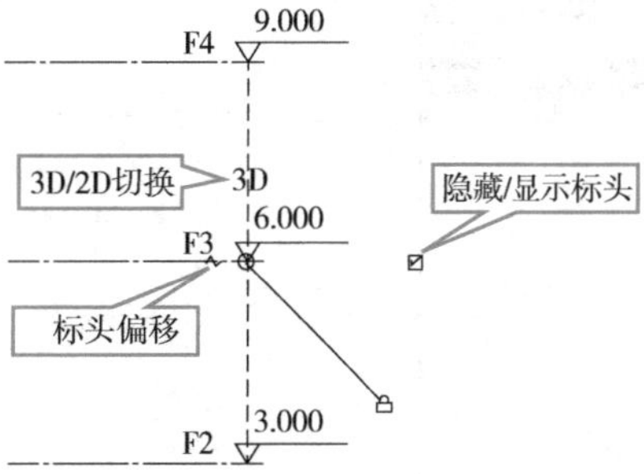

图 2-19　显示编辑

应该注意以下三点：

①标高名称修改应注意对视图名称的影响，绘制的标高名称应命名规范。

②应注意弯头处的线条处理。

③应注意 2D 状态下对于端点锁及不同立面的影响。

5. 标高类型编辑

类型编辑主要为显示编辑：线的颜色及线型、符号改变及符号显隐，如图 2-20 所示。应注意当类型属性修改后，类型名称应随之变化。

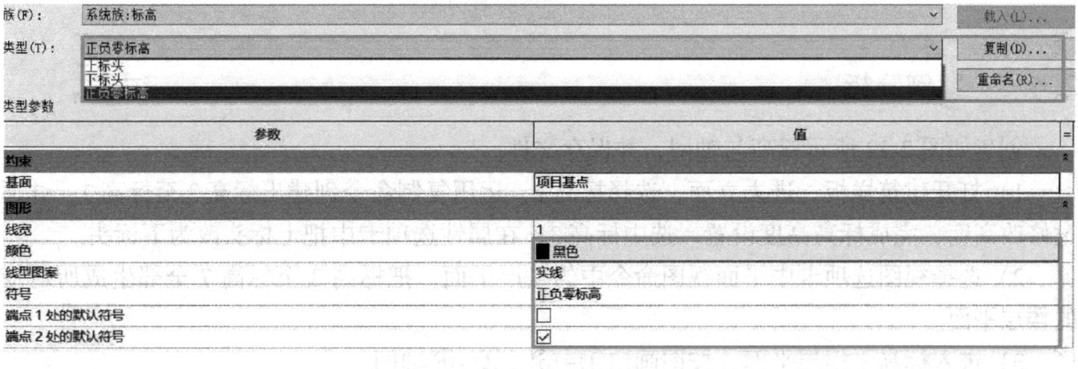

图 2-20　标高类型编辑

轴网创建和标高创建基本一致，这里不再赘述。

2.4.4 拓展知识

激活轴网命令后，功能区自动跳转到“修改 | 放置轴网”上下文选项卡中，在“绘制”面板内提供多种创建方式。其中“多段”用于创建各种形式的轴网，如弧形、折线等。图 2-21 所示为轴网绘制创建。

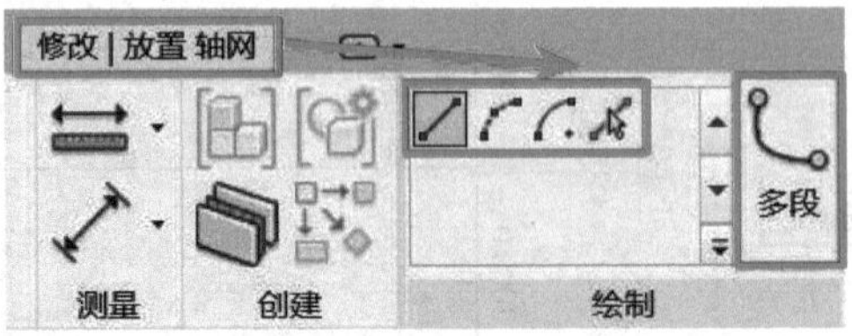

a)

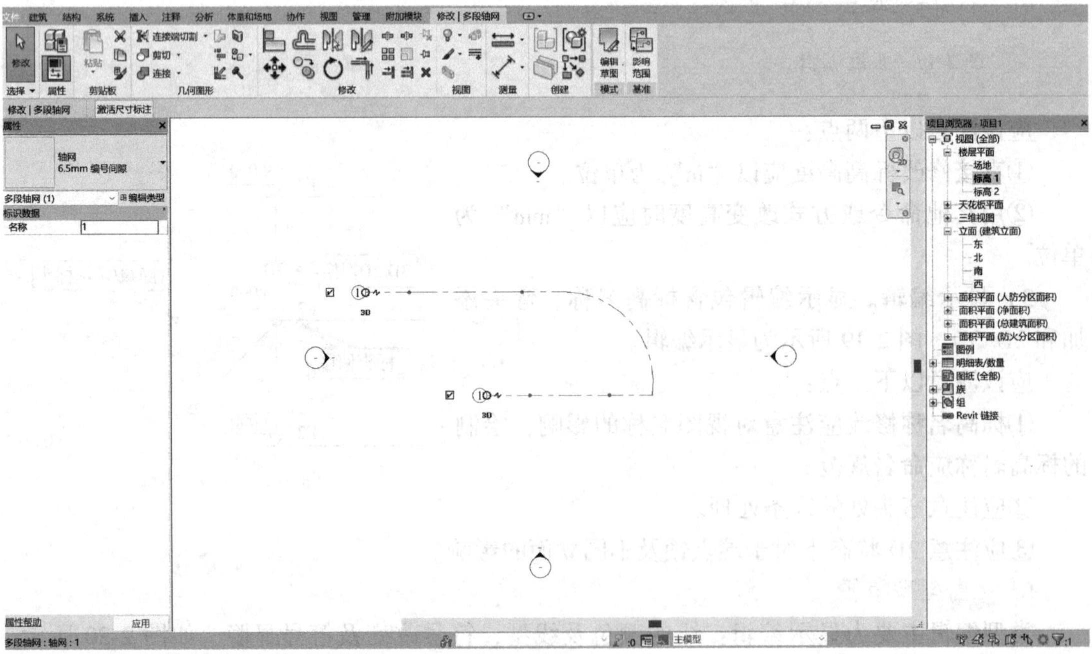

b)

图 2-21 轴网绘制创建

2.4.5 案例分析

创建如图 2-22 所示标高与轴网，并保存文件。

1）打开建筑样板，进去立面，选择标高 2，运用复制命令创建出标高 3 至标高 7，并通过修改高度，完成标高高度设置。选中标高 3，在属性选项卡中把上标头改为下标头。

2）选择视图选项卡中平面视图命令中的楼层平面，把标高 3 至标高 7 全部生成所对应的楼层平面。

3）进入标高 1 楼层平面，按图画出①~⑤、Ⓐ~Ⓔ轴网。

4）保存建筑样板文件。

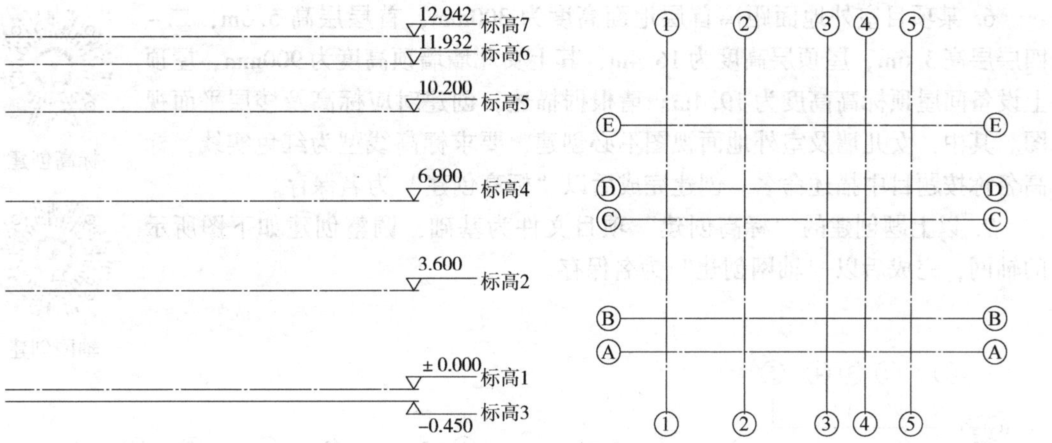

图 2-22　创建标高与轴网案例

思考与练习

1. 国际上通常将建筑工程设计信息模型建模精细度分为（　　）级。

　A. 3　　B. 4　　C. 5　　D. 6

2. 以下视图中不能创建轴网的是（　　）。

　A. 剖面视图　　B. 立面视图　　C. 平面视图　　D. 三维视图

3. 如下图所示，在标高 3 上不显示的轴网有（　　）。

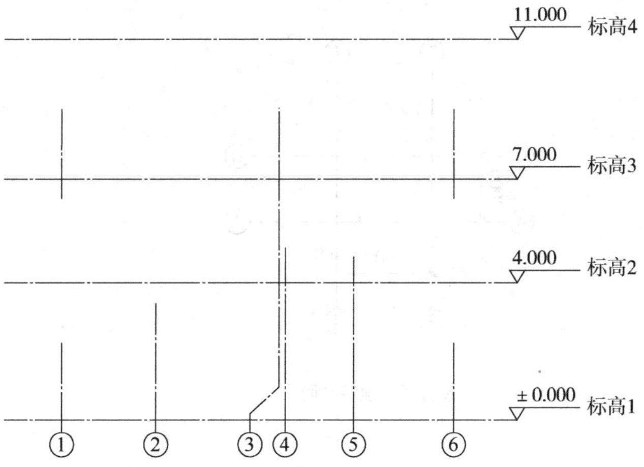

　A. 1、3、6　　B. 2、4、5　　C. 1、5、6　　D. 2、4、6

4. 创建标高时，关于选项栏中”创建平面视图”选项，下列说法错误的是（　　）。

　A. 如果不勾选该选项，绘制的标高为参照标高或非楼层的标高

　B. 如果不勾选该选项，绘制的标高标头为蓝色

　C. 如果不勾选该选项，在项目浏览器里不会自动添加“楼层平面”视图

　D. 如果不勾选该选项，在项目浏览器里不会自动添加“天花板平面”视图

5. 视图样板中管理的对象不包括（　　）。

　A. 相机方位　　B. 模型可见性　　C. 视图详细程度　D. 视图比例

6. 某项目室外地面距离首层地面高度为300mm，首层层高5.6m，二~四层层高3.6m，屋顶层高度为16.4m，其上女儿墙墙顶高度为900mm，屋顶上设备间屋顶标高高度为19.4m。请根据描述，创建对应标高及楼层平面视图。其中，女儿墙及室外地面视图不必创建，要求标高线型为红色实线，标高名称按题目中描述命名。创建完成后以“标高创建”为名保存。

标高创建

7. 以上题创建的“标高创建”项目文件为基础，调整创建如下图所示的轴网，完成后以“轴网创建”为名保存。

轴网创建

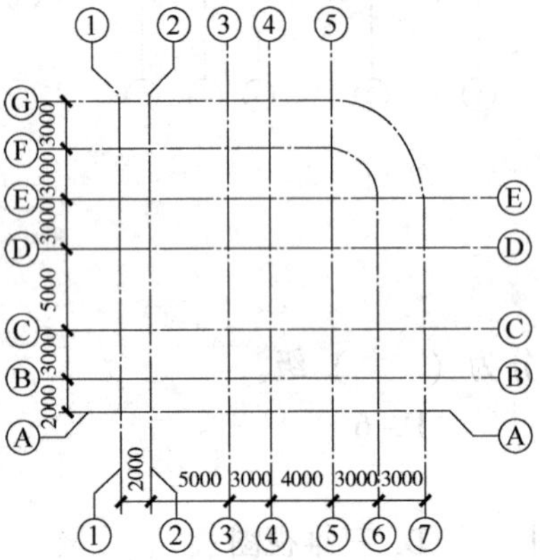

首层及二层平面

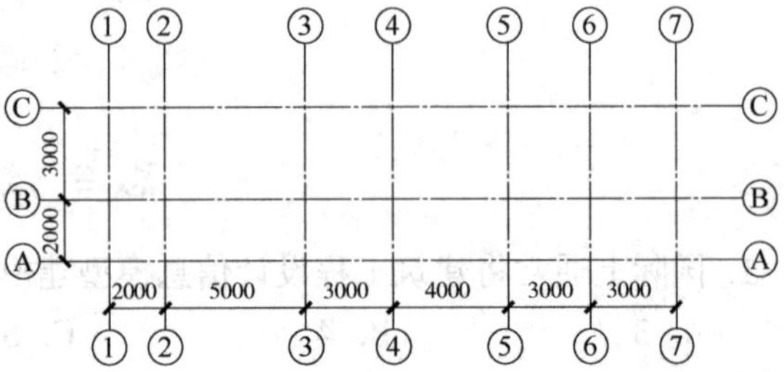

三层至屋顶层平面

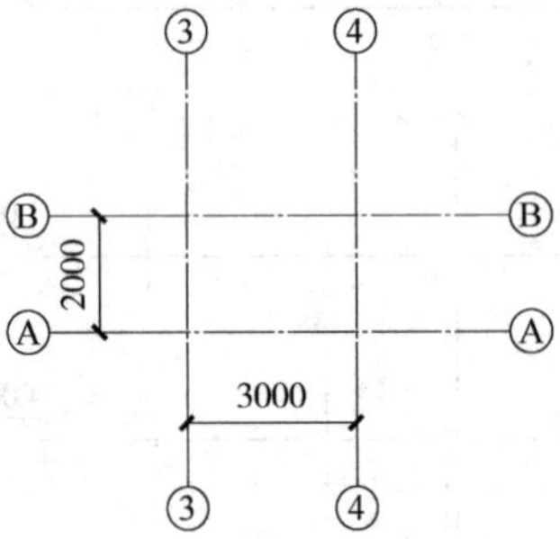

设备间屋顶层平面

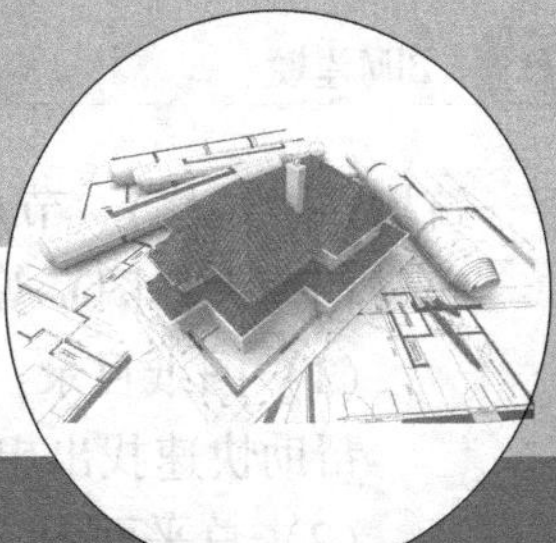

项目3

建筑模型搭建

内容提要

本项目主要介绍两个方面的内容：一是建筑图纸的解读；二是建筑模型主要的梁、板、柱、墙、屋顶等重要构件的创建以及相关编辑内容。此外，还介绍了楼梯、散水、台阶等零星构件的创建和编辑。

教学要求

知识要点	能力要求	相关知识
建筑图纸	(1) 能够读懂图纸相关信息 (2) 能够了解读图能力对建模的重要作用	(1) 梁、柱等结构构件的型号位置等信息 (2) 墙、楼板、屋顶等建筑构件的材质、形状、位置等信息 (3) 楼梯、台阶、散水等零星构件的形状、位置等信息
主要建模构件创建	(1) 会创建以及编辑结构柱 (2) 能根据工程实际情况创建墙 (3) 能根据工程要求选择合适门窗 (4) 能选择合适样式进行楼板的创建 (5) 能了解创建屋顶的方式	(1) 结构柱的创建及编辑方法 (2) 墙材质、高度等设置步骤 (3) 门窗创建时的载入要求 (4) 楼板的创建以及材质、高度等的设计要求 (5) 不同操作命令创建的不同的屋顶类型，了解屋顶材质、高度设置要求
零星构件创建	(1) 能设计不同样式的楼梯和栏杆扶手 (2) 能设计简单的散水、台阶等构件	(1) 楼梯、栏杆扶手的不同样式并改变简单参数 (2) 如何用简单操作创建散水等零星构件

3.1 建筑图纸解读

施工图是建筑房屋的依据，是“工程的语言”，它明确规定了要建造一栋什么样的建筑，并且规定了形状、尺寸、做法和技术要求。图纸是建筑的方向，是入行的基础，一定要仔细、认真、全面地看。

建筑施工图主要内容：图纸目录、总平面图、设计及施工说明（总说明）、做法表（建筑构造、装修)、节点详图（节点大样图)、平面图、立面图、剖面图、楼梯大样图、门窗表（门窗大样图）等。

（1）图纸目录

帮助快速找出想要的图纸页面编号。

（2）总平面图

工程基本概要、建筑工程综合技术经济指标一览表、建筑面积明细表、工程轮廓图、周边地貌情况、道路情况、控制点坐标信息等。

（3）设计及施工说明（总说明）

注明该工程的基本概况、设计依据、施工依据、参照标准、选用材料品种规格、施工做法、施工注意事项等。

（4）做法表（建筑构造、装修）

明确各部位的具体做法，如防水、地面、墙面、屋面等；外墙装饰做法；室内公共部分做法等。

（5）节点详图（节点大样图）

各类细部构造（无法用文字说明表达）做法，如阳台边梁、腰线、栏杆大样、空调板大样、防水节点、局部造型和二次结构等，明确构件的具体做法和尺寸、配筋情况。

（6）平面图

直观表示建筑物楼层平面布局、尺寸、建筑面积、各房间功能分区、文字索引标注、门窗位置、楼层标高（局部升降板）等。识图中要有清醒的认识，对楼层的变化及结构的变化要做到心中有数。

（7）立面图

直观的外立面效果图，标高尺寸：层高、窗台高；局部大样索引标注；外墙标注；门窗选材柱等。

（8）剖面图

内部构造、楼梯间标高、梯间隔墙、梯间门窗、节点标注、标高变化、升降板、二次构件等。一般住宅都是梯间位置才有剖面图。

（9）楼梯大样图

楼梯放大的详图，由于在平面图中不能细致地标出各种尺寸，要单独放大进行标示：墙厚、扶手厚度、踏步宽高、平台板标高、中间休息平台标高、梯间隔墙、门及各种洞口尺寸、送风井及前室面积等。

（10）门窗表（门窗大样图）

统计出的门窗规格型号及数量；门窗选材；门窗详细尺寸；门窗标高等。

3.2 新建结构柱

结构柱

3.2.1 结构柱创建的意义与学习目标

柱是工程项目在虚拟三维空间中支撑建筑并传递建筑荷载的竖向构件，柱部分的定位和尺寸的准确性关乎整个工程的安全与质量。

学习结构柱创建的目标有以下几个：

1）完成案例项目结构柱的创建，掌握结构柱的不同放置方式，掌握结构柱的跨层复制方式，并能快速地调整结构柱的各项属性。

2）根据项目实际要求快速载入不同结构柱族，或者自行创建出需要的柱族。

3）能够培养学生求真务实的职业精神、团队协作的能力以及创新思维的能力。

3.2.2 结构柱创建

首先进入需要布置柱的平面视图。在“建筑”选项卡中有一个“构建”面板，单击其中“柱”命令，开始放置结构柱。应注意放置柱时“深度”和“高度”的区别，按深度放置意味着在所在平面视图往下放置，按高度放置意味着在所在平面视图往上放置。结构柱放置时默认按高度进行放置。图 3-1 所示为结构柱创建。

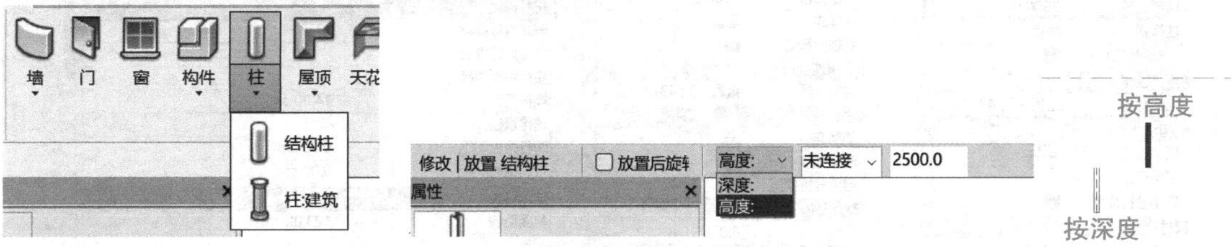

a）　　　　b）

图 3-1　结构柱创建

放置斜柱时，要确定斜柱起点和终点位置，如图 3-2 所示。

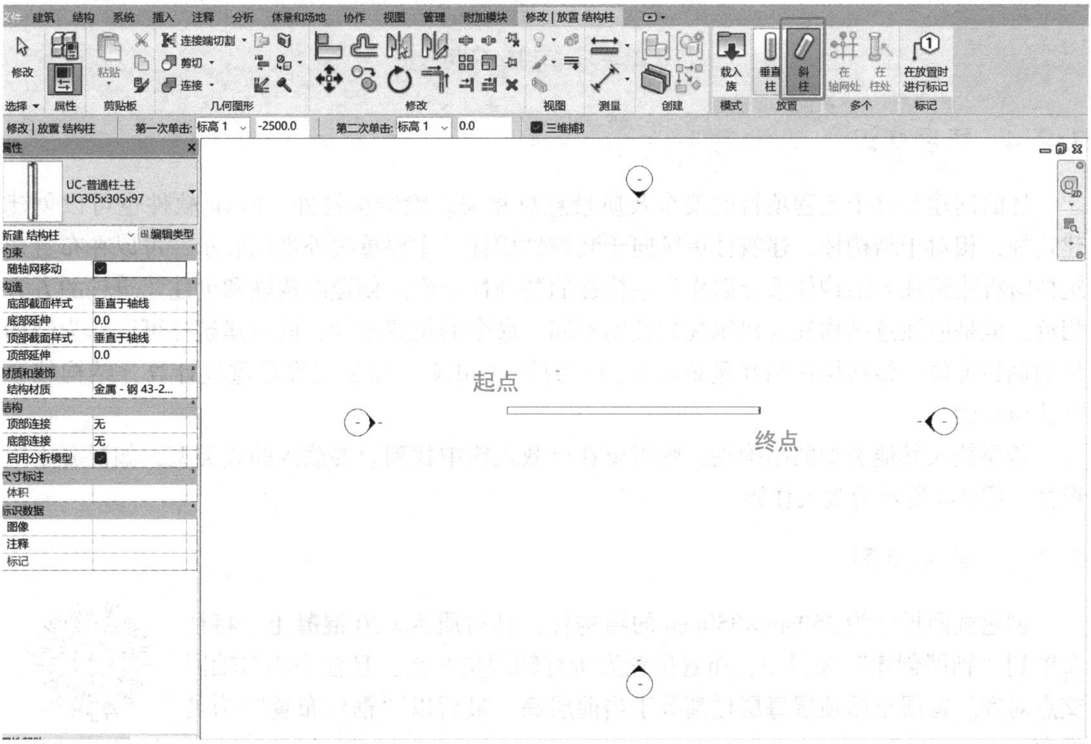

图 3-2　斜柱创建

3.2.3 结构柱编辑

属性编辑包含实例属性编辑和类型属性编辑两种。应该注意的是，柱是独立的构件图元，柱的三维尺寸、材料的改变都必须通过修改属性来完成操作，修改命令无法改变柱的高度及其他尺寸。图 3-3 所示为结构柱编辑。

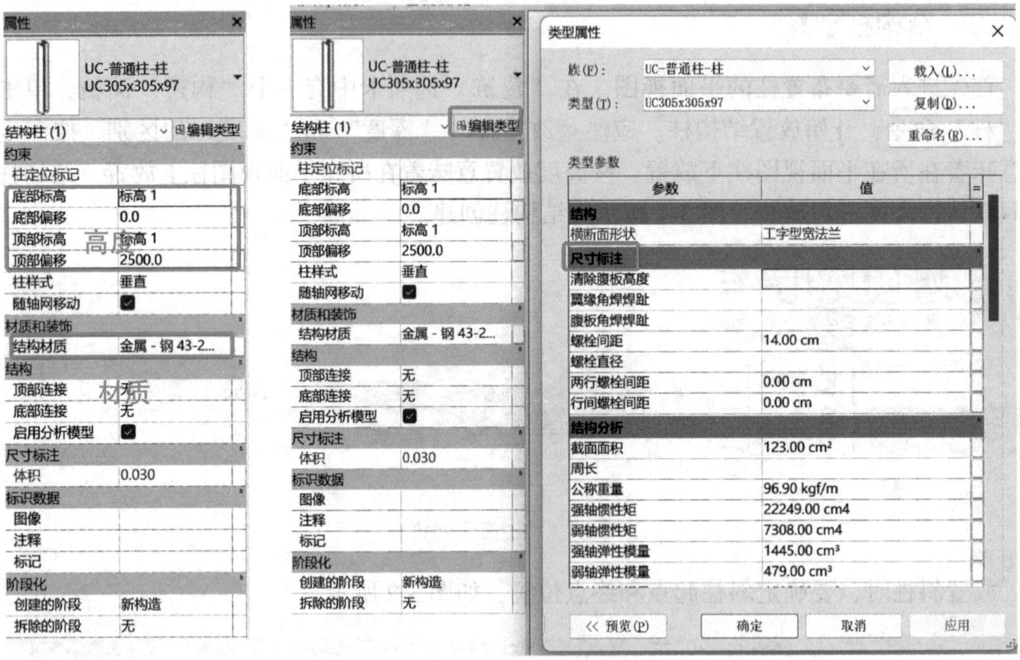

图 3-3 结构柱编辑

3.2.4 拓展知识

柱的创建与整个工程项目的安全及质量息息相关。除结构柱外，Revit 软件也可以创建建筑柱，相对于结构柱，建筑柱更倾向于装饰性用柱，主要重视外观的展示，可以在布置建筑柱时将建筑柱与结构柱重合以作为结构柱的装饰性表面。创建结构柱和创建建筑柱的方式相近，但是应注意结构柱与建筑柱的类别不同、命令的位置不同，同时建筑柱可以作为结构柱的创建定位。结构构件相互重叠时会相互剪切（扣减）以免工程量重复计算，结构柱会默认剪切梁。

若要载入其他类型的结构柱，则需要在可载入族中找到想要载入的族类型，如混凝土矩形柱。图 3-4 所示为载入柱族。

3.2.5 课后练习

创建截面尺寸为 350mm×350mm 的结构柱，其材质为 C30 混凝土。将柱布置到“轴网创建”项目中，布置位置为所有轴网交叉点，且柱中心与轴网交点对齐。首层至屋顶层每层柱高等于当前层高，最后以“框柱布置”为名保存。

结构柱创建

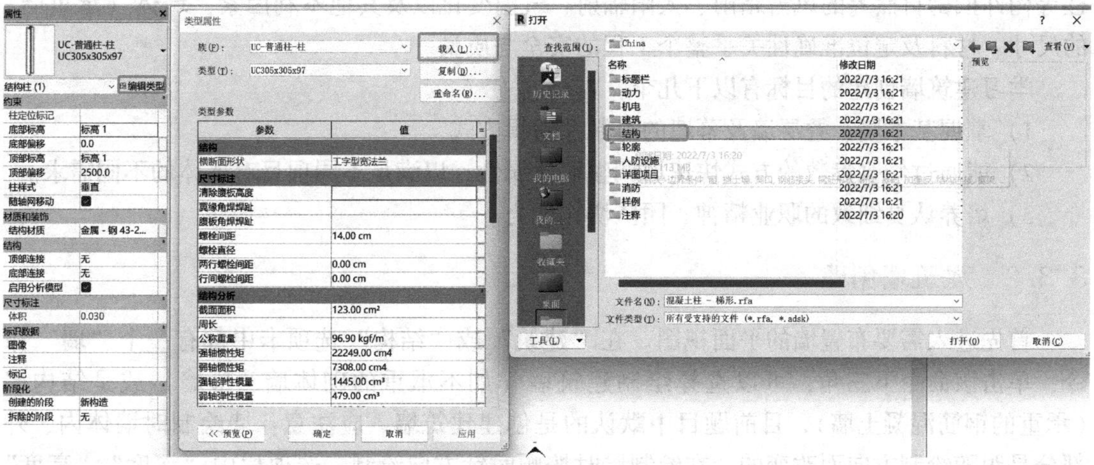

a）

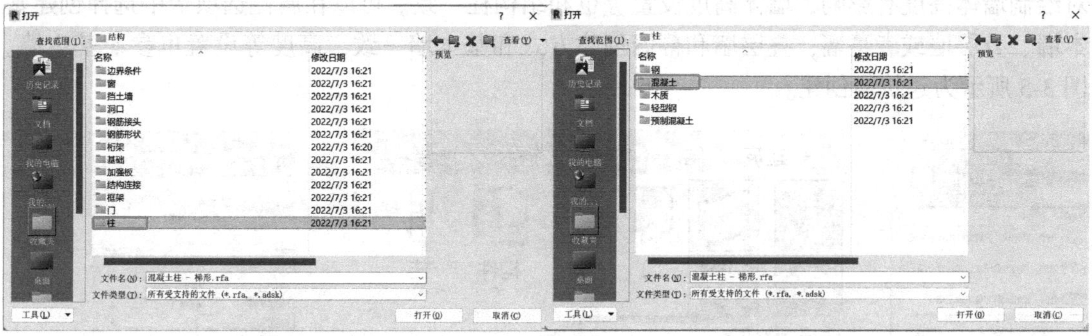

b）

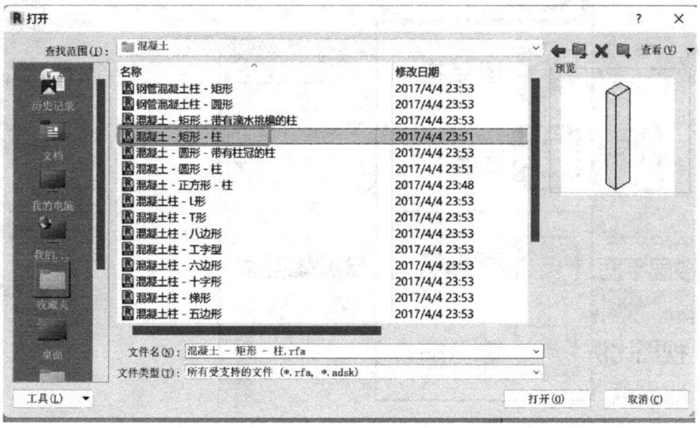

c）

图 3-4　载入柱族

3.3　新建建筑墙

建筑墙

3.3.1　建筑墙创建的意义与学习目标

墙是工程项目在虚拟三维空间中用于分隔建筑内外空间的围护及承重结构，结合屋顶、柱等构件抵御自然界的风雪霜雨、太阳辐射、气温变化以及其他不利因素，墙体（承重墙）的尺寸、材料及定位准确性关乎整个工程的安全与质量。

学习建筑墙创建的目标有以下几个：

1）掌握基本墙、叠层墙及幕墙的绘制及编辑方式。

2）能通过修改参数的方式快速地调整墙体属性，以满足不同项目对墙体的不同需求。

3）培养认真细致的职业精神、团队协作能力。

3.3.2 建筑墙创建

首先进入需要布置墙的平面视图。在“建筑”或“结构”选项卡中都有一个“墙”命令，单击该命令下三角，可以选择绘制建筑墙（如不承重的砌体墙、幕墙）或是结构墙（承重的钢筋混凝土墙），目前题目中默认的是创建建筑墙。应注意：墙绘制时墙体内、外部分是跟随绘制方向而改变的，在绘制墙时按顺时针方向绘制。选项栏中“深度”“高度”对绘制墙体高度有影响，墙体高度设置等也和结构柱一致。可以在属性选项卡中选择创建基本墙、叠层墙或者幕墙，叠层墙和幕墙创建方式和基本墙一致，高度等设置也参照基本墙。图 3-5 所示为建筑墙创建。

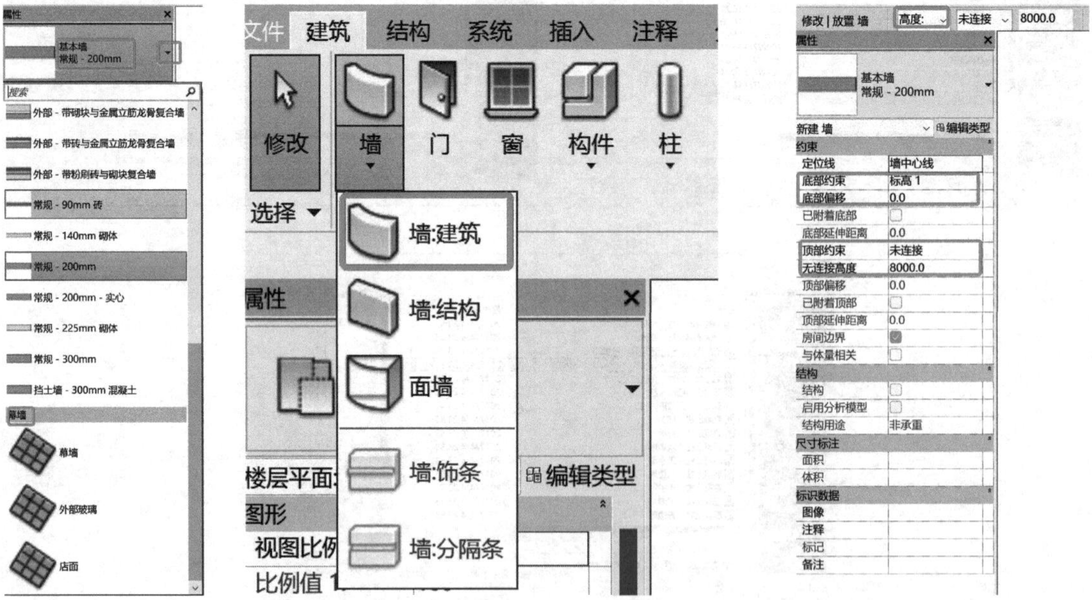

图 3-5 建筑墙创建

3.3.3 建筑墙编辑

基本墙材质编辑和结构柱不一样，基本墙材质是可以一层一层叠加上去的。但需要注意在核心边界之间只能有结构层，其他的如面层、衬底等都要在核心边界两边，按照墙体内外插入。同时除了涂膜层厚度可以为零，其他的结构层、面层等厚度都不得为零，图 3-6 所示为建筑墙编辑。

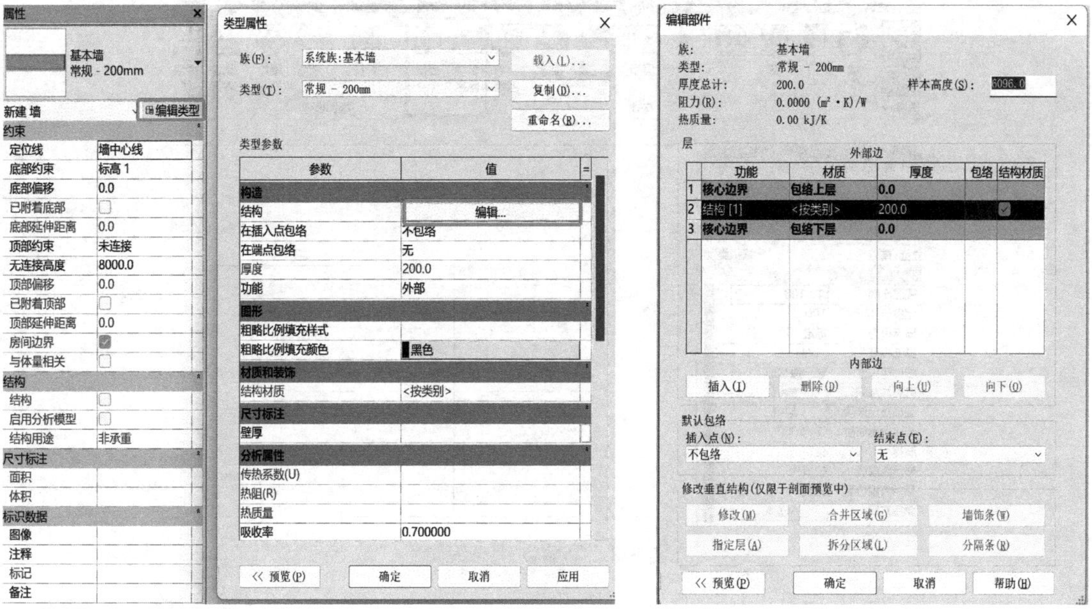

图 3-6 建筑墙编辑

叠层墙是基本墙的叠加，在基本墙中设置好材质等要求，最终可以叠加成叠层墙，如图 3-7 所示。

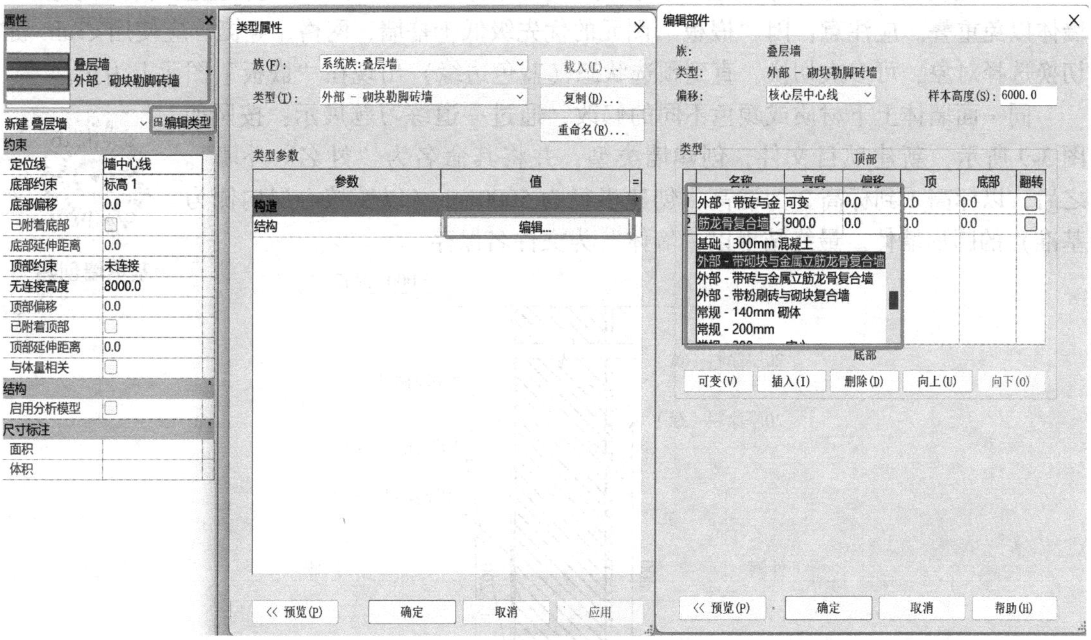

图 3-7 叠层墙创建与编辑

幕墙由幕墙网格和竖梃组成，在立面中可通过手动创建幕墙网格和竖梃创建不同的幕墙形状，如图 3-8 所示。

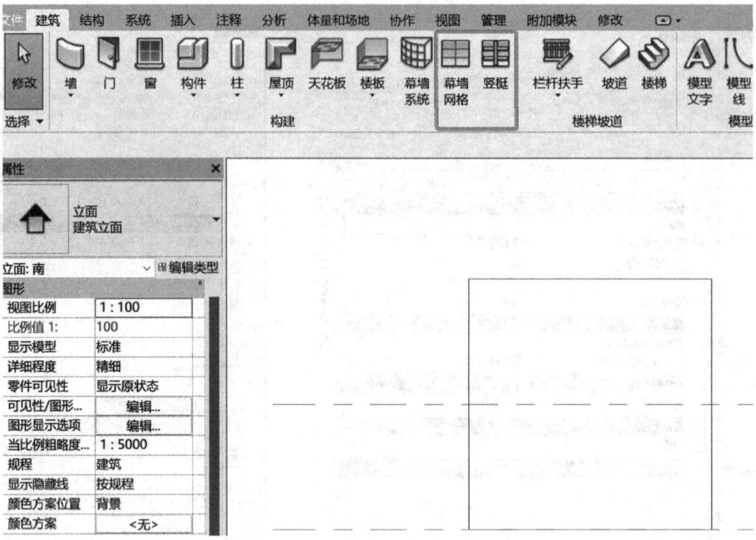

图 3-8 幕墙创建与编辑

3. 3. 4 拓展知识

幕墙：可以选中分割后或未分割的“嵌板”（表现为玻璃样式），然后在“类型选择器”中替换嵌板类型，可将其替换为门、窗或者是墙体，或者直接编辑嵌板材质及厚度。可以在“编辑类型”窗口中设置“自动嵌入”参数，使幕墙与墙体定位重叠时，自动剪切墙体以免重叠。应注意：因“嵌板”图元的优先级低于幕墙、网格、竖梃，应使用<Tab>键切换选择对象，可多次切换，直到预选状态（蓝色边缘）出现在“嵌板”图元上为止。

同一面墙体上下材质或颜色不同的修改，通过一道练习题展示：按照如图 3-9 所示，新建项目文件，创建墙类型，并将其命名为“姓名—外墙”。之后，以标高 1 到标高 2 为墙高，创建半径为 5000mm（以墙核心层内侧为基准）的圆形墙体。最终结果以“墙体”为文件名保存。

基本墙创建

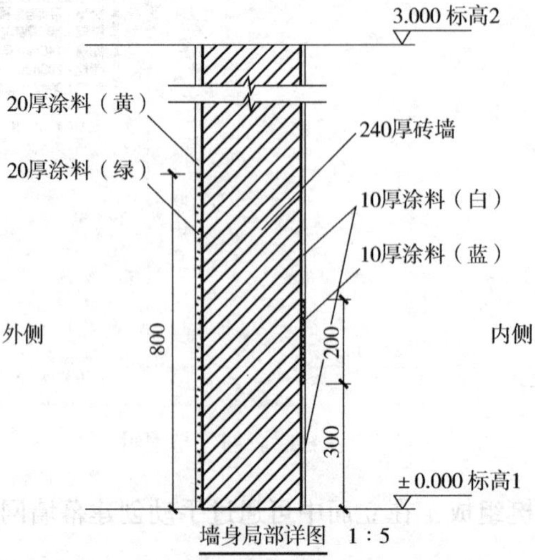

图 3-9 墙体修改

3.3.5 案例分析

创建如图 3-10 所示墙体，外墙：结构层 280mm 混凝土砌块、外部边 10mm 厚灰色涂料，内部边 10mm 厚白色涂料。内墙：180mm 混凝土砌块、内外部边均为 10mm 厚白色涂料。

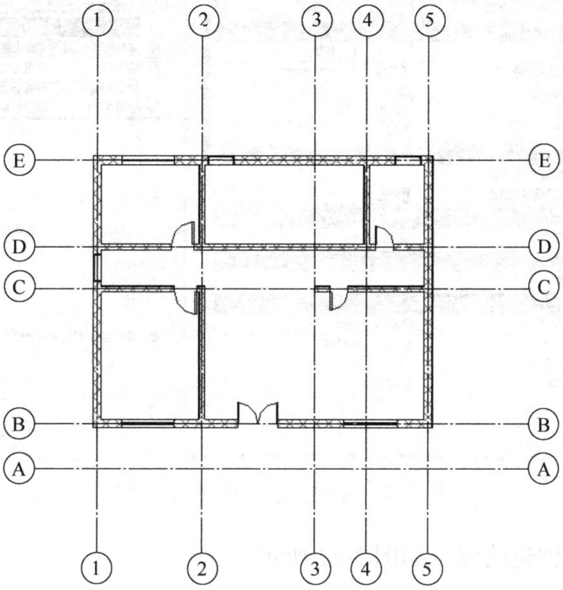

图 3-10 创建墙体案例

1）选中基本墙，创建内、外墙材质，如图 3-11 所示。

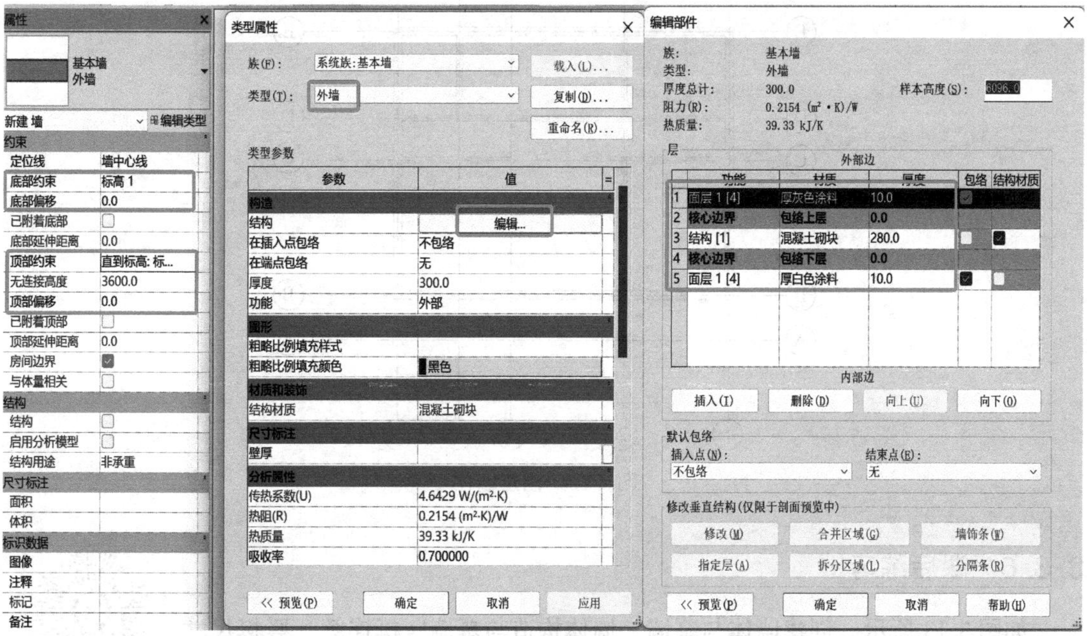

图 3-11 创建内、外墙材质

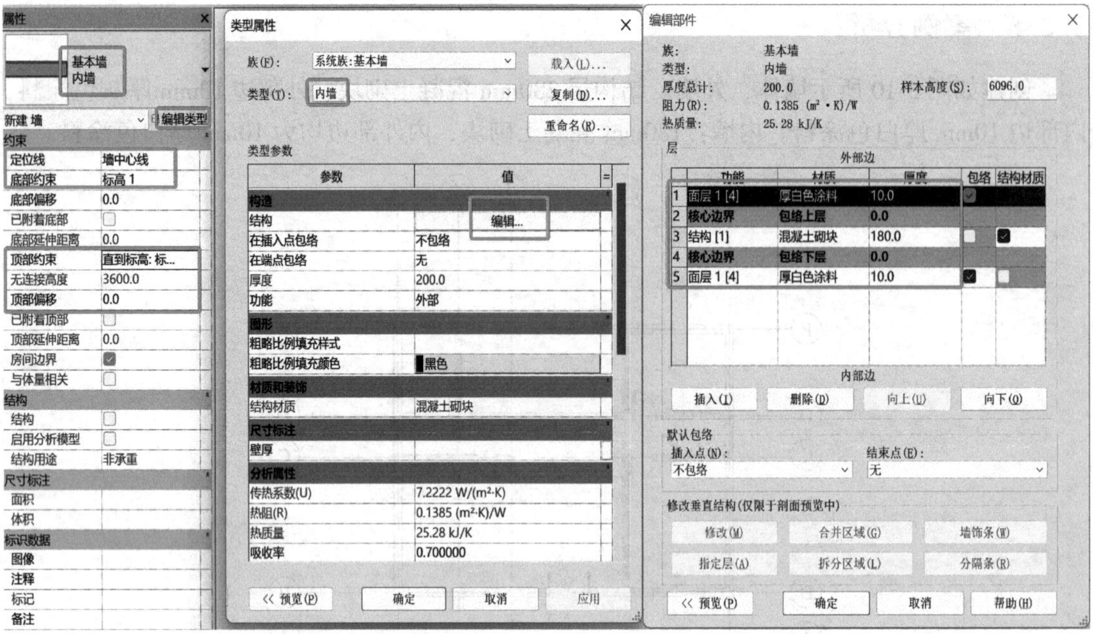

图 3-11 创建内、外墙材质（续）

2）按顺时针方向创建墙体，如图 3-12 所示。

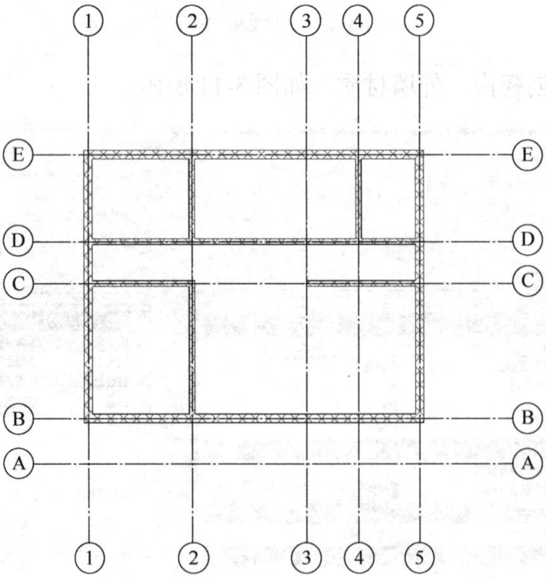

图 3-12 创建墙体

3.3.6 课后练习

如图 3-13 所示，创建墙体与幕墙，墙体构造与幕墙竖梃连续，竖梃尺寸为 100mm×50mm。请将模型以“幕墙”为文件名保存。

墙创建

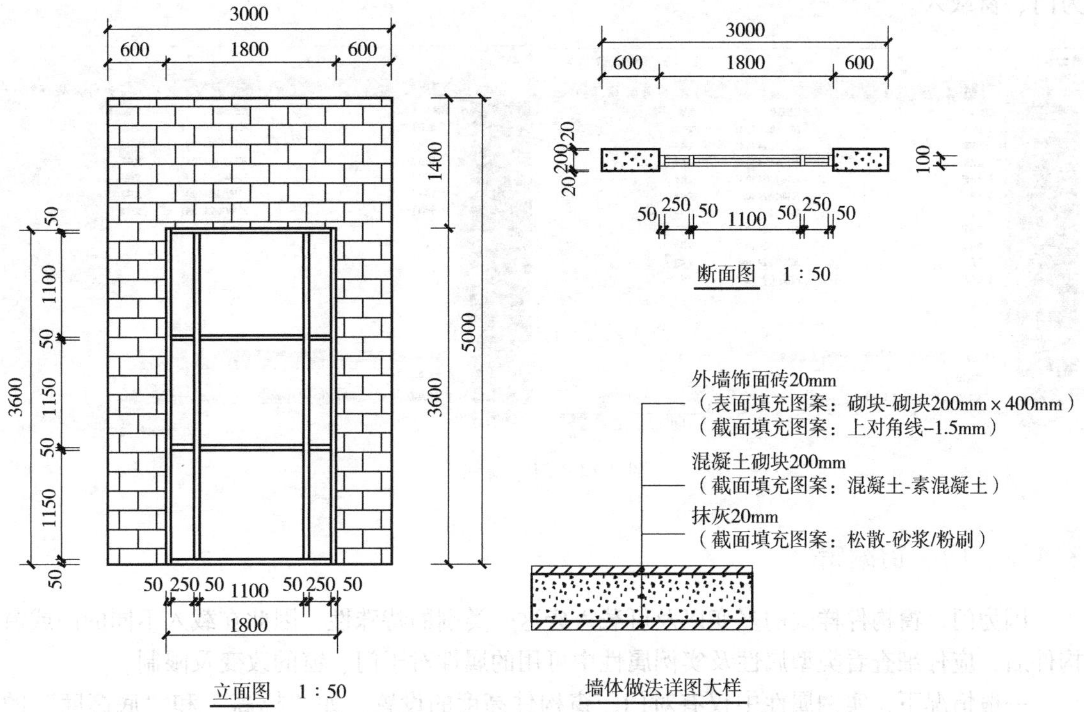

图 3-13 创建墙体与幕墙

3.4 新建门、窗

3.4.1 门、窗创建的意义与学习目标

门和窗是建筑造型的重要组成部分（对虚实对比、韵律艺术效果起着重要的作用），所以它们的形状、尺寸、比例、排列、色彩、造型等对建筑的整体造型都有很大的影响。门、窗按其所处的位置不同又分为围护构件或分隔构件，根据不同的设计要求，具有保温、隔热、隔声、防水、防火等功能，是建筑物围护结构系统中重要的组成部分。

学习门、窗创建的目标有以下几个：

1）掌握放置门、窗和编辑门、窗属性的方式，并根据需求载入不同的门、窗族使用。

2）了解 Revit 软件中“嵌板：门”“嵌板：窗”和“门”族、“窗”族的区别。

3）培养学生严谨细致的职业精神、举一反三的能力以及创新思维的能力。

3.4.2 门、窗创建

在 Revit 软件中，门构件、窗构件是必须依附于墙体的附属性构件，即不能脱离墙体单独存在的构件（幕墙除外，幕墙上无法放置门、窗构件，仅能通过替换“嵌板”的方式添加门、窗）。

由于门、窗族构件内容复杂，因此门、窗是一个可载入族，载入到项目中后直接布置预设好的门、窗即可。在项目中，通常门、窗的数量庞大，样式各异。如图 3-14 所示

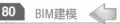

为门、窗载入。

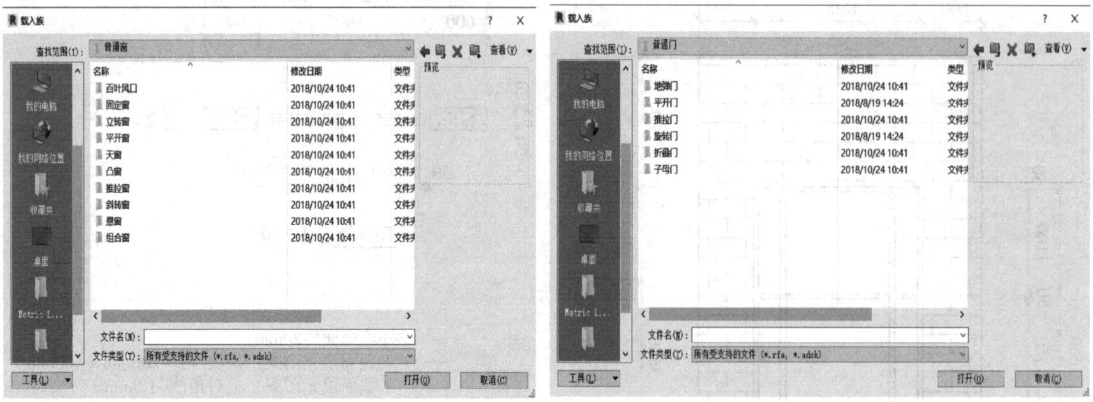

图 3-14 门、窗载入

3.4.3 门、窗编辑

因为门、窗构件样式的多变以及可载入族这一类别的特殊性，因此在载入不同的门或窗构件后，应仔细查看类型属性及实例属性中可用的属性对于门、窗的改变及限制。

一般情况下，实例属性中仅有对门、窗构件高度的设置，如“标高”和“底高度”的设置。类型属性中则有用于控制门和窗的大小、窗框、玻璃的截面尺寸、厚度和其材质。同时要注意门、窗重命名规则，以及修改类型标记与门、窗名称一致。图 3-15 所示为窗编辑。

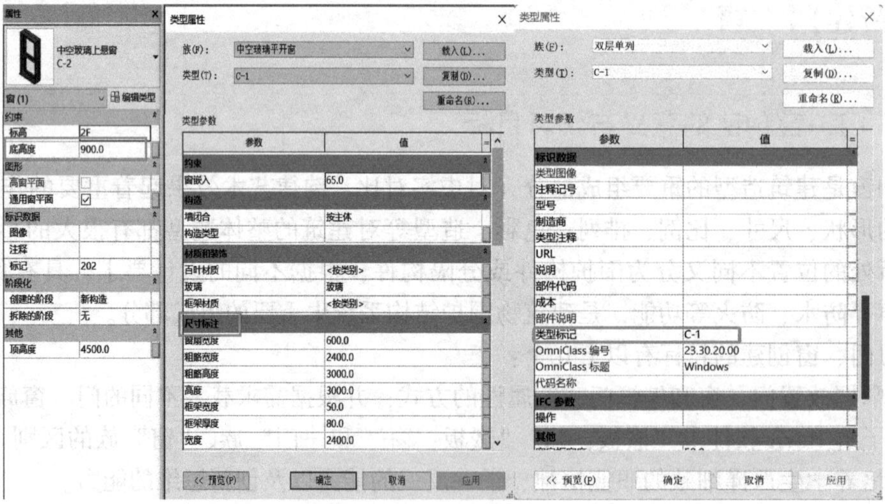

图 3-15 窗编辑

3.4.4 拓展知识

在没有学习如何创建参数化族的情况下，对于初学者而言，使用幕墙来创建族库中未提供的门、窗构件是一项重要的能力，即使学会了创建参数化族，面对一些特殊的门、窗构件，在快速创建、快速修改方面，幕墙依然有不可替代的优势（如门联窗）。

3.5 新建楼板

楼板

3.5.1 楼板创建的意义与学习目标

楼板是工程项目在虚拟三维空间中水平方向分割建筑物垂直空间并将人、家具等竖向荷载及自重传递给其他结构构件的构件，楼板尺寸及材料的使用关乎整个工程的安全与质量。

学习楼板创建的目标有以下几个：

1）完成案例项目楼板的创建，掌握楼板的不同绘制方式，掌握楼板的跨层复制方式，并能快速地调整楼板各项属性。

2）根据项目实际要求创建出需要的楼板族类型和不同形式的楼板，如坡道楼板、做结构找坡的屋面楼板等。

3）培养学生认真细致的职业精神、团队协作的能力以及创新思维的能力。

3.5.2 楼板创建

首先进入需要布置楼板的平面视图。在“建筑”或者“结构”选项卡中有一个“构件”或“结构”面楼板，单击其中“建筑-楼板”命令，开始绘制楼板，如图 3-16 所示。

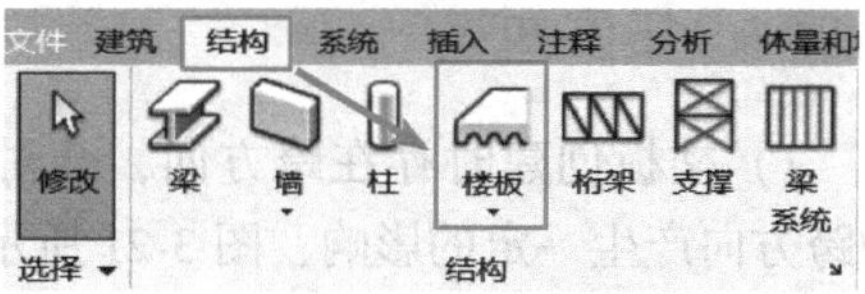

图 3-16 建筑楼板创建

绘制楼板边线时要注意楼板边线不可重叠、交叉、断开，否则无法绘制成功。图 3-17 所示为楼板创建错误形式。

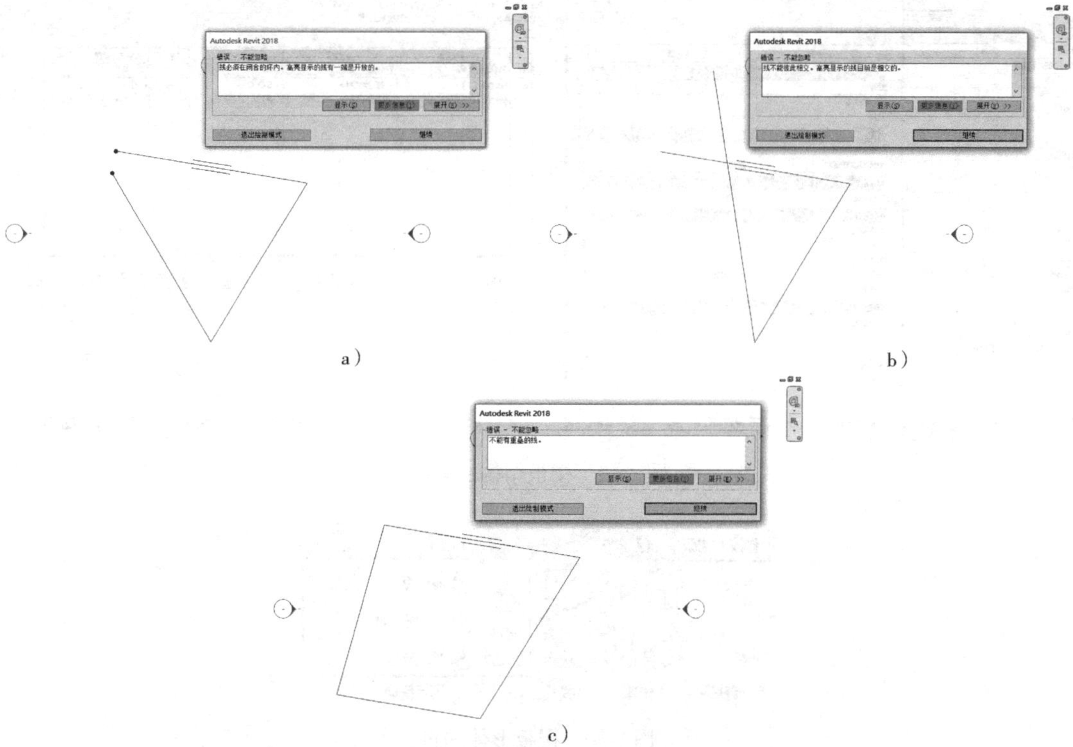

图 3-17 楼板创建错误形式

3.5.3 楼板编辑

楼板编辑包括属性编辑和形体编辑两类。其中，属性编辑包含实例属性编辑和类型属性编辑两种。应该注意的是：在实例属性中，我们更多的是用来修改楼板整体高度位置，如图3-18所示；而楼板的材质编辑则是在类型属性中编辑，可通过“编辑部件”功能设置厚度和材质不同的结构层，从而改变楼板结构，如图3-19所示。形体编辑是通过“子图元”来对板面高度进行控制，从而改变整个板的形体结构，如图3-20所示。应注意的是：通过“编辑部件”功能设定只能使某一结构层发生形变，而其他不变时，如设置的结构层处于中间，也会影响其他结构层。

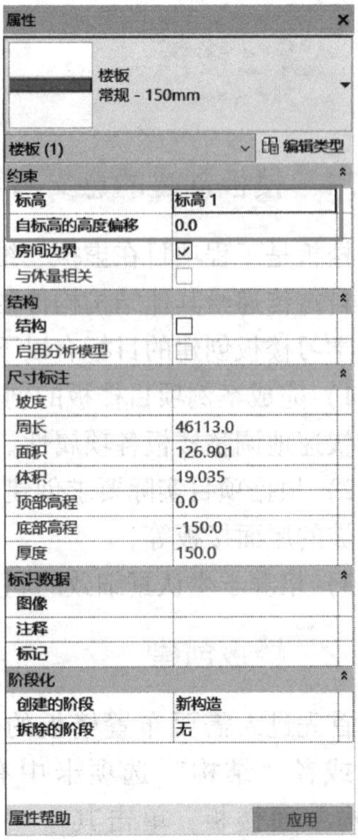

图3-18 楼板高度修改

3.5.4 拓展知识

1）楼板创建时存在跨方向，会对楼板材质设置中的跨方向产生一定的影响，图3-21所示为跨方向线对压型板的影响，在创建时需要注意，同时创建坡度楼板时要注意坡度箭头和板位置的对应关系。

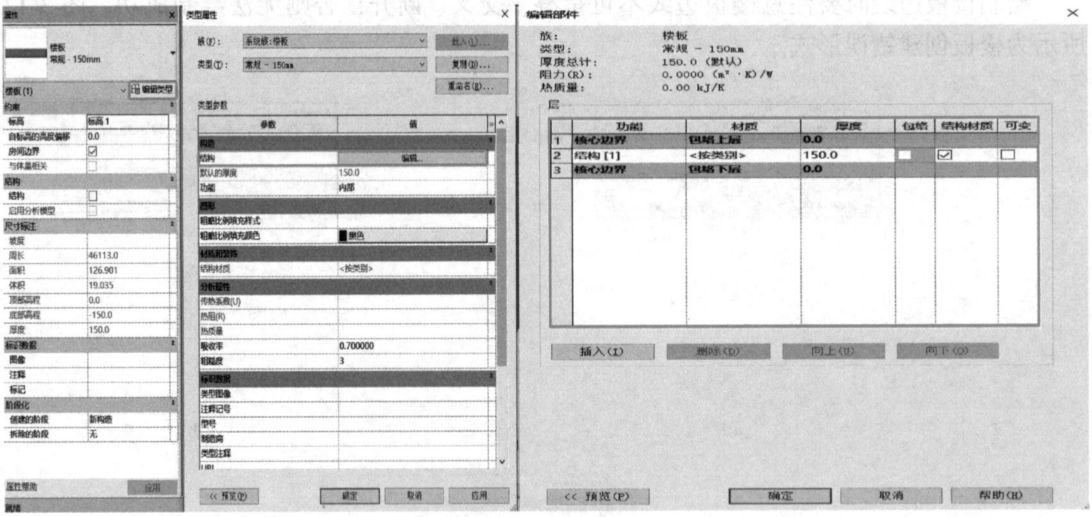

图3-19 楼板结构层修改

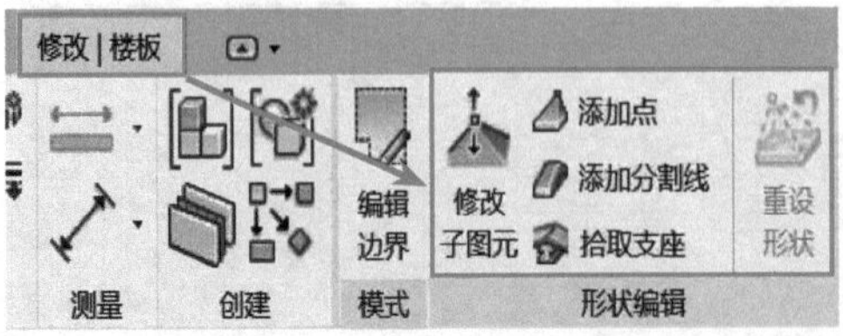

图3-20 楼板形体编辑

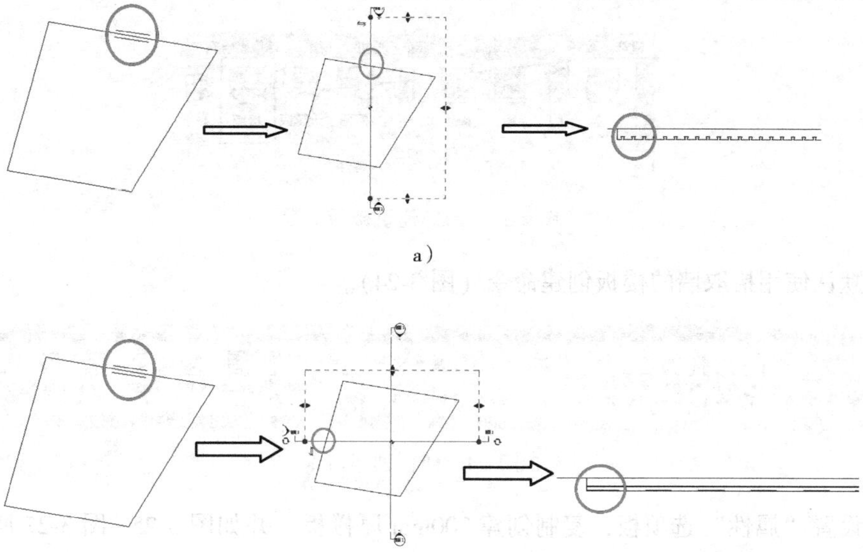

a）

b）

图 3-21 跨方向线对压型板的影响

2）楼板的附属构件命令“楼板边”可以用于创建如台阶、散水等依附板存在的附属构件。“楼板边”命令创建的附属构件将自动跟随楼板边界延长，也可以对其直接编辑。

3.5.5 案例分析

创建如图 3-22 所示一层楼板，材质为 200mm 厚混凝土。

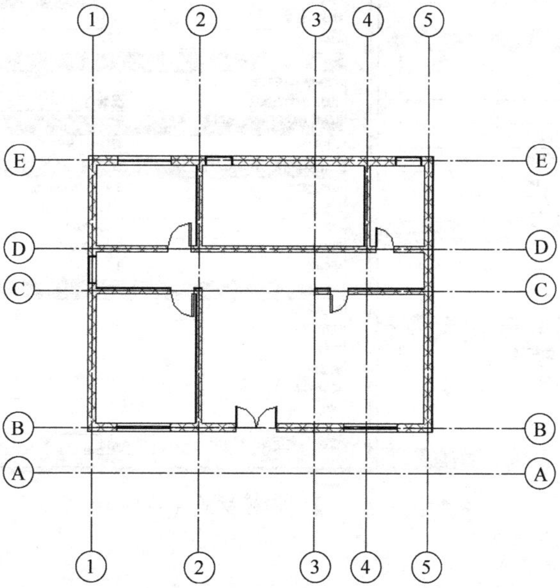

图 3-22 创建楼板

1）选择建筑选项卡构件面板中的建筑楼板命令（图 3-23）。

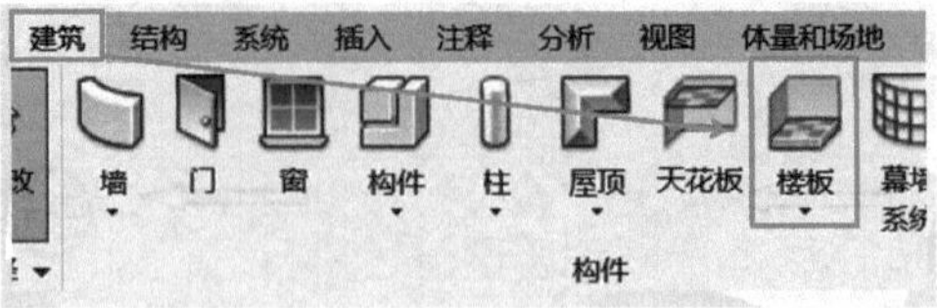

图 3-23　选择建筑楼板命令

2）默认使用拾取墙的楼板创建命令（图 3-24）。

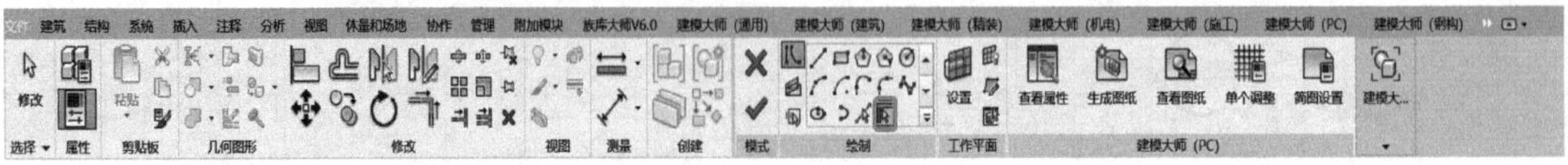

图 3-24　楼板创建命令

3）设置“属性”选项板，复制创建 200mm 厚楼板，并如图 3-25～图 3-27 所示设置楼板材质。

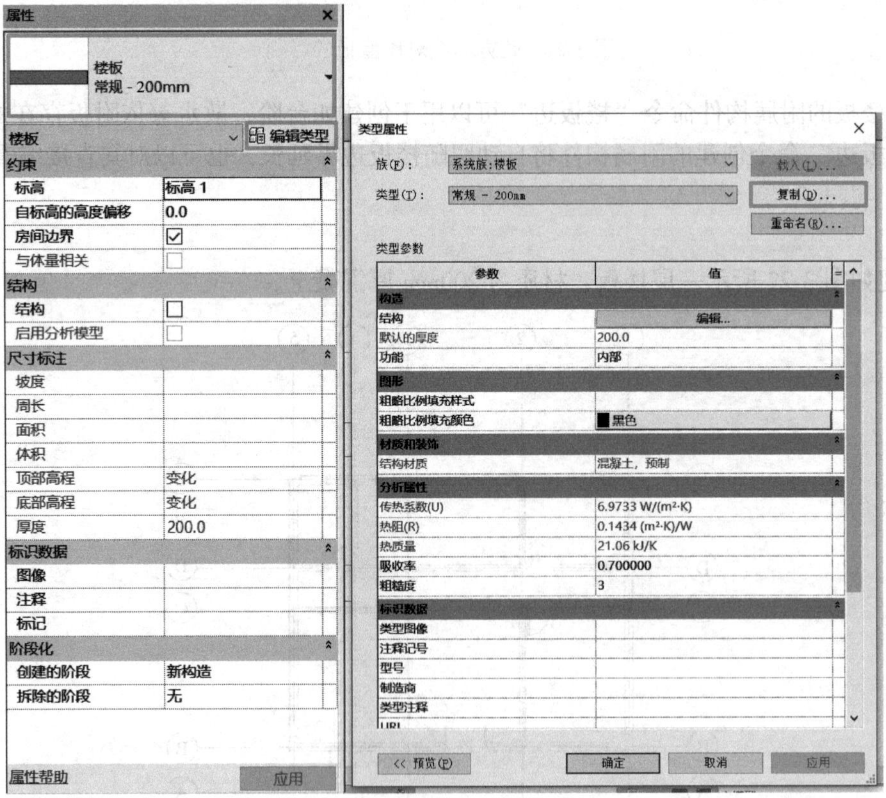

图 3-25　设置楼板材质（一）

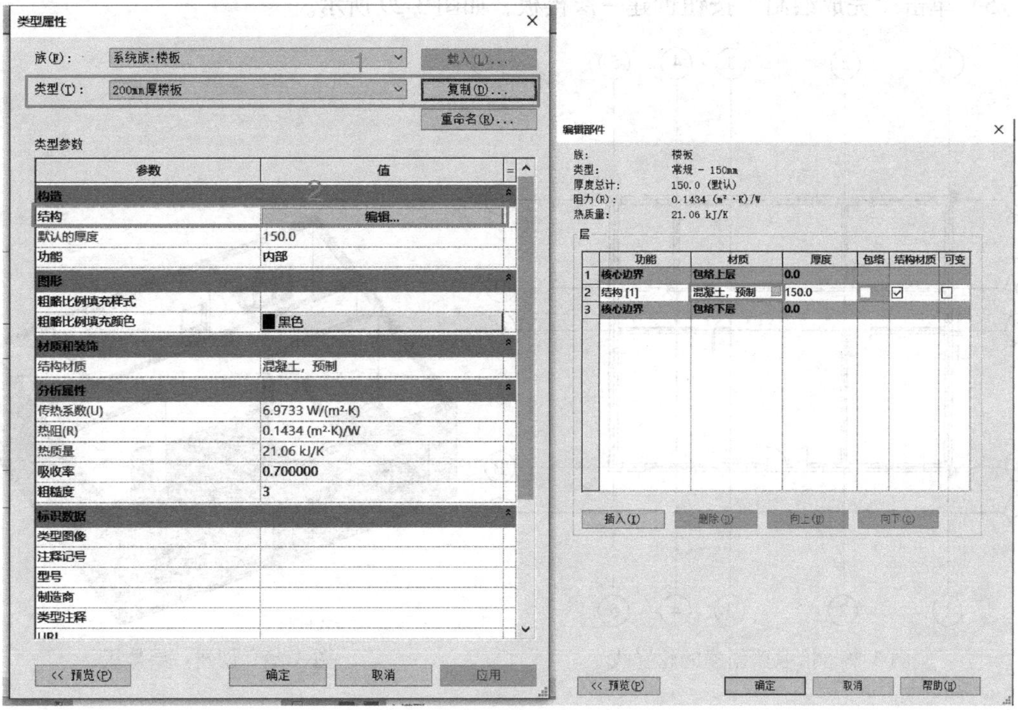

图 3-26 设置楼板材质（二）

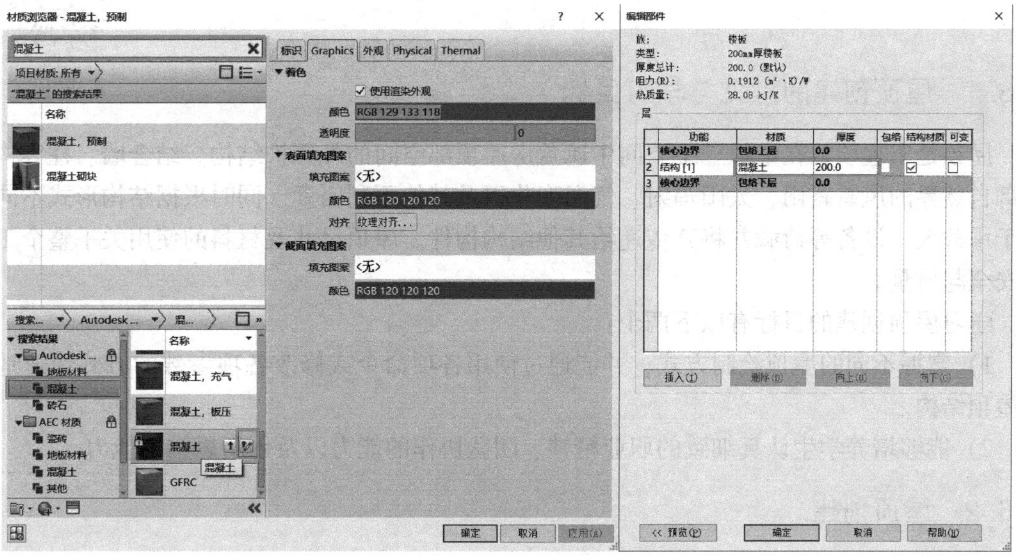

图 3-27 设置楼板材质（三）

4）移动鼠标指针到外墙外边线上，依次单击拾取外墙外边线，自动创建楼板轮廓线，或者用<Tab>键全选外墙，如图 3-28 所示，拾取墙创建的轮廓线将自动和墙体保持关联关系。

5）单击“完成绘制”按钮创建一层楼板，如图3-29所示。

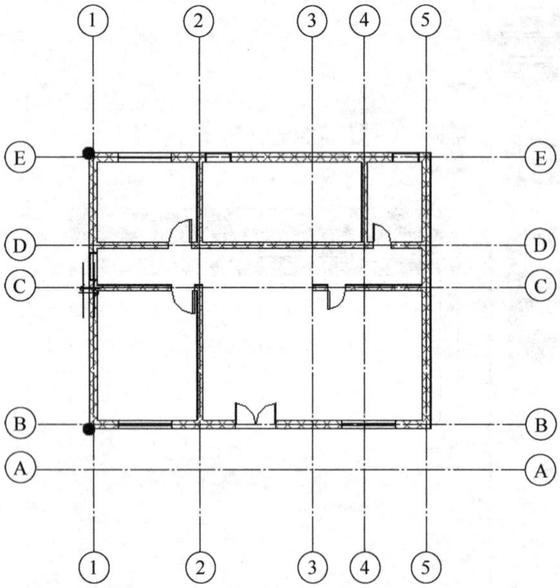

图3-28　拾取墙创建的轮廓线

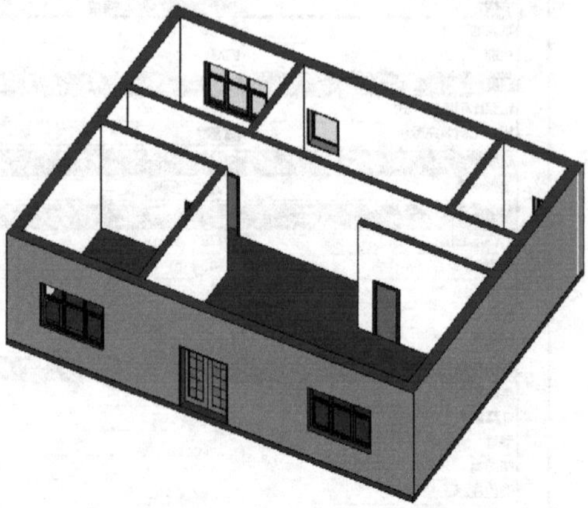

图3-29　创建一层楼板

3.6　新建屋顶

屋顶

3.6.1　屋顶创建的意义与学习目标

屋顶是工程项目在虚拟三维空间中遮盖房屋顶部空间的外围护结构。结合墙、柱等构件抵御自然界的风雪霜雨、太阳辐射、气温变化以及其他不利因素，同时根据结构形式不同也用于承载人、设备等荷载并将其传递给其他结构构件。屋顶尺寸及材料的使用关乎整个工程的安全与质量。

学习屋顶创建的目标有以下两个：

1）掌握不同的屋顶绘制方式，并能通过使用各项命令或修改各项参数的方式快速地调整屋顶结构。

2）能够培养学生认真细致的职业精神、团队协作的能力以及创新思维的能力。

3.6.2　屋顶创建

首先进入需要布置屋顶的平面视图。在“建筑”选项卡下“构件”面板内，“屋顶”命令下三角菜单可选择“迹线屋顶”或“拉伸屋顶”命令两种绘制方式，如图3-30所示。应注意的是：迹线屋顶在绘制时边线不可重叠、交叉、断开，否则无法绘制成功，如图3-31所示为屋顶绘制错误形式；坡度箭头和定义坡度两个设置对屋顶具有不同的坡度影响方式，如图3-32所示。拉伸屋顶命令绘制的线是屋顶顶面位置，无须形成闭合，如图3-33所示。

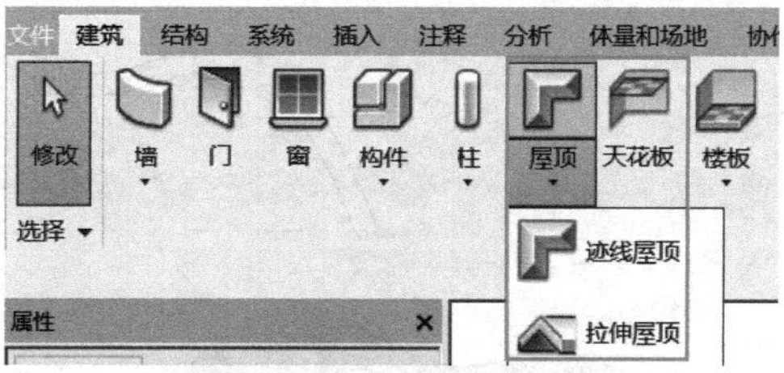

图 3-30　两种屋顶绘制方式

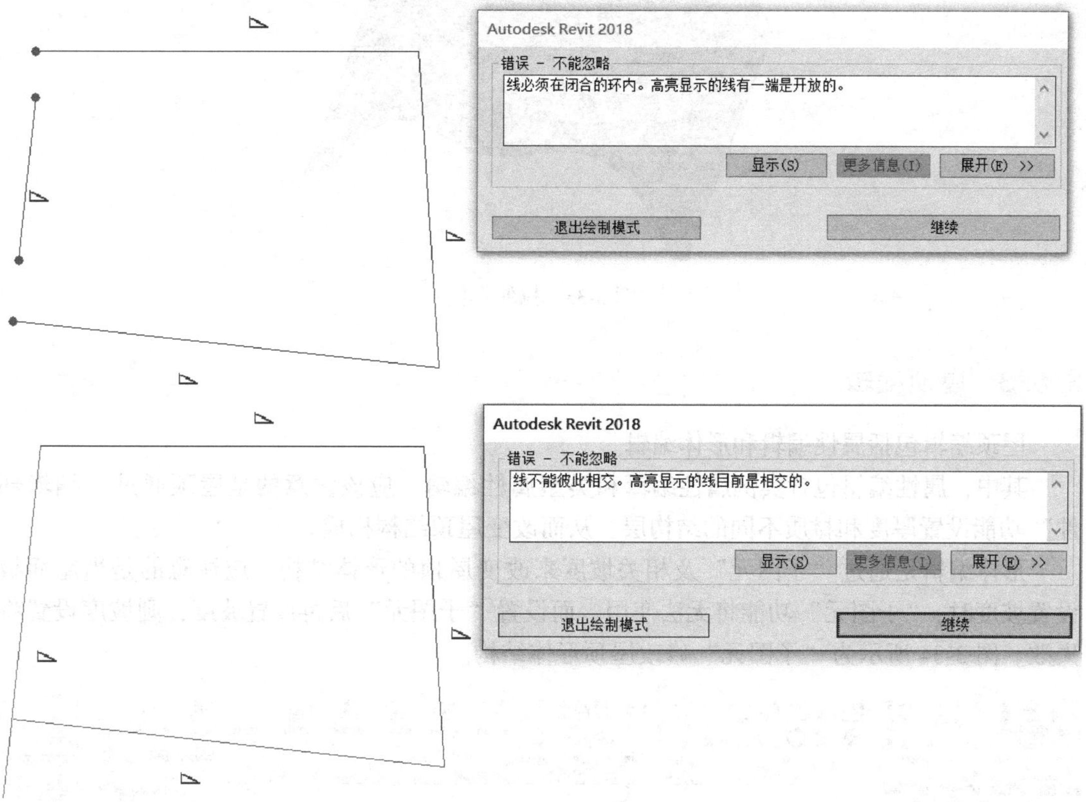

图 3-31　屋顶绘制错误形式

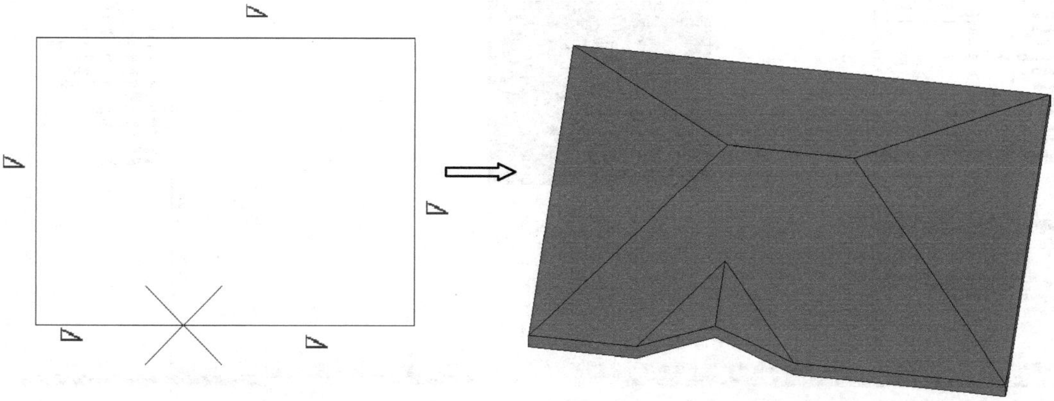

图 3-32　坡度影响方式

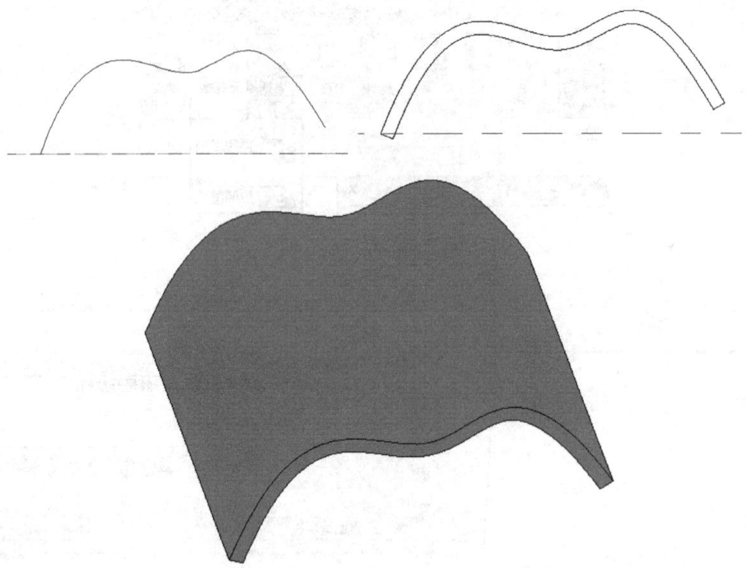

图 3-33 拉伸屋顶

3.6.3 屋顶编辑

屋顶编辑包括属性编辑和形体编辑。

其中，属性编辑包含实例属性编辑和类型属性编辑。应该注意的是屋顶通过“编辑部件”功能设置厚度和材质不同的结构层，从而改变屋顶结构构成。

形体编辑是通过“子图元”及相关坡度来改变屋顶的形体结构，应注意的是当屋面板设置坡度时，“子图元”功能将无法使用，而设置“子图元”后再设置坡度，则坡度设置将失败。图 3-34 所示为“子图元”修改屋顶形体结构。

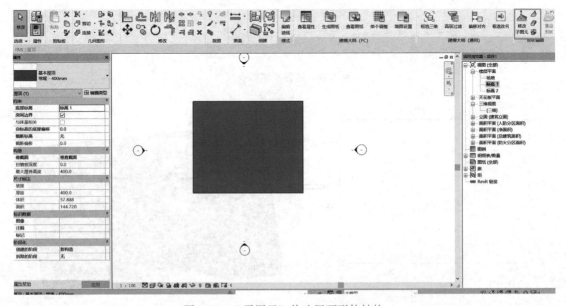

图 3-34 “子图元”修改屋顶形体结构

3.6.4 拓展知识

“子图元”设置对“玻璃屋顶”无效，仅对“基本屋顶”创建的屋顶构件有效。

3.6.5 案例分析

创建如图 3-35 所示的三层屋顶，材质为 400mm 厚混凝土，屋顶坡度为 30°。

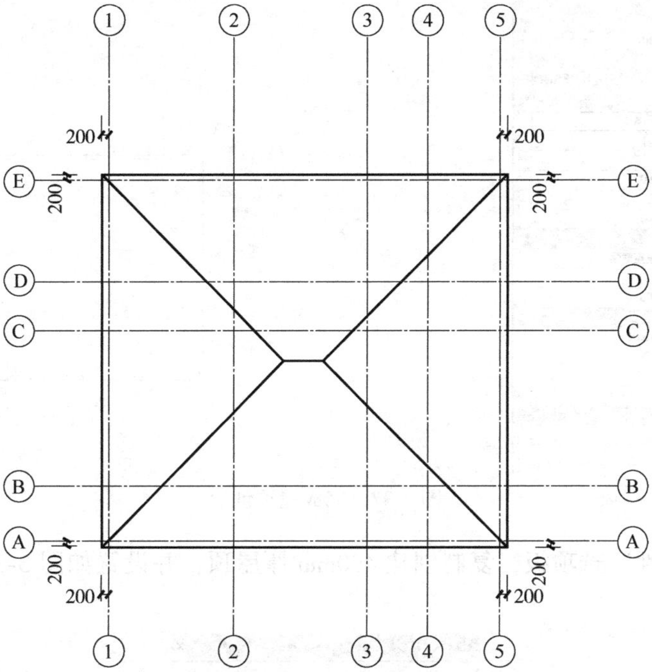

图 3-35 三层屋顶

1）选择建筑选项卡下方构件面板中的迹线屋顶命令（图 3-36）。

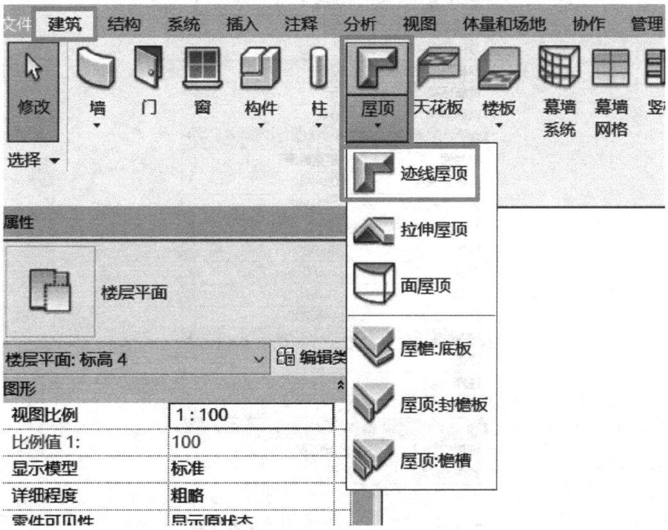

图 3-36 迹线屋顶命令

2）选择屋顶中矩形线，再将选项栏中偏移值设置成200mm，在绘图区域画出屋顶轮廓，最后打勾完成屋顶创建（图3-37）。

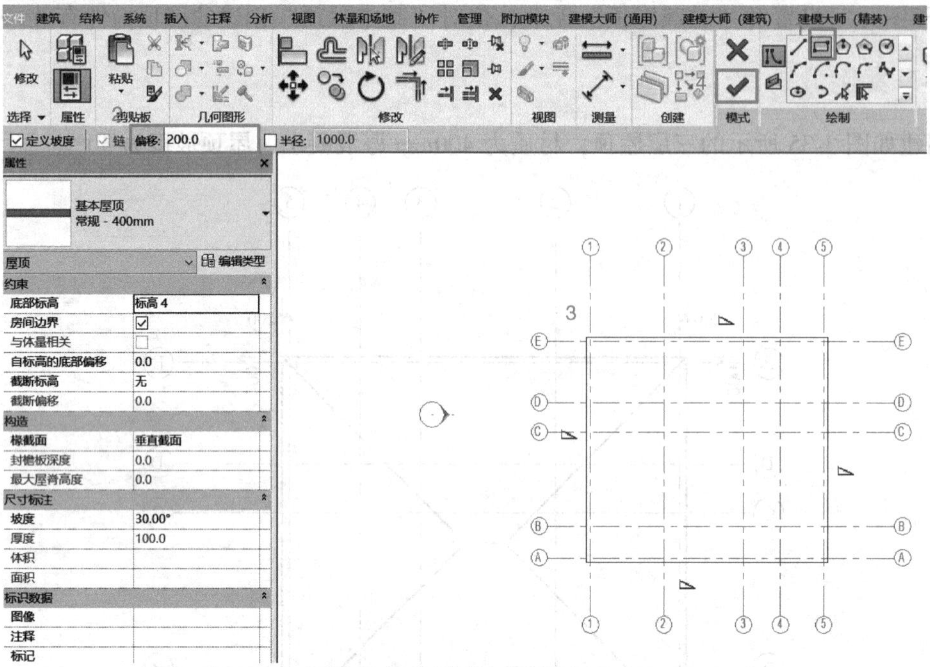

图3-37 完成屋顶创建

3）设置“属性”选项板，复制创建400mm厚屋顶，并设置如图3-38～图3-40所示屋顶材质。

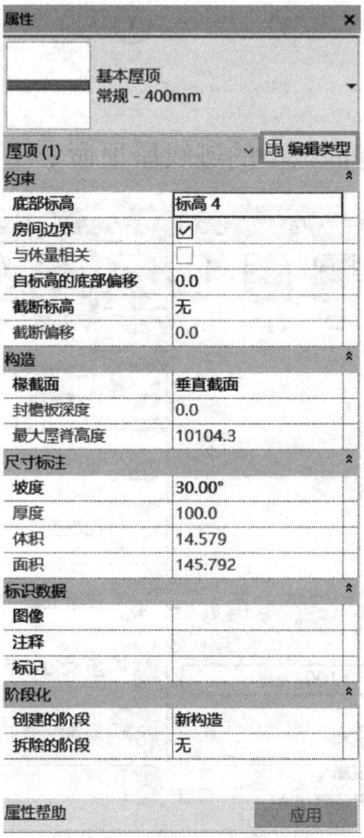

图3-38 设置屋顶材质（一）

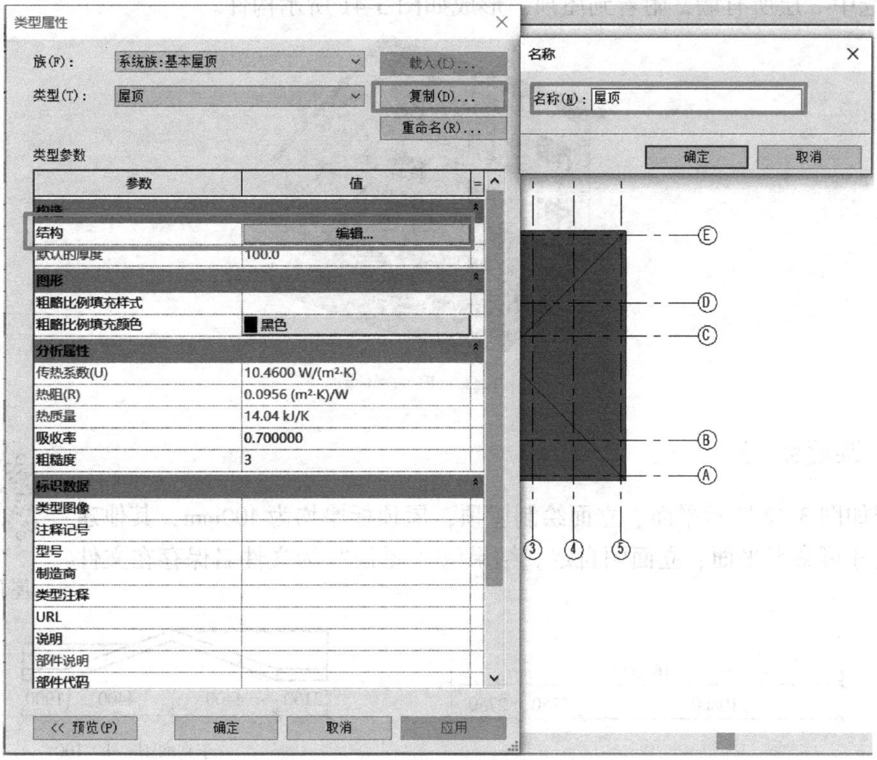

图 3-39 设置屋顶材质（二）

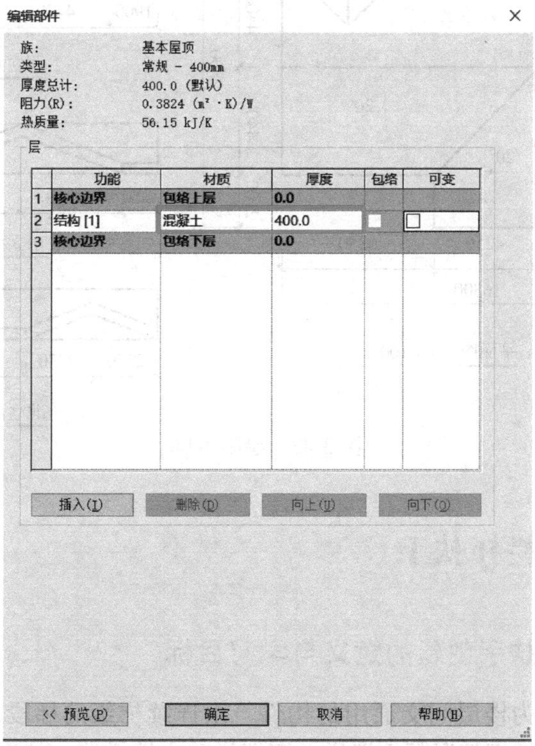

图 3-40 设置屋顶材质（三）

4）选中二层所有墙，附着到屋顶，形成如图 3-41 所示构件。

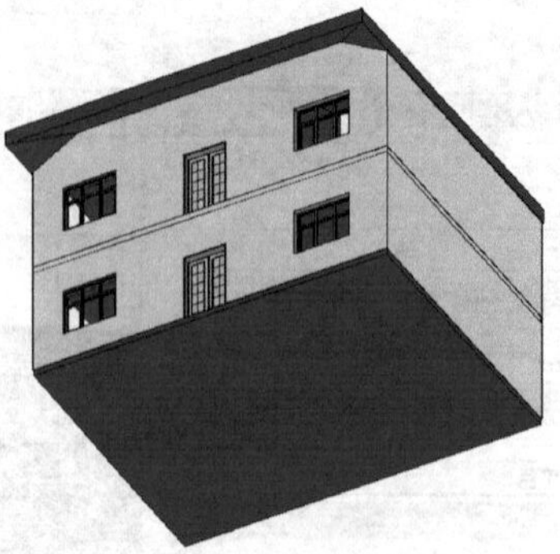

图 3-41　形成构件

3.6.6　课后练习

按照如图 3-42 所示平面、立面绘制屋顶，屋顶板厚均为 400mm，其他建模所需尺寸可参考平面、立面图自定。结果以“屋顶”为文件名保存在文件夹中。

屋顶练习

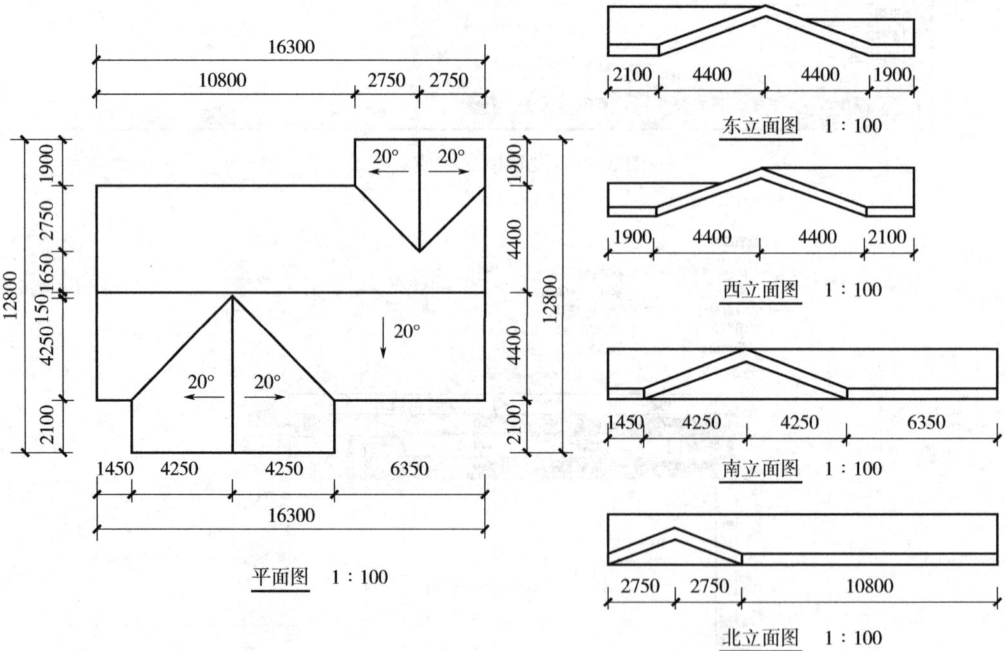

图 3-42　绘制屋顶

3.7　新建楼梯、栏杆扶手

3.7.1　楼梯、栏杆扶手创建的意义与学习目标

楼梯是建筑物中作为楼层间交通用的构件，由连续梯级的梯段、平台和围护结构等组成。应用最为普遍的包括钢筋混凝土楼梯、钢楼梯和木楼梯等，其中钢筋混凝土楼梯在结构

刚度、耐火、造价、施工、造型等方面具有较多的优点。栏杆扶手，是桥梁和建筑上的安全设施，在使用中起分隔、导向的作用，使被分割区域边界明确清晰。此外，设计良好的栏杆扶手，还具有装饰意义。

学习楼梯、栏杆扶手创建的目标有以下几个：

1）掌握绘制楼梯和编辑楼梯属性的方式，并根据需求绘制不同样式的楼梯。

2）掌握绘制栏杆扶手属性的方式，并根据需求绘制不同样式的栏杆扶手。

3）能够培养学生认真细致的职业精神、团队协作的能力以及创新思维的能力。

3.7.2 楼梯、栏杆扶手创建

在 Revit 软件中，楼梯的创建方式主要为构件式创建。

构件式创建楼梯时，主要通过设置各项选项、属性来设定梯段、平台、支撑的尺寸，最后分别绘制并组装。应注意构件式绘制楼梯时，楼梯参数的设置至关重要，应该了解每个组成部分的属性，掌握组成部分的属性设置和整体的属性设置的不同和关联。

1）在建筑选项卡中找到楼梯命令，如图 3-43 所示。

图 3-43 楼梯命令位置

2）在属性浏览器中修改楼梯属性为整体浇筑混凝土，再根据图纸修改楼梯三要素：踏板深度、梯段宽度、踢面个数。同时根据楼梯位置修改楼梯的定位线方便绘图，如图 3-44 所示。

3）画完楼梯，根据实际情况修改楼梯平台宽度、删除靠墙的栏杆扶手，使其更接近实际楼梯样式，最终楼梯形式如图 3-45 所示。

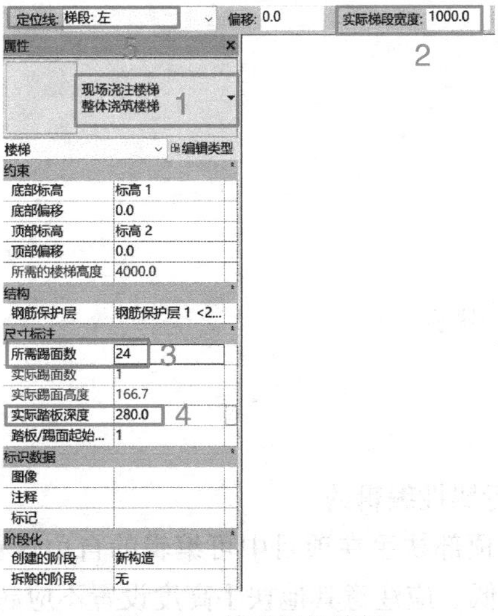

图 3-44 楼梯属性编辑

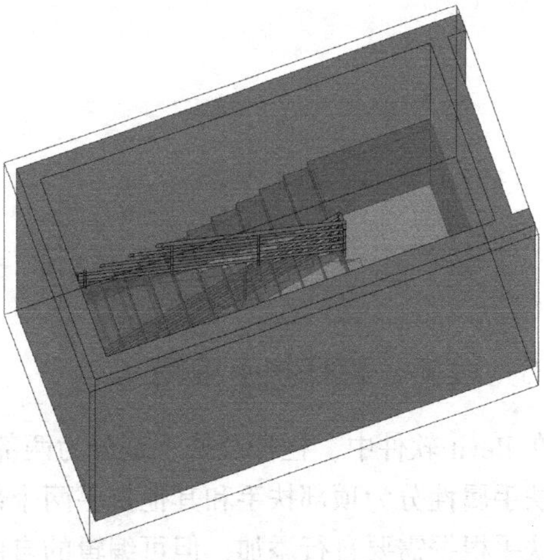

图 3-45 最终楼梯形式

在 Revit 软件中，栏杆扶手的创建方式主要为拾取主体（楼梯、坡道）和绘制创建。

在拾取主体的创建方式中，栏杆扶手命令会自动拾取楼梯及坡道的边界位置，按照“类型选择器”中选好的类型直接创建，创建方式简便但受约束较大。

在绘制创建的方式中，绘制方式类似板，但不需要闭合，绘制的线为栏杆扶手的路径，路径用于定义栏杆长度和位置，但是在绘制如楼梯扶手等复杂位置时，难度较大。

找到建筑选项卡中的栏杆扶手，选择绘制路径，创建栏杆路径，最终单击完成，如图 3-46 所示。

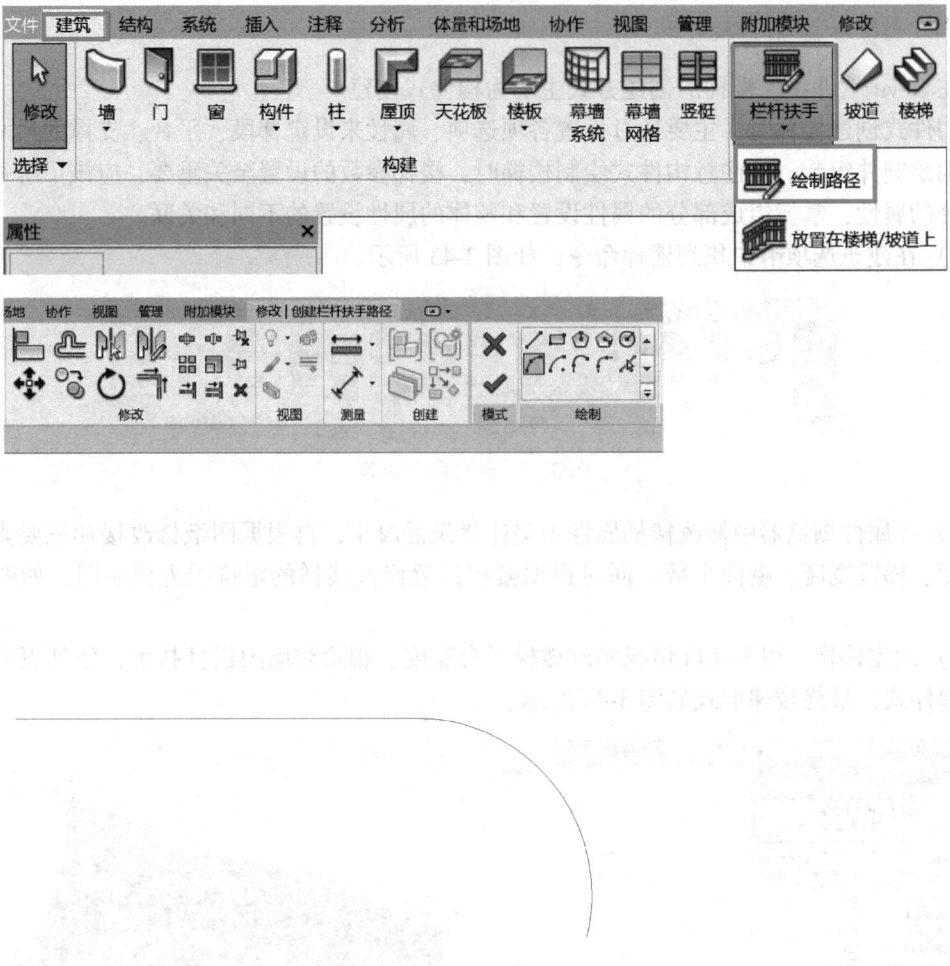

图 3-46　绘制栏杆扶手

3.7.3 楼梯、栏杆扶手编辑

在 Revit 软件中，栏杆及扶手是分为两部分进行属性编辑的。

扶手属性分为顶部扶手和其他扶手两个部分。顶部扶手在项目中可编辑的自由度更高，其他扶手根据需要自行添加，但可编辑的自由度较低。应注意其他扶手高度设置不应超过顶部扶手，如图 3-47 所示。

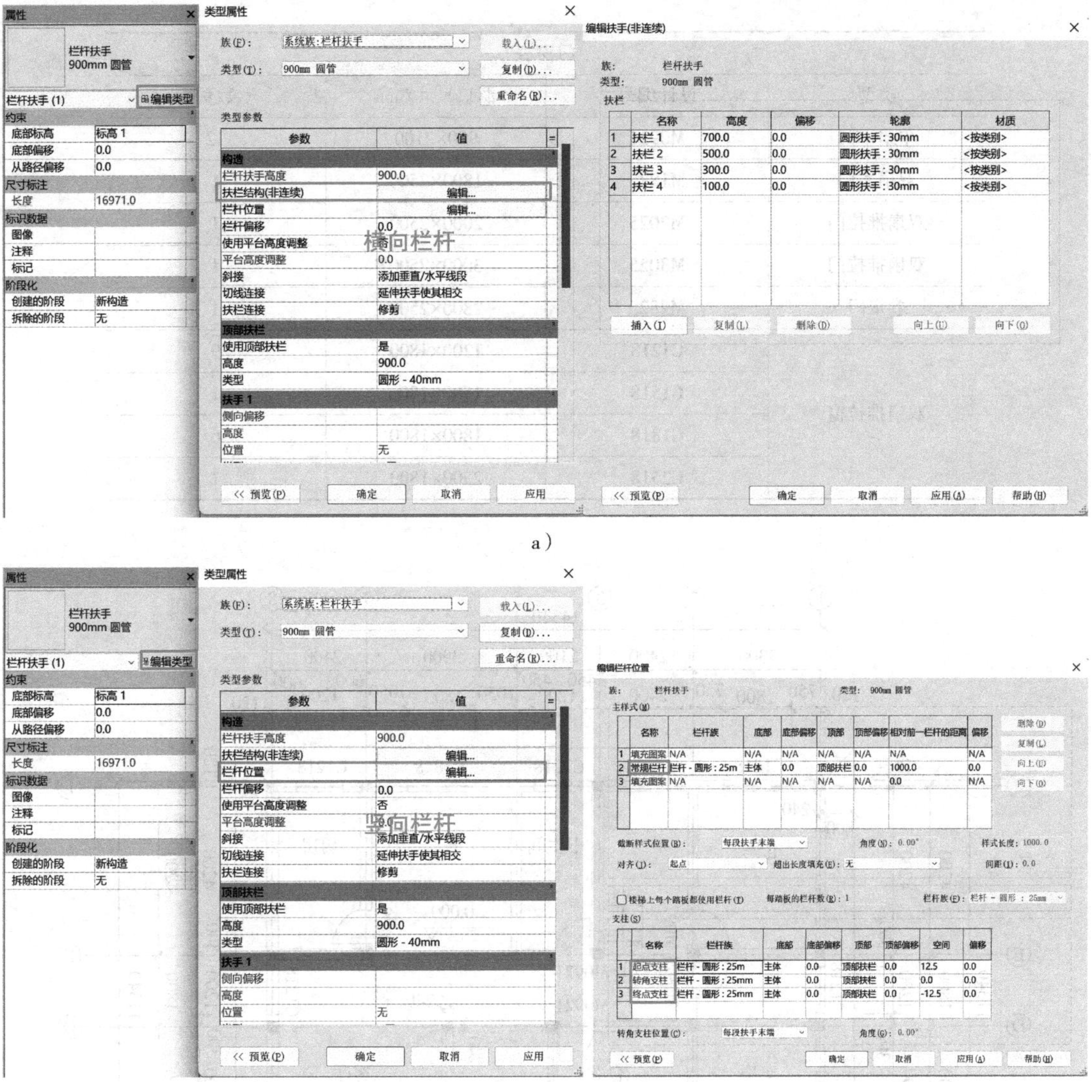

a） b） c）

图 3-47 栏杆属性编辑

思考与练习

根据图纸创建标高轴网、柱、墙、门、窗、楼板、屋顶、台阶、散水、楼梯等，栏杆尺寸及类型自定。门窗需按门窗表尺寸完成，窗台自定义，未标明尺寸不做要求。

主要建筑构件参数要求如下：

外墙：240mm 厚，10mm 厚灰色涂料、20mm 厚泡沫保温层、200mm 厚白色涂料；内墙：240mm 厚，10mm 厚白色涂料、220mm 厚混凝土砌块、10mm 厚白色涂料；楼板：150mm 厚混凝土；一楼底板：450mm 厚混凝土；屋顶：100mm 厚混凝土；散水：800mm 宽；柱子：240mm×240mm。

门窗表			
类型	设计编号	洞口尺寸/mm	数量
单扇木门	M0921	900×2100	12
双扇木门	M1825	1800×2500	1
双扇推拉门	M2025	2000×2500	1
双扇推拉门	M3025	3000×2500	1
卷帘门	M2825	2800×2500	1
双扇推拉窗	C1218	1200×1800	9
	C1518	1500×1800	1
	C1818	1800×1800	6
	C2518	2500×1800	1

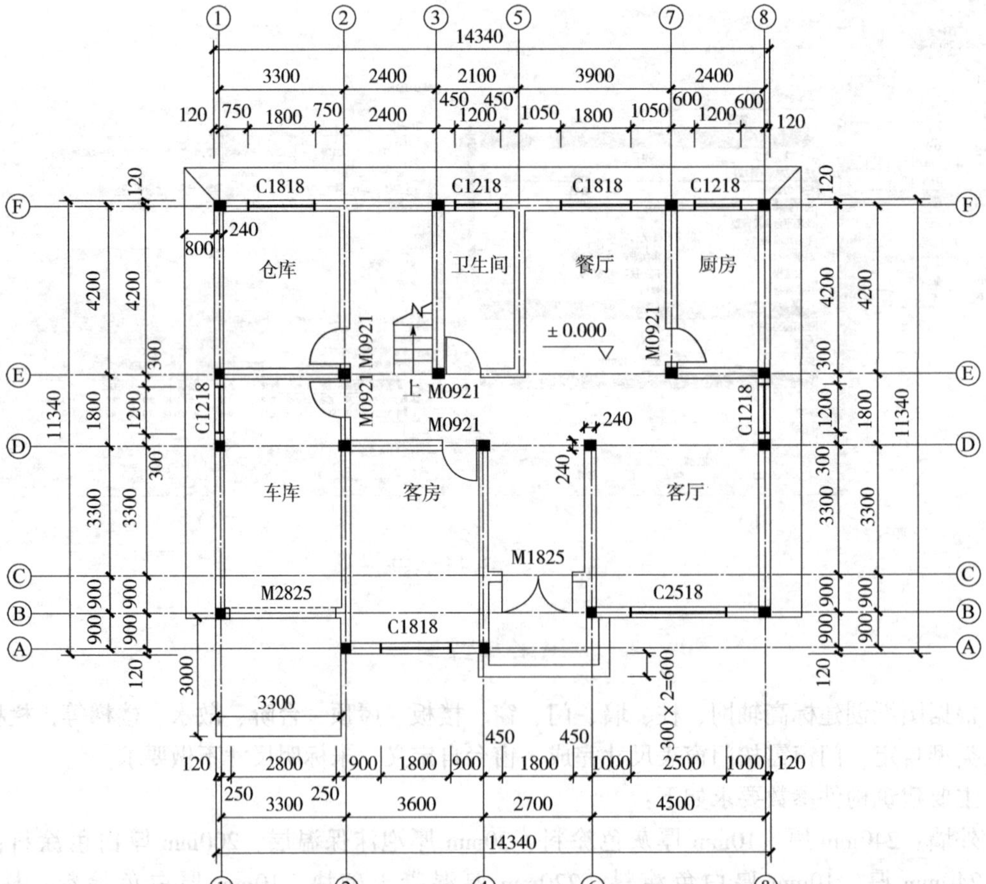

一层平面图 1：100

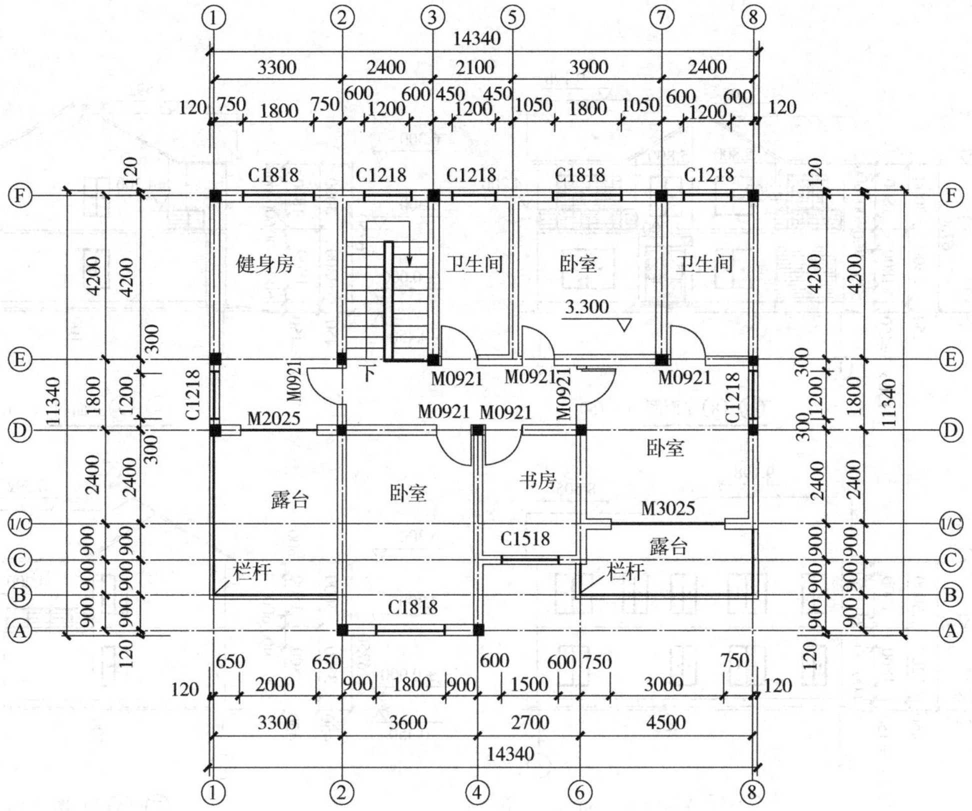

二层平面图 1 : 100

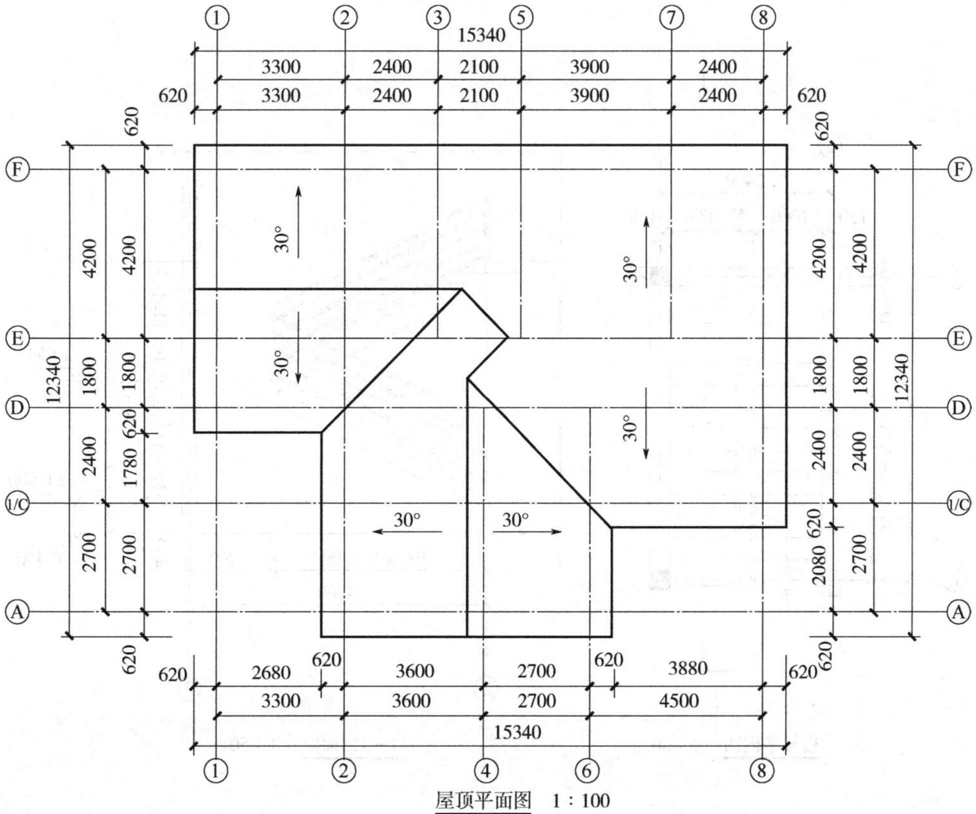

屋顶平面图 1 : 100

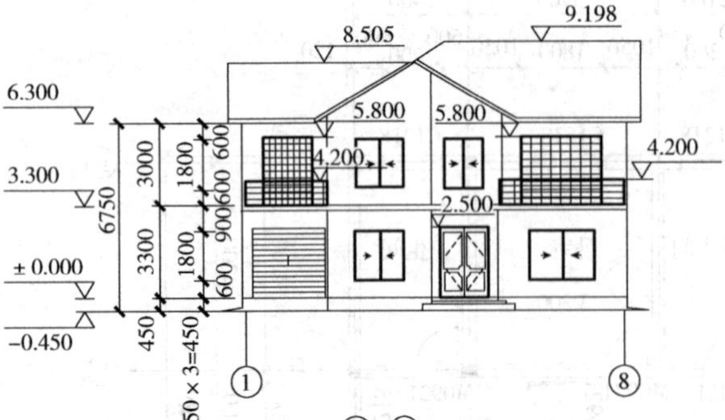

①~⑧立面图 1：150

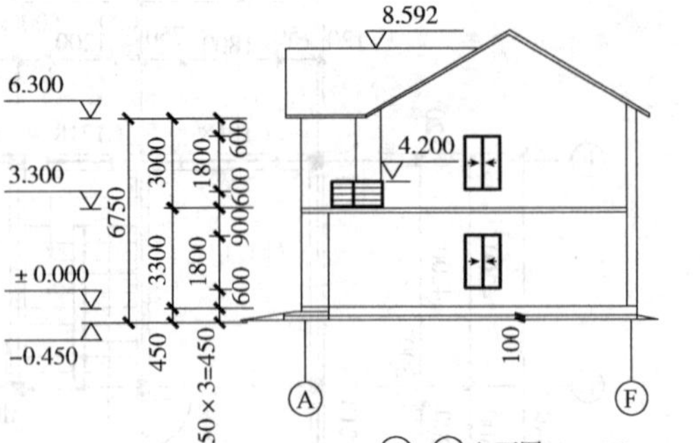

Ⓐ~Ⓕ立面图 1：150

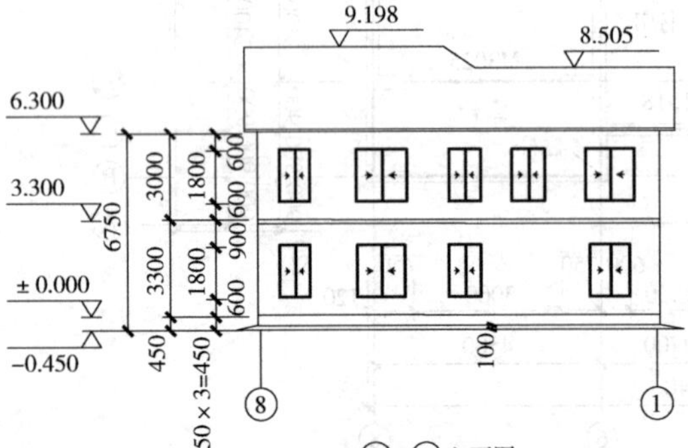

⑧~①立面图 1：150

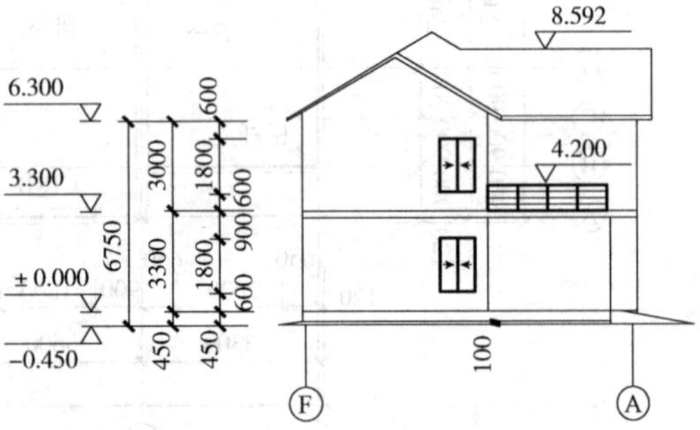

Ⓕ~Ⓐ立面图 1：150

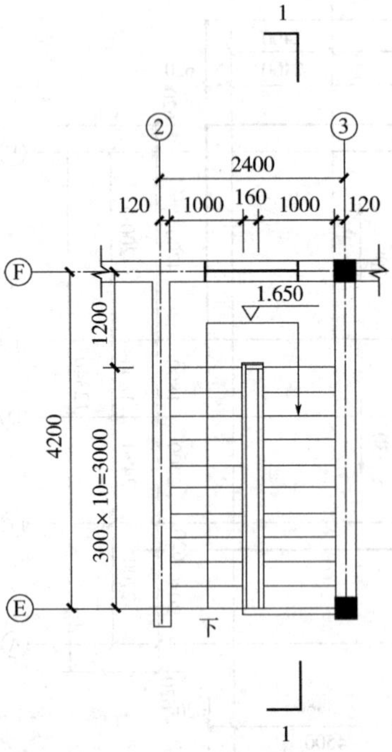

楼梯平面图 1：50

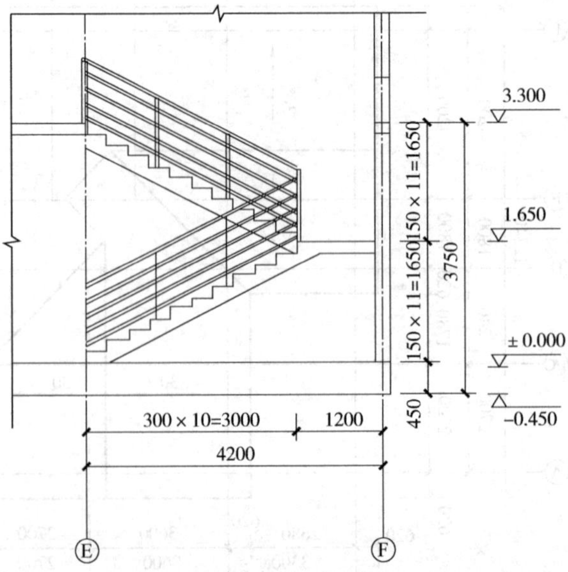

1—1剖面图 1：50

项目4 创建形状的基本方法——族

内容提要

1. 掌握基于公制常规模型族样板文件的常规构件创建方法。
2. 学习概念体量的含义、创建以及应用。

教学要求

知识要点	能力要求	相关知识
常规构件创建与编辑	(1) 了解族的基本概念 (2) 掌握构件创建的5种基本方法 (3) 应用基本创建方法进行一般模型创建	(1) 族的概念 (2) 拉伸、旋转、融合、放样、放样融合
概念体量的创建与应用	(1) 了解体量的基本概念 (2) 掌握体量创建的基本方法 (3) 能根据要求创建体量并进行基本应用	(1) 概念体量的基本概念 (2) 体量创建的基本方法以及与常规构件创建的区别

4.1 族的概念

Revit 软件中所操作的图元都是各种不同类别、不同类型的族的实例。在创建模型、操作视图、添加注释或是定义项目设置时，都是在和族打交道。

Revit 中包括 3 种类型的族，即系统族、可载入族和内建族，由于可载入族的高度可自定义的特性，且可以重复利用，因此是 Revit 中最经常创建和修改的族。表 4-1 是关于族的分类情况。

表 4-1 关于族的分类情况

族的分类	举例	说明
系统族	墙、楼板、顶棚、屋顶	系统族是在 Revit 中预定义的，用户不能将其从外部文件中载入到项目中，也不能将其保存到项目之外的位置
	风管、管道	
	能够影响项目环境且包含标高、轴网、图纸和视图类型的系统设置	

（续）

族的分类	举例	说明
可载入族	门、窗、橱柜、家具和植物	可载入族用于创建下列构件： ①安装在建筑内和建筑周围的建筑构件 ②安装在建筑内和建筑周围的系统构件 ③常规自定义的一些注释图元
	锅炉、热水器、卫浴等	
	符号和标题栏	
内建族	体量、停车场、卫浴装置、地形、家具、屋顶、常规模型等	内建族是创建当前项目专有的独特构件时所创建的独特图元

使用 Revit 创建族时，系统会要求选择一个与所要创建的图元类型相对应的族样板文件。该样板文件相当于一个构件块，其中包含在开始创建族时一些基本的设置信息。Revit 软件在族环境内为用户提供了两种完全不同的形状创建方式：第一种是用户根据形状的特点，在 5 个形状创建方法中做出选择，然后按照所选形状的规则绘制包括轮廓和路径的草图，完成创建；第二种是先由用户来绘制线条（或面），然后由软件根据当前选择的内容来自动判断可以生成的结果，如果软件所“猜测”的结果多于一个，会以缩略图的形式列出这些形状，供用户选择。因此，上述第二种方式更加灵活，难度也更大。

第一种方式的代表是使用“公制常规模型”族样板文件创建的可载入族；第二种方式的代表是使用“公制体量”族样板文件创建的可载入族。本教材的重点是族编辑器的使用，在本教材后继的学习中，只讨论部分内容，主要集中于使用公制常规模型和公制体量族样板文件进行形状的创建。

4.2 基于公制常规模型的形状创建

1）打开 Revit 软件，进入软件界面，如图 4-1 所示。

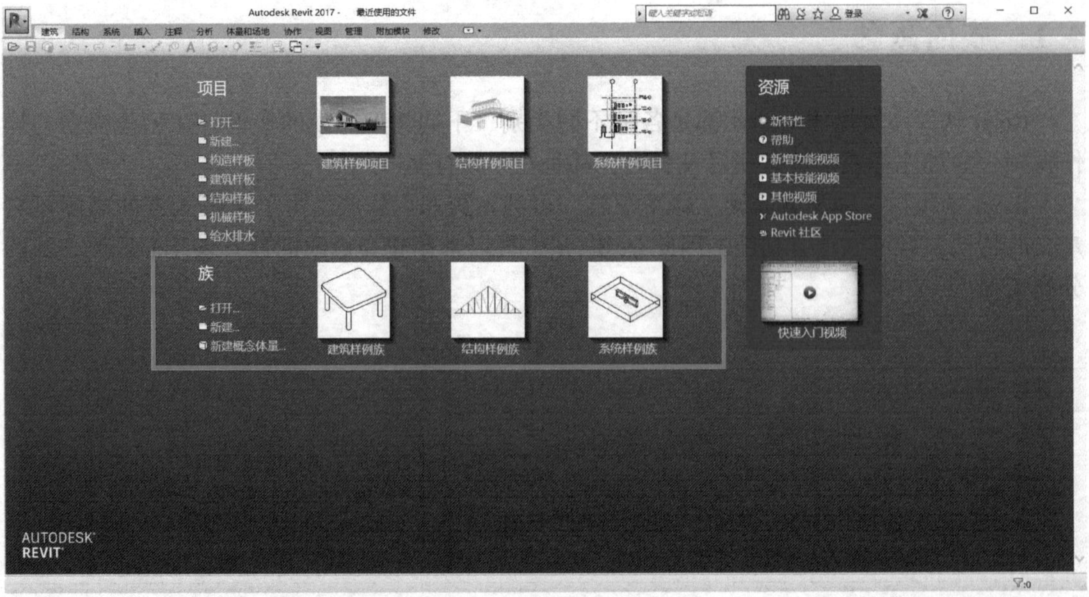

图 4-1　Revit 软件界面

2）在软件界面上，单击族下方的“新建”，进入如图 4-2 所示界面选择样板文件，选择公制常规模型族样本文件，进入构件创建界面，如图 4-3 所示。

图 4-2 选择样板文件

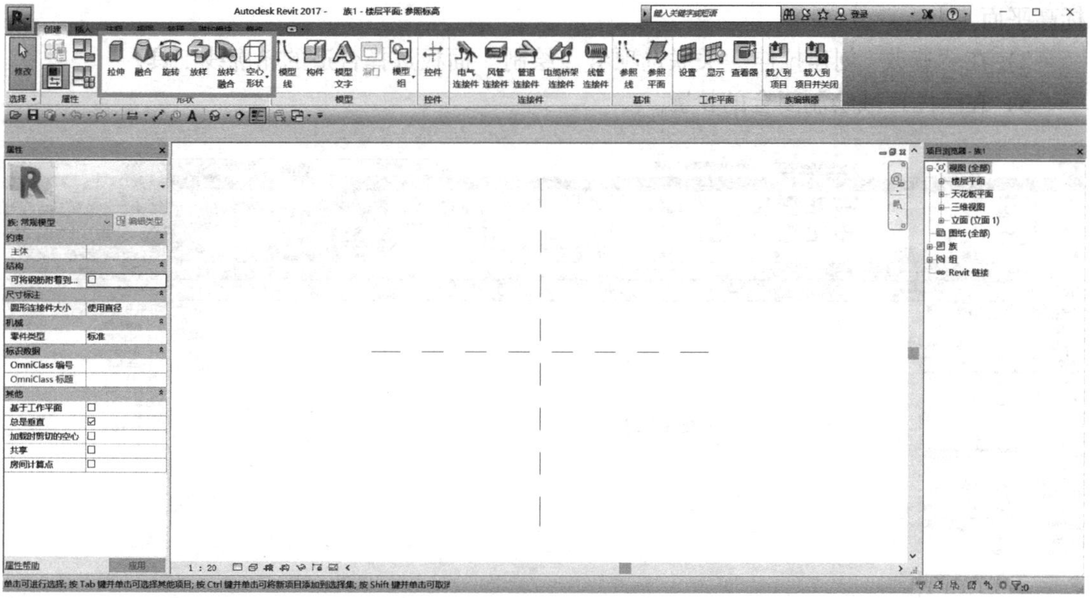

图 4-3 构件创建界面

基于公制常规模型的族样板文件，共有 5 种不同的创建形状的方法，分别是拉伸、融合、旋转、放样、放样融合。这 5 种方法都有对应的空心形状与实心形状，空心形状的主要作用是减去实体形状的一部分，创建方法完全相同，如图 4-4 所示。

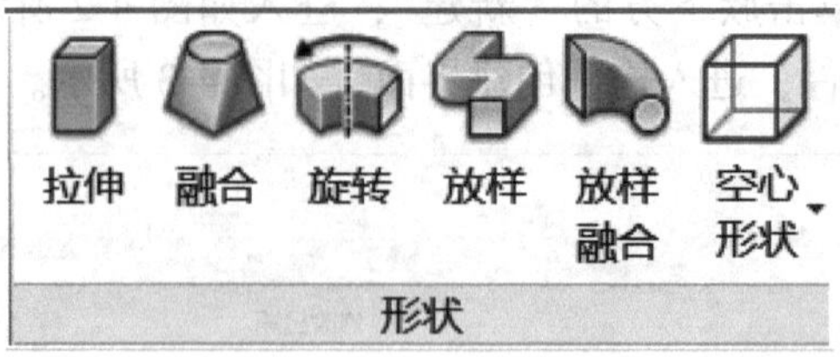

图 4-4 创建形状的方法

4.2.1 拉伸

拉伸是指将基于工作平面的二维闭合轮廓，沿着其法线方向进行延伸，形成三维形状的方法。拉伸操作需要三个输入：工作平面；基于该工作平面上的二维轮廓（必须闭合）；拉伸的长度（可以通过拉伸起点与拉伸终点进行设置）。图 4-5 所示为拉伸主工作界面。

拉伸

根据给定尺寸，通过拉伸操作，创建混凝土空心砖模型，如图 4-6 所示。

分析：该模型在平面图中，外侧轮廓是一个 390mm×190mm 的矩形，中间是两个 150mm×130mm 的空心矩形，四个角进行了圆弧处理，从主视图或者侧视图中，得到模型的高度为 190mm。具体绘制过程如下：

1）在族编辑器界面，单击“创建”选项卡“形状”面板里面的“拉伸”按钮，选择“拉伸”命令，在“项目浏览器”中双击“参照标高”平面，一般主工作平面默认为参照标高平面。

2）在“修改 | 创建拉伸”关联选项卡“绘制”面板选择合适的轮廓线工具。

3）在绘图区域绘制闭合的轮廓。

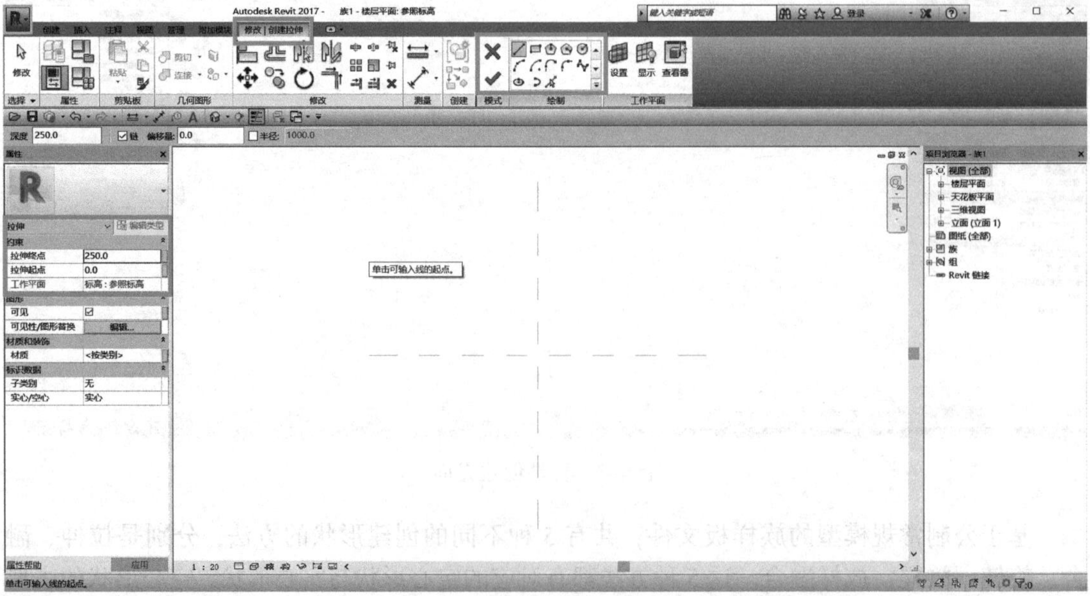

图 4-5 拉伸主工作界面

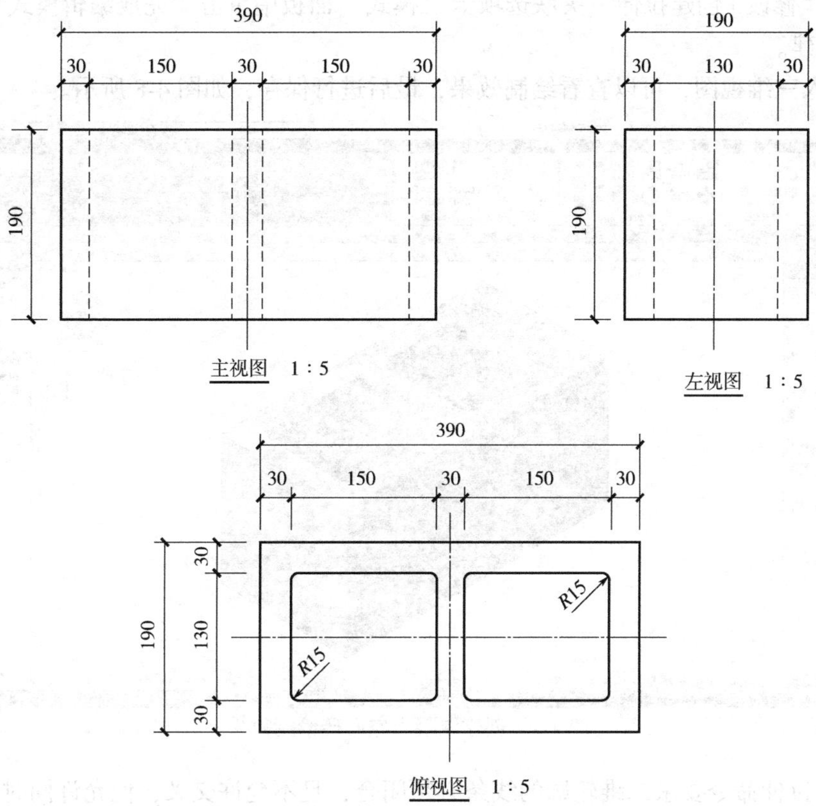

图 4-6　创建混凝土空心砖模型

4）在“属性”面板中设置拉伸的“起点”为“0”，“终点”为“190”，如图 4-7 所示。

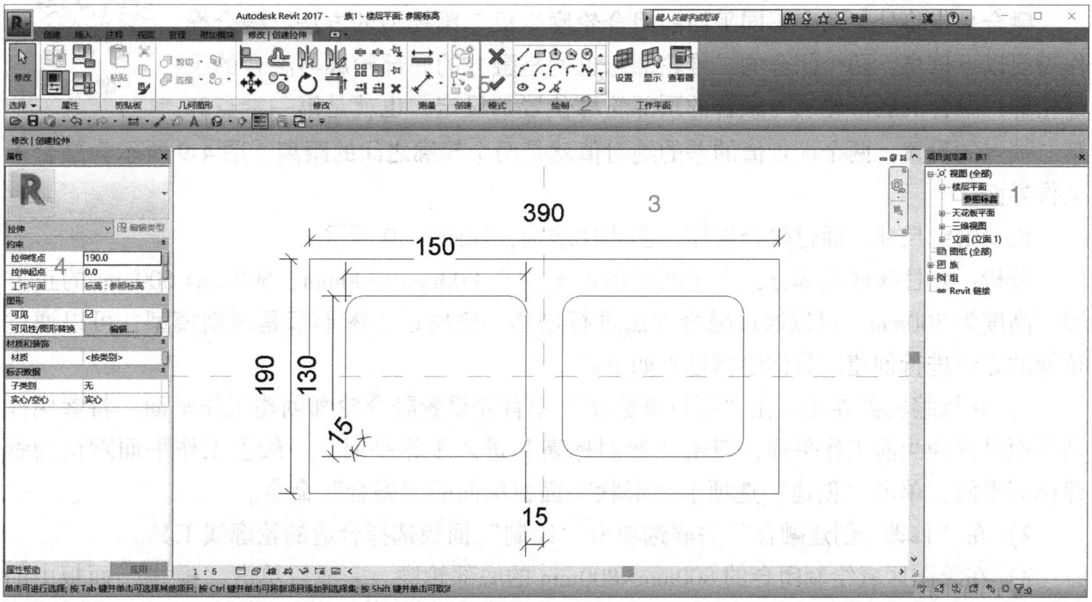

图 4-7　创建混凝土空心砖属性

5）在“修改 | 创建拉伸”关联选项卡“模式”面板中单击“完成编辑模式”按钮，完成模型的创建。

6）进入三维视图，可以查看绘制效果，最后进行保存，如图 4-8 所示。

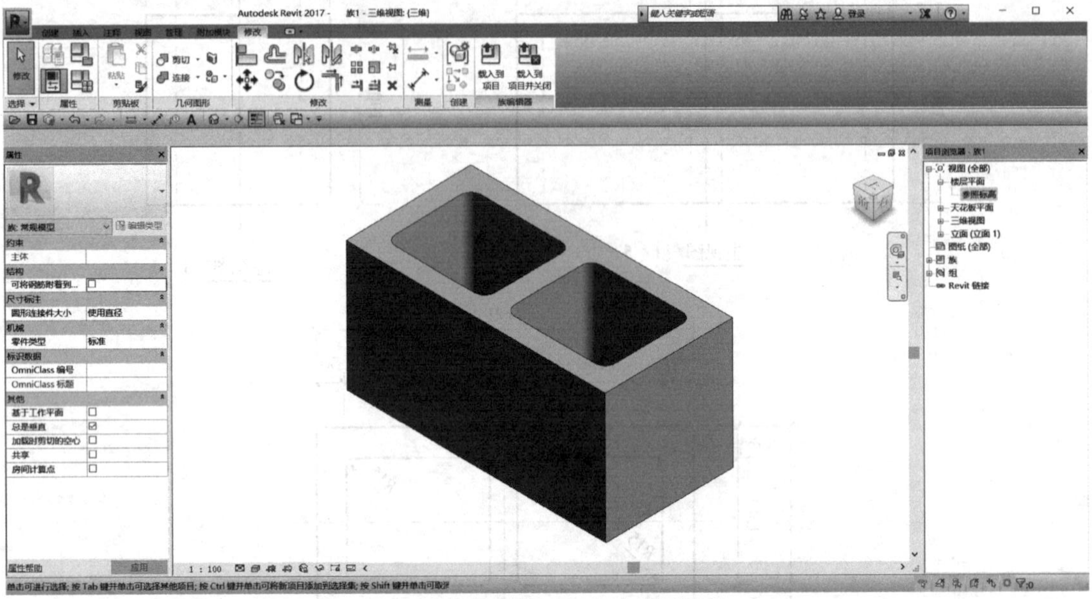

图 4-8　创建混凝土空心砖绘制效果

注意：拉伸命令要求二维轮廓的线条必须闭合，且不允许交叉，但允许同时存在多个不相交的闭合轮廓。当存在多个不相交的轮廓时，如这些轮廓彼此分离，则创建多个拉伸模型，如这些轮廓以包含形式存在，则被包含的轮廓以空心、实心的模式循环创建。

4. 2. 2　融合

融合

融合是指将处于两个不同平面的闭合轮廓生成三维模型的方法。融合操作需要以下信息：两个闭合的二维轮廓，也就是融合的底部轮廓与融合的顶部轮廓；融合的底部轮廓与融合的顶部轮廓位置的设定，也就是第一端点和第二端点的设置，两个端点值的差的绝对值就是两个轮廓之间的距离。图 4-9 所示为融合主工作界面。

根据给定尺寸，通过融合操作，创建柱结构，如图 4-10 所示。

分析：该柱体底座部分，上下两个图形分别是 800mm×800mm、600mm×600mm 的正方形，高度为 300mm，可以通过融合方法进行创建，底座以上图形都是规则模型，可以通过拉伸的方法进行创建。具体绘制过程如下：

1）在族编辑器界面，在“项目浏览器”中首先设置融合轮廓创建工作平面，将参照标高平面设置为当前工作平面，双击“参照标高”进入工作平面，一般主工作平面默认为参照标高平面，单击“创建”选项卡“形状”面板里面的“融合”命令。

2）在“修改 | 创建融合”关联选项卡“绘制”面板选择合适的轮廓线工具。

3）在绘图区域绘制闭合的 800mm×800mm 的底部轮廓，完成后单击“模式”面板中的“编辑顶部”命令，在绘图区绘制闭合的 600mm×600mm 的顶部轮廓。

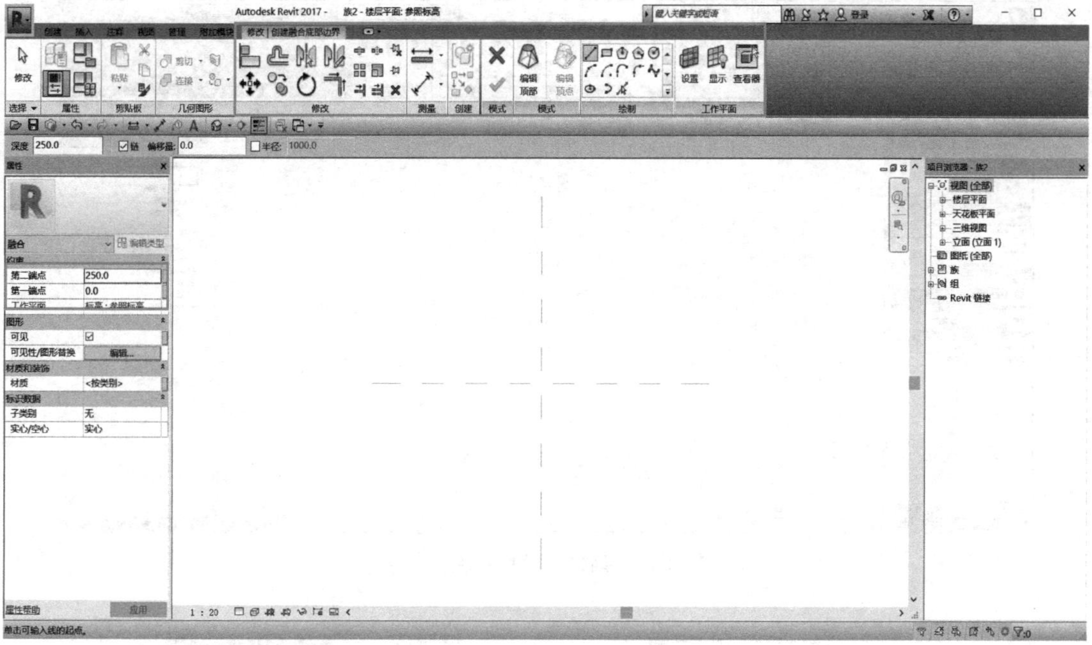

图 4-9 融合主工作界面

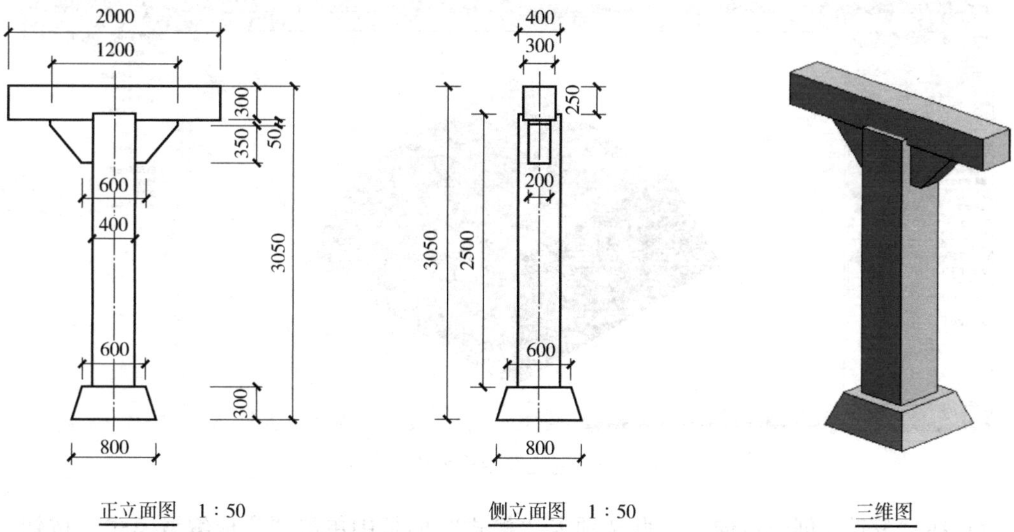

图 4-10 创建柱结构

4）在“属性”面板中设置融合约束的“第一端点”为“0”，“第二端点”为“300”，如图 4-11 所示。

5）在“修改 | 创建拉伸”关联选项卡“模式”面板中单击“完成编辑模式”按钮，完成底座模型的创建，如图 4-12 所示。

6）双击“参照标高”，进入参照标高工作平面，单击“创建”选项卡“形状”面板里面的“拉伸”命令，创建主柱体，轮廓为 400mm×400mm 的正方形，设置拉伸的“起点”为“300”，拉伸的“终点”为“2800”，拉伸的长度 = 拉伸终点 − 拉伸起点 = “2500”。

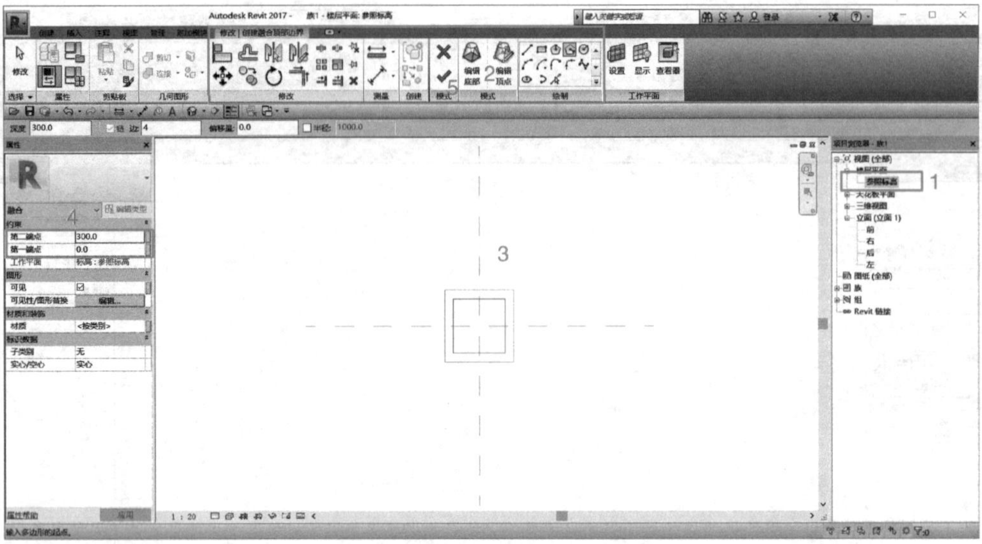

图 4-11　创建柱结构解析（一）

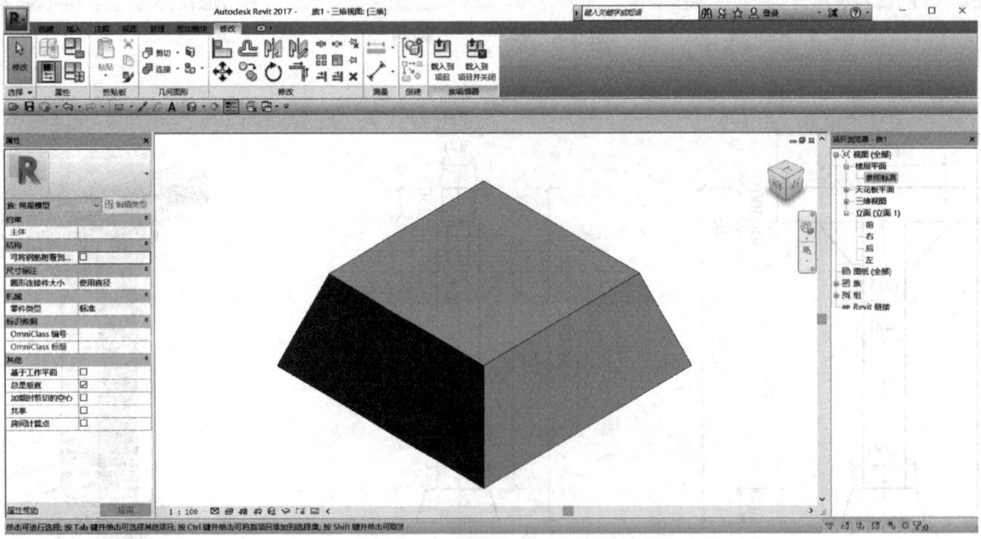

图 4-12　创建柱结构解析（二）

7）在“修改 | 创建拉伸”关联选项卡“模式”面板中单击“完成编辑模式”按钮，完成主柱体模型的创建。

8）在“项目浏览器”中双击立面“前”，进入前立面工作平面，同样以拉伸的方式绘制顶部横梁与两侧的支架。其中，设置顶部横梁的拉伸“起点”为“-150”，拉伸“终点”为“150”，拉伸的长度 = 拉伸终点 - 拉伸起点 = “300”，设置支架的拉伸“起点”为“-100”，拉伸“终点”为“100”，拉伸的长度=拉伸终点-拉伸起点= “200”，完成拉伸创建。在“修改”关联选项卡“几何图形”面板单击“连接”按钮，对创建的所有模型进行连接，完成最终全部模型创建。

9）进入三维视图，可以查看绘制效果，最后进行保存，如图 4-13 所示。

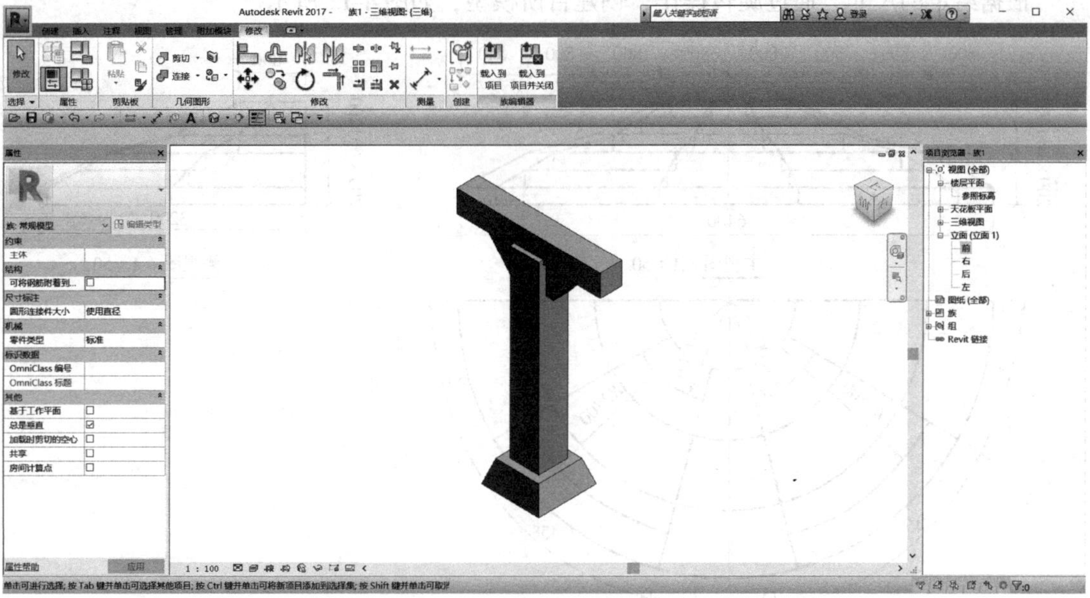

图 4-13 创建柱结构绘制效果

4.2.3 旋转

旋转是指在同一工作平面中，一个或多个不相交的闭合二维轮廓，绕轴线旋转一定的角度，形成三维模型的方法。旋转操作需要以下信息：工作平面；闭合的二维轮廓，可以是同一平面上多个不相交的轮廓；设置旋转轴线；旋转的角度，即旋转的起始角度与结束角度之差。图 4-14 所示为旋转主工作界面。

旋转

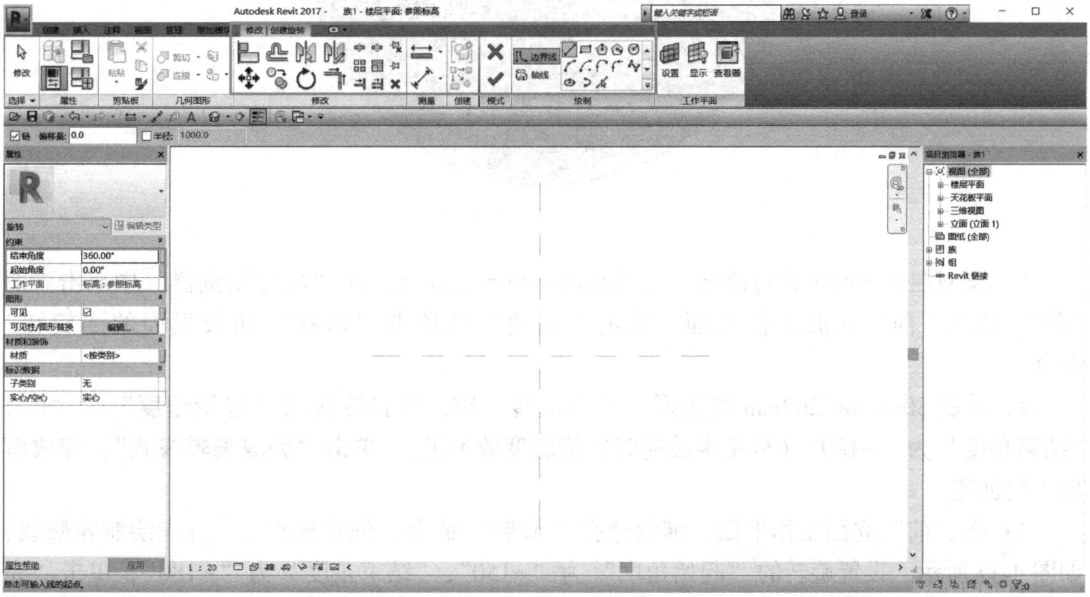

图 4-14 旋转主工作界面

根据给定的尺寸，通过旋转操作，创建台阶模型，如图 4-15 所示。

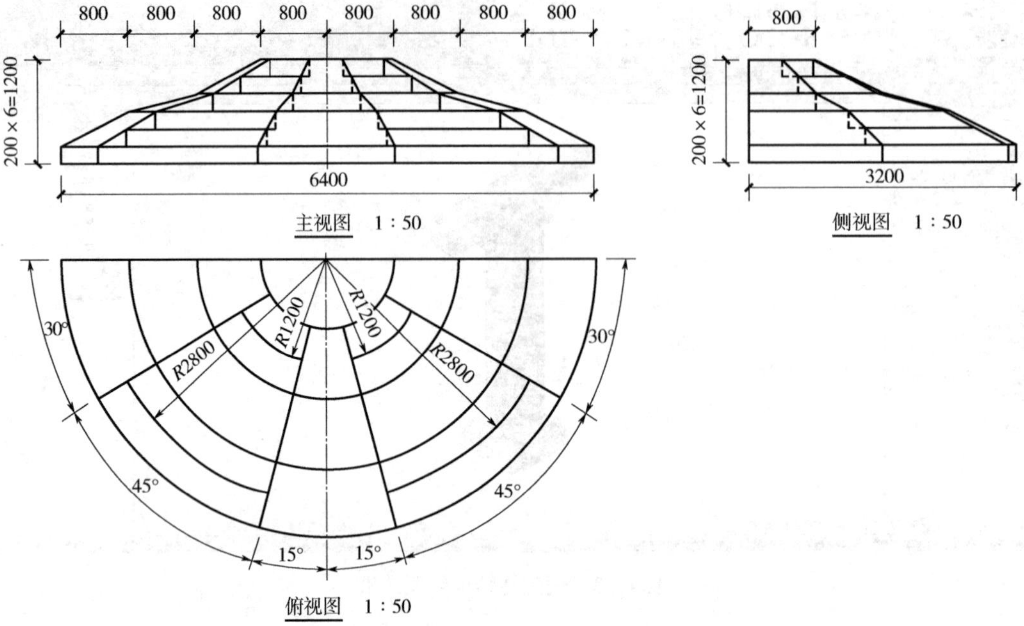

图 4-15 创建台阶模型

分析：通过俯视图可以看出，该台阶模型结构可以分成三个模型，如图 4-16 所示，对于模型 1，可以通过拉伸方法，也可以通过旋转方法进行创建，这里对三个模型通过旋转方法，设置不同旋转度数分别进行创建。具体绘制过程如下：

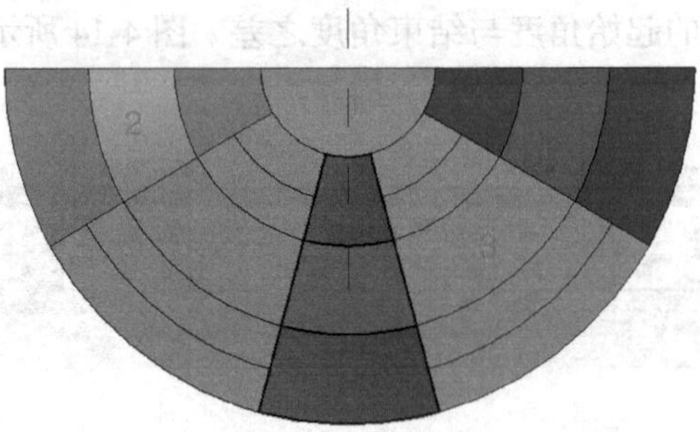

图 4-16 创建台阶解析（一）

1）模型在水平面中进行旋转，旋转轴应该设置在立面，在“项目浏览器”中双击立面“前”，进入“前”立面工作平面，单击“创建”选项卡“形状”面板里面的“旋转”命令。

2）绘制 800mm×1200mm 的矩形，作为旋转轮廓，设置旋转的“起始角度”为“0”，“结束角度”为“-180”（从正半轴逆时针旋转度数为正），单击“完成编辑模式”，完成模型 1 的创建。

3）在“前”立面工作平面，继续选择“旋转”命令，创建模型 2，首先绘制轮廓线，如图 4-17 所示，设置旋转的“起始角度”为“-150”，“结束角度”为“-180”，单击“完成编辑模式”，完成模型 2 的创建。

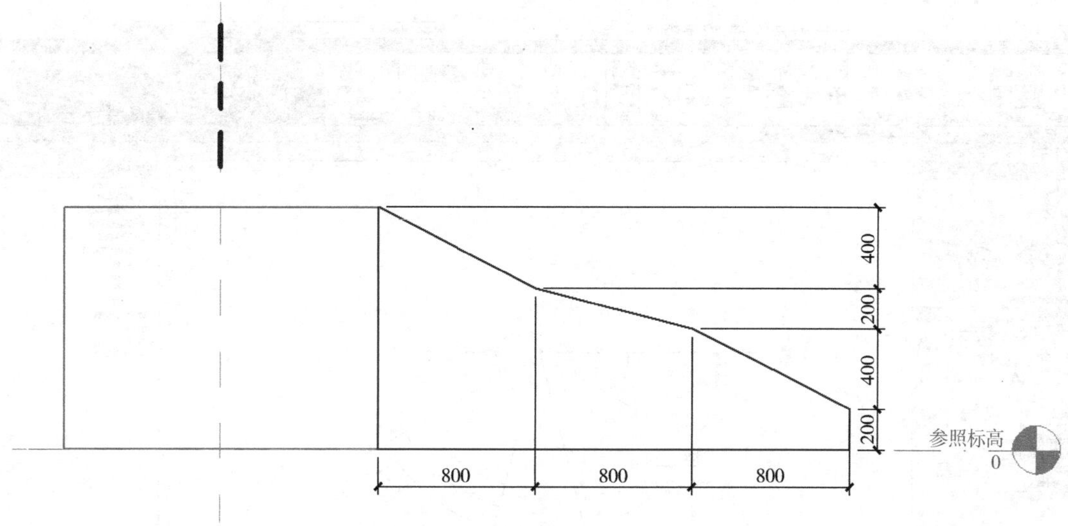

图 4-17 创建台阶解析（二）

4）在“前”立面工作平面，继续选择“旋转”命令，创建模型 3，绘制轮廓线，如图 4-18 所示，设置旋转的“起始角度”为“-30”，“结束角度”为“-75”，单击“完成编辑模式”，完成模型 3 的创建。

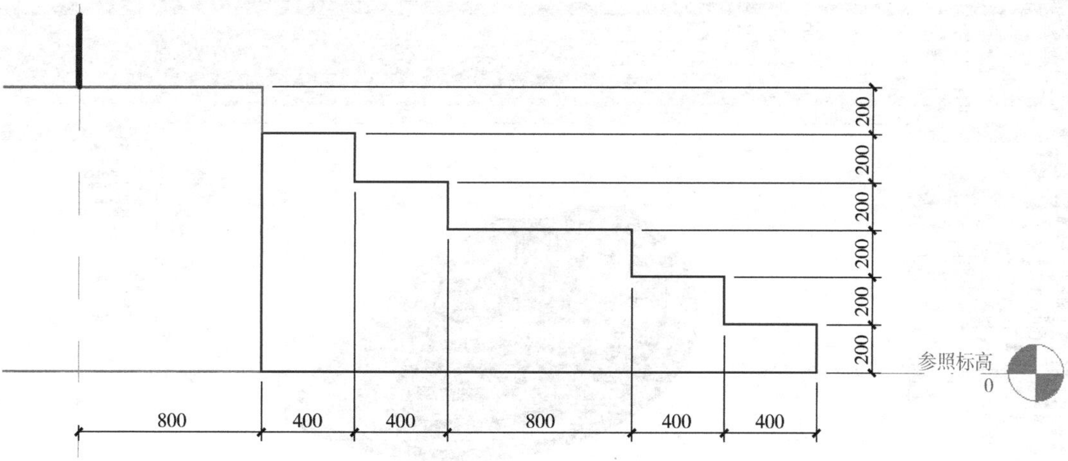

图 4-18 创建台阶解析（三）

5）双击“参照标高”，进入参照标高工作平面，通过“修改”选项卡下的“旋转”（图 4-19、图 4-20），复制完成整体模型创建，如图 4-21 所示。

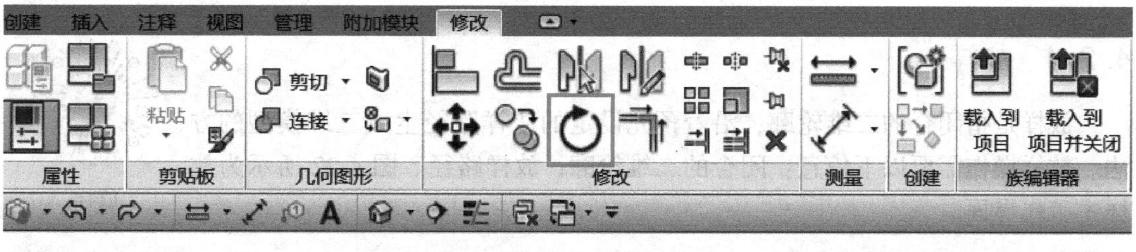

图 4-19 创建台阶解析（四）

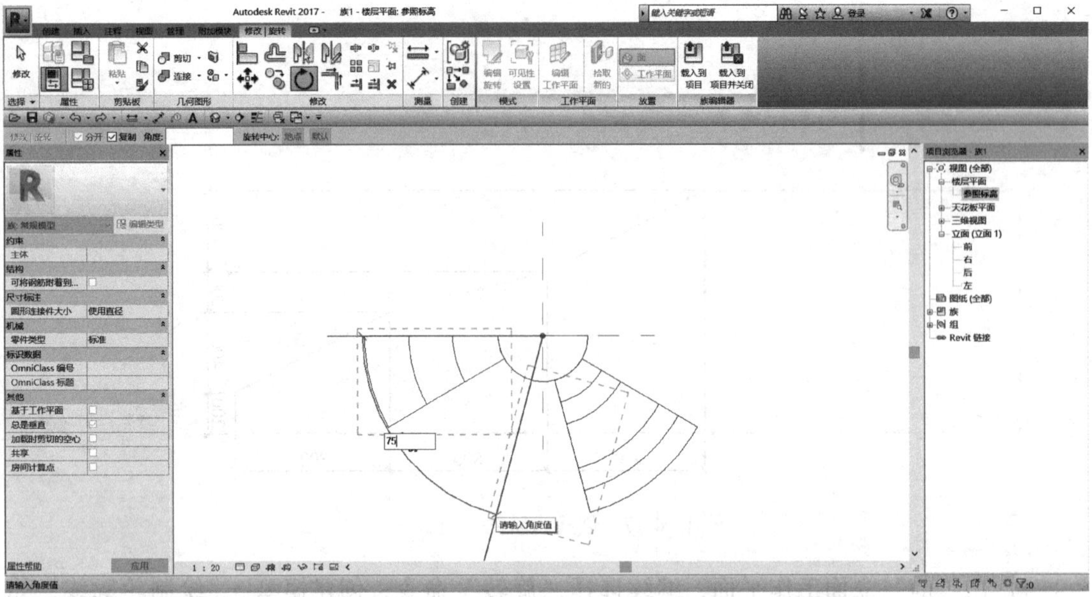

图 4-20 创建台阶解析（五）

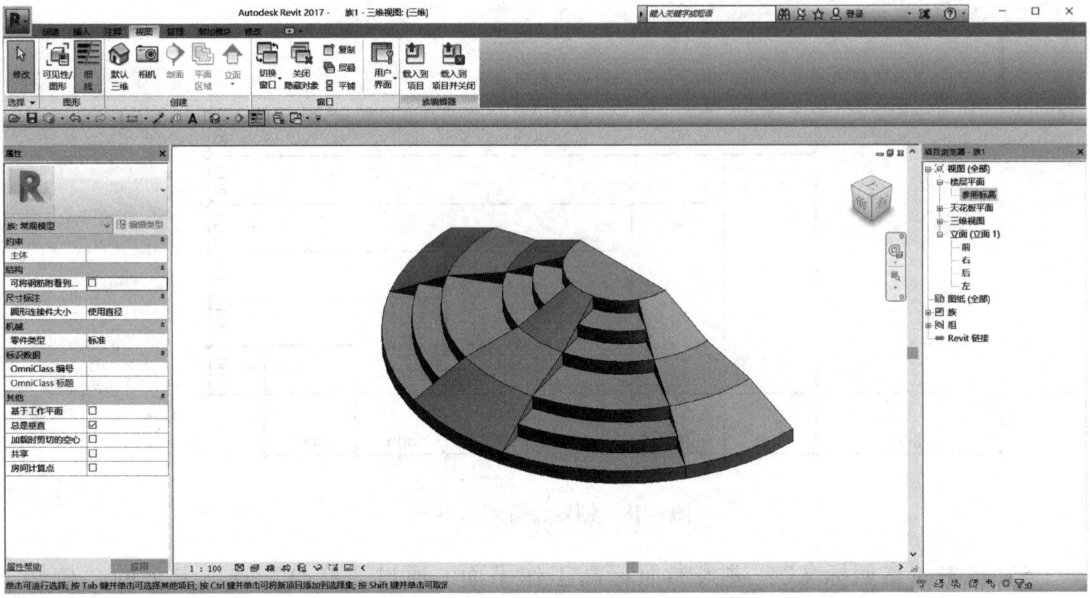

图 4-21 创建台阶绘制效果

4.2.4 放样

放样是指闭合的二维轮廓，沿着预先设定的放样路径生成三维模型的方法。放样操作需要以下信息：闭合的二维轮廓；放样路径。图 4-22 所示为放样主工作界面。

放样

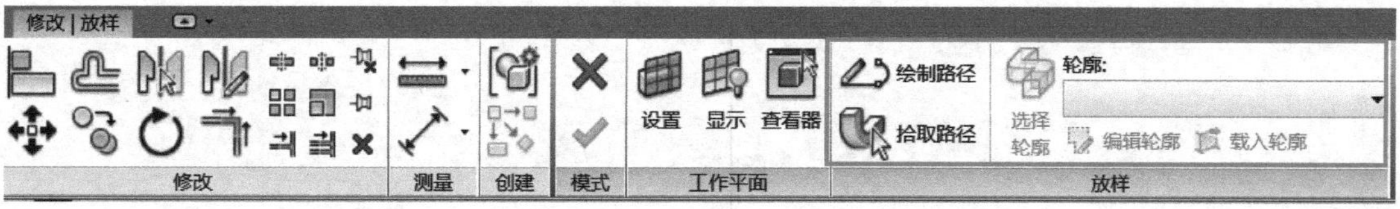

图 4-22　放样主工作界面

根据给定的数据，通过放样操作，创建直角支吊架模型，如图 4-23 所示。

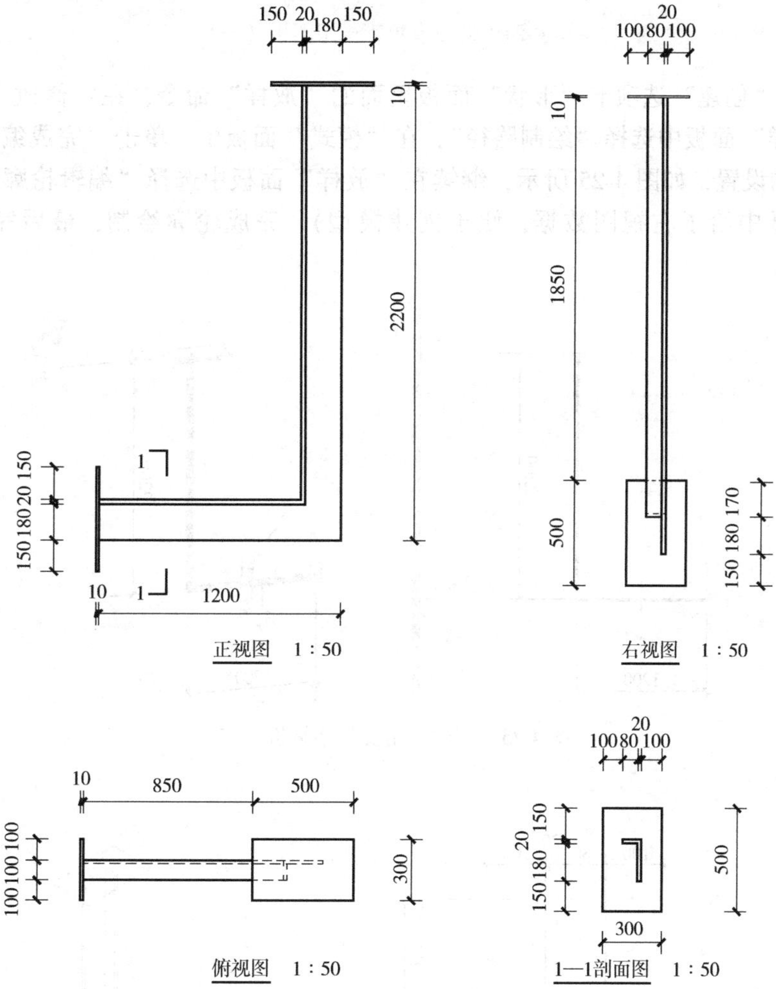

图 4-23　创建直角支吊架模型

分析：该直角支吊架可以分为两个模型创建，在正视图中，顶部与左侧的模型可以通过拉伸进行创建，L 形的模型可以通过放样进行创建，具体创建过程如下：

1）在“前”立面视图，通过“拉伸”方法创建顶部和左侧模型，拉伸的轮廓为 500mm×10mm 的长方形，拉伸的长度为 300mm，为了使模型居中，设置拉伸的“起点”为“-150”，“终点”为“150”，完成拉伸模型创建，如图 4-24 所示。

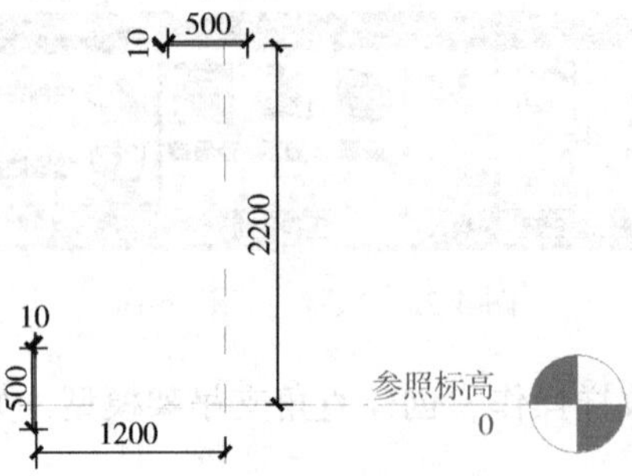

图 4-24 创建直角支吊架解析（一）

2）单击“创建”选项卡“形状”面板里面的“放样”命令，在“修改 | 放样”关联选项卡“放样”面板中选择“绘制路径”，在“模式”面板中，单击“完成编辑模式”，完成放样路径的设置，如图 4-25 所示，继续在“放样”面板中选择“编辑轮廓”，选择右视图模式（图纸中给了右视图数据，便于创建模型），完成轮廓绘制，最后完成放样，如图 4-26 所示。

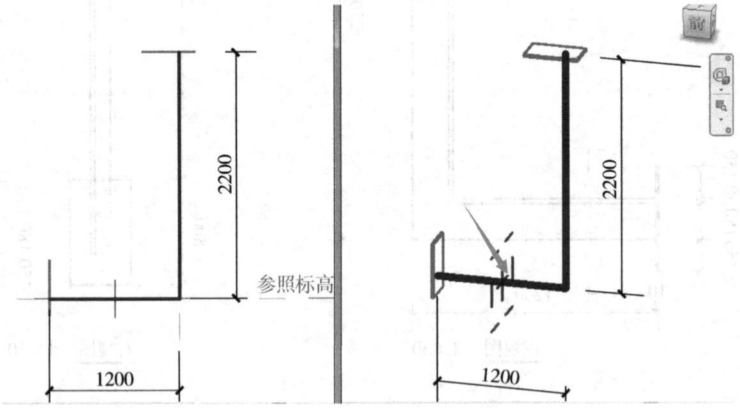

图 4-25 创建直角支吊架解析（二）

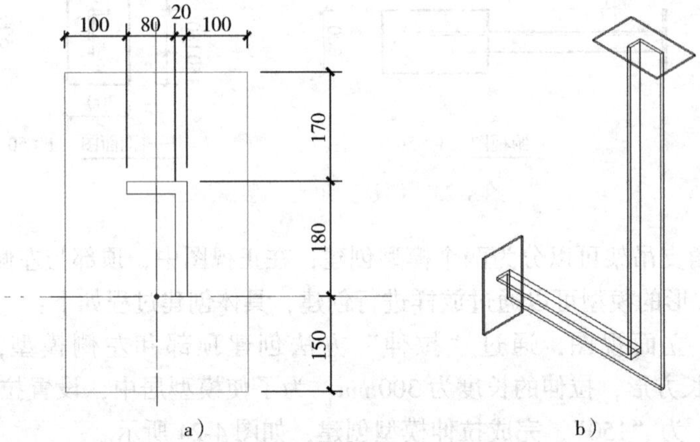

图 4-26 右视图数据和创建直角支吊架绘制效果

4.2.5 放样融合

放样融合是指结合了放样与融合两种方法的特点，两个不同平面的闭合二维轮廓，沿着预先设定的放样路径生成三维模型的方法。放样融合操作需要以下信息：两个闭合的二维轮廓；设定的放样路径。如图 4-27 所示为放样融合主工作界面。

放样融合

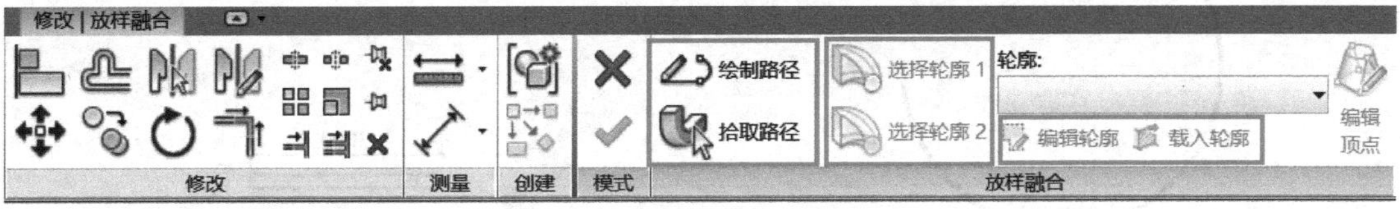

图 4-27 放样融合主工作界面

通过放样融合操作，根据如图 4-28 和图 4-29 所示数据创建模型。

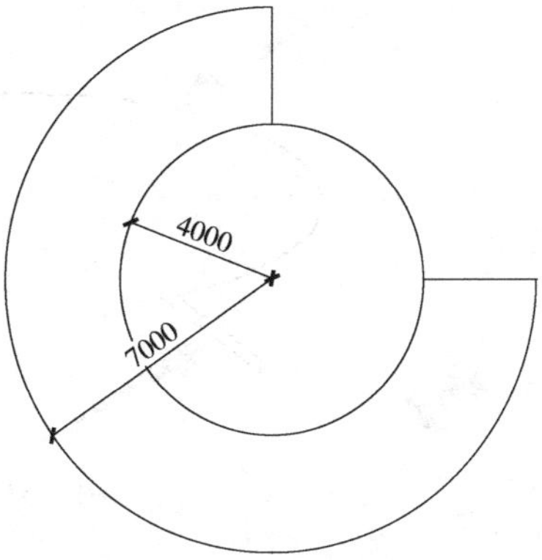

图 4-28 放样融合图示（一）

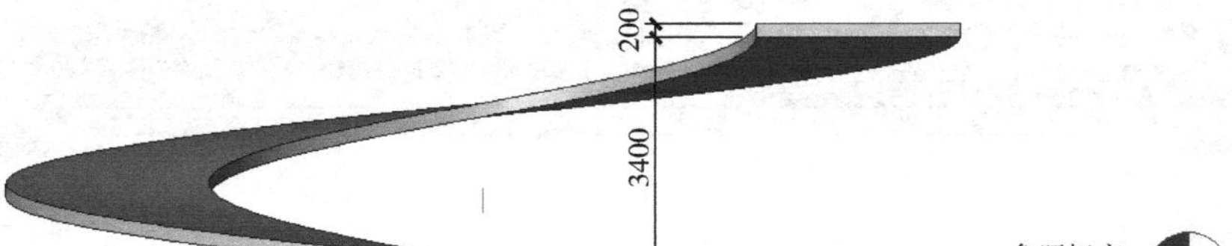

图 4-29 放样融合图示（二）

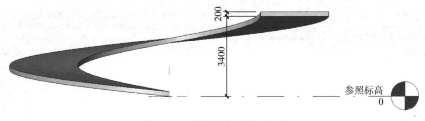

分析：放样路径是一个弧度为 270°、半径为 4000mm 的弧形，两个融合轮廓相同（一般情况下，两个轮廓可以不一样），均为 3000mm×200mm 的矩形，但是处于不同的工作平面中，具体创建过程如下：

1）在参照标高平面，通过“修改 | 放样融合”选项卡下的“放样融合”面板，选择“绘制路径”命令，进入“修改 | 放样融合>绘制路径”选项卡，选择“绘制”面板下的“起点-终点-半径弧”命令，绘制放样融合的放样路径，如图 4-30 所示，完成路径编辑。

2）在“放样融合”面板单击“选择轮廓 1”，激活“编辑轮廓”按钮，单击“编辑轮廓”，进入“前”立面视图，绘制轮廓如图 4-31 所示，完成轮廓 1 绘制。

3）单击“选择轮廓 2”，单击“编辑轮廓”，进入“右”立面视图，绘制轮廓如图 4-32 和图 4-33 所示，最终完成放样融合，如图 4-34 所示。

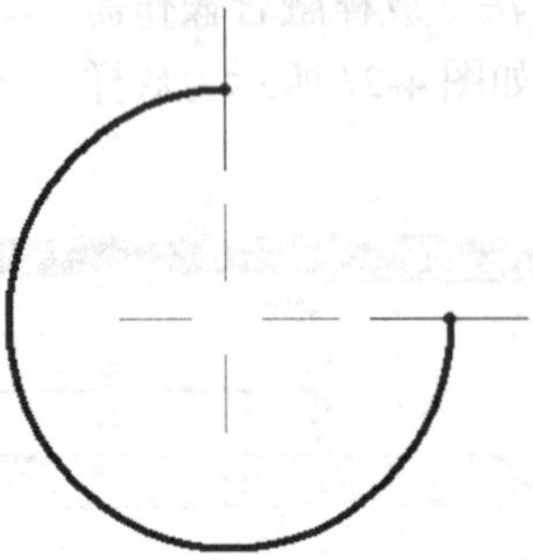

图 4-30　放样融合解析（一）

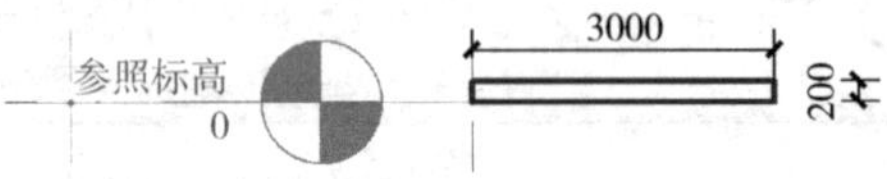

图 4-31　放样融合解析（二）

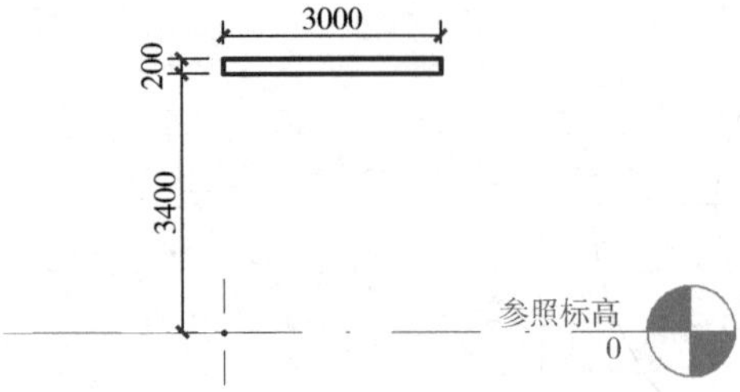

图 4-32　放样融合解析（三）

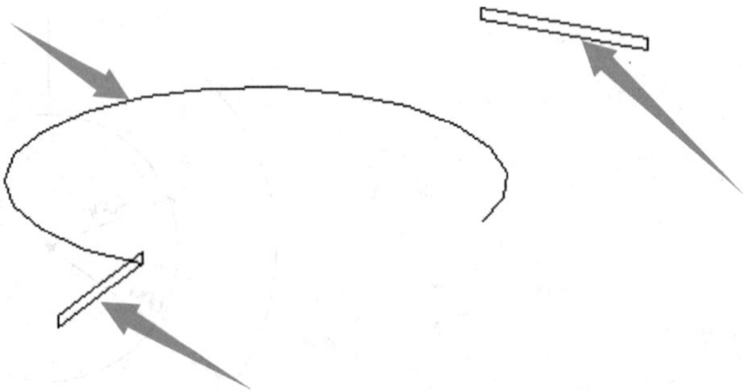

图 4-33　放样融合解析（四）

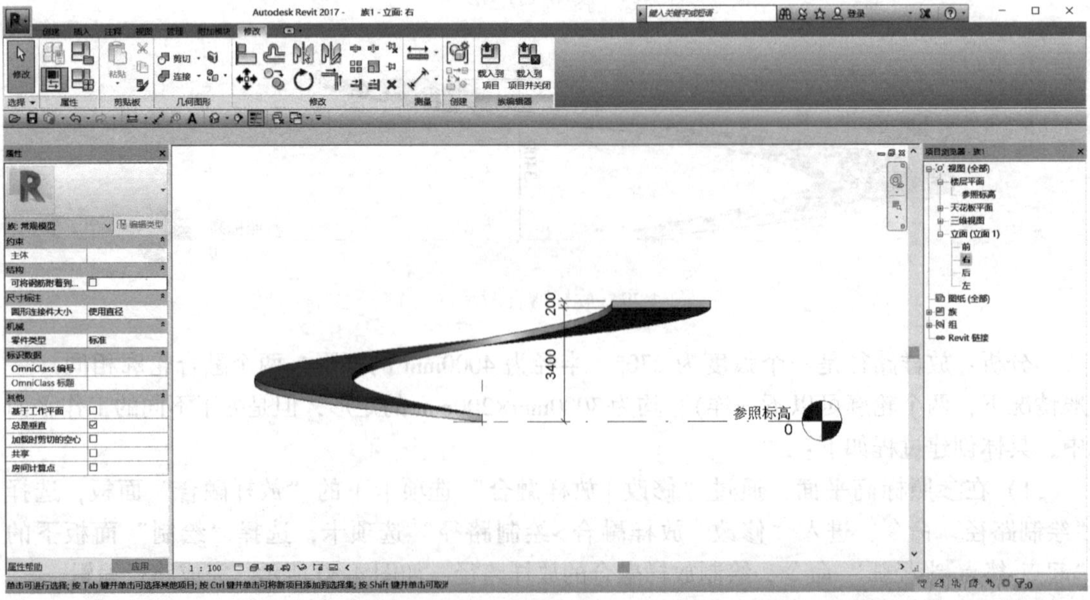

图 4-34　放样融合绘制效果

4.2.6　空心形状

空心形状的创建方法与创建实心形状方法完全相同，本书不再赘述。

思考与练习

根据图 4-35 给定的尺寸，创建桩基模型，整体材质为“混凝土”，请将模型以“桩基+姓名”保存至本题文件夹中。

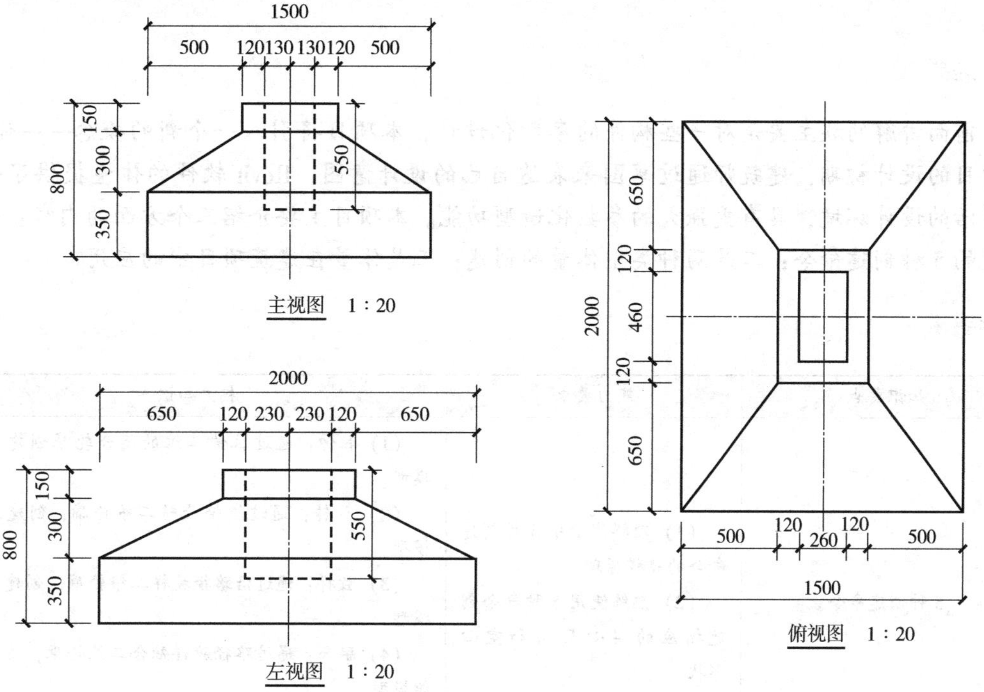

图 4-35　创建桩基模型

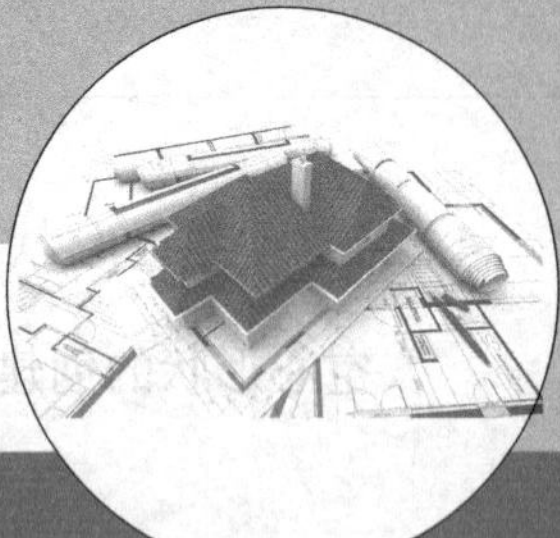

项目5 体量创建

内容提要

前面讲解的族主要是对一些构件的参数化设计，本项目将引入一个新的概念——体量。在项目的设计初期，建筑师通过草图来表达自己的设计意图，Revit 软件的体量提供了一个更灵活的设计环境，具有更强大的参数化造型功能。本项目主要介绍三个方面的内容：一是体量的 5 种创建命令；二是两种类型体量的创建；三是体量在建筑项目中的应用。

教学要求

知识要点	能力要求	相关知识
5 种创建命令	(1) 理解体量中 5 种创建命令的建模原理 (2) 熟练使用 5 种命令创建相应的实心形状和空心形状	(1) 拉伸：通过拉伸二维的闭合轮廓创建三维模型 (2) 旋转：通过绕轴旋转二维轮廓，创建三维模型 (3) 放样：通过沿路径放样二维轮廓，创建三维模型 (4) 融合：通过路径放样融合二维轮廓，创建三维模型 (5) 表面：通过选择开放模型线或参照线，再拉伸、旋转、放样、融合可创建表面模型
两种类型体量创建	(1) 明白参照线、参照点、模型线的作用 (2) 能利用模型线、参照线、参照点、平面创建实心形状和空心形状 (3) 掌握常用的表面处理方法：UV 网格分割和通过相交分割	(1) 参照线用于几何图形定位和参数化 (2) 参照点是一个空间点，提供了三个参照平面 (3) 模型线创建的线为三维线，在各视图以及三维视图中均可见 (4) UV 网格可以为网格距离或分割数关联一个参数控制参变 (5) 相交分割表面可通过标高、参照平面以及平面上的线生成分割形式
内建、外建体量	(1) 能分别使用内建体量和外建体量 (2) 能理解内建体量和外建体量的区别和适用情况 (3) 能理解外建体量和可载入族的区别和适用情况	(1) 内建体量在项目中创建，而外建体量需要基于概念体量样板来创建 (2) 外建体量和可载入族的不同主要体现在创建形状的方式、默认参数以及模型的复杂程度等方面

（续）

知识要点	能力要求	相关知识
建筑体量创建	（1）能创建体量楼层、面墙、幕墙系统以及面屋顶 （2）会查看体量的总面积、总体积、总楼层面积 （3）能对体量楼层、墙体、洞口、天窗等构件创建明细表	（1）基于标高将体量模型拆分为若干楼层，并基于楼层创建楼板 （2）体量的面墙可以创建异形墙体 （3）通过幕墙系统能快速生成幕墙布局，创建方法与面楼板相似 （4）面屋顶工具可基于体量形状快速创建屋顶或玻璃斜窗 （5）载入项目中的体量会自动计算体积、面积等参数

5.1　5种体量创建命令

5.1.1　体量创建概述

和构件族一样，Revit软件的体量形状建模也有实心形状和空心形状两种类型，不同的是体量形状没有对应的“拉伸”“融合”“旋转”“放样”和“放样融合”等命令。创建体量形状模型的结果完全取决于所选择的模型线、参照线等图元，不同的图元其结果不同。

虽然体量创建环境没有“拉伸”“融合”“旋转”“放样”和“放样融合”这些命令，但体量形状模型依然可分为5种形状：拉伸、旋转、扫描、放样、表面。

5.1.2　5种体量创建命令具体操作

（1）拉伸

建模原理：在工作平面中绘制封闭轮廓，在垂直方向拉伸该轮廓至一定高度后创建柱状形状。步骤如下：

1）在“创建”选项卡“绘制”面板，选择一个绘图工具。

2）单击绘图区域，然后绘制一个闭合环。

3）选择闭环（只有一个闭合环时，默认为选中）。

4）单击“修改 | 线”选项卡“形状”面板下（创建形状），将创建一个实心形状拉伸，如图5-1所示。

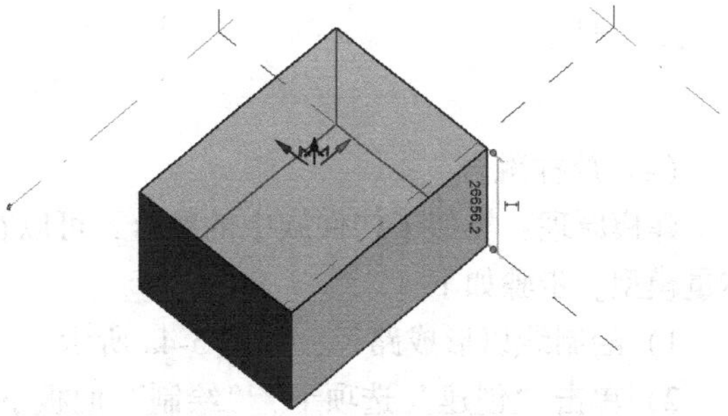

图5-1　创建拉伸体量

需要注意的是，体量形状模型不能通过设置“图元属性”的“拉伸起点”“拉伸终点”参数来调整拉伸高度。

（2）旋转

建模原理：在同一个工作平面中绘制封闭轮廓线和旋转轴，轮廓绕轴旋转一定角度后创建形状。步骤如下：

1）在某个工作平面上绘制一条线，在

同一工作平面上邻近该线绘制一个闭合轮廓，如图 5-2a 所示。

2）选择线和闭合轮廓，如图 5-2b 所示。

3）单击“修改 | 线”选项卡“形状”面板下 （创建形状），如图 5-2c 所示。

需要注意的是，可以使用未构成闭合环的线来创建表面旋转。

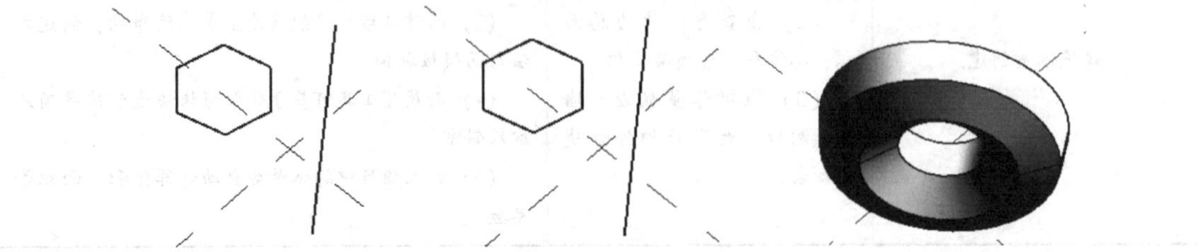

a） b） c）

图 5-2 创建旋转体量

（3）放样

建模原理：先绘制放样路径，再在和路径垂直的工作平面中绘制封闭轮廓线，轮廓沿路径扫描后创建形状。步骤如下：

1）绘制一条或一系列连在一起的（模型）线来构成路径，如图 5-3a 所示。

2）单击“创建”选项卡“工作平面”面板下 （设置），选择线端点作为工作平面，如图 5-3b 所示；或单击“创建“选项卡“绘制”面板下 ●（点图元），然后沿路径单击以放置参照点，选择参照点，工作平面将显示出来。

3）在工作平面上绘制一个闭合轮廓，如图 5-3c 所示。

4）选择线和轮廓。

5）单击“修改 | 线”选项卡“形状”面板下 （创建形状），沿路径放样，如图 5-3d 所示。

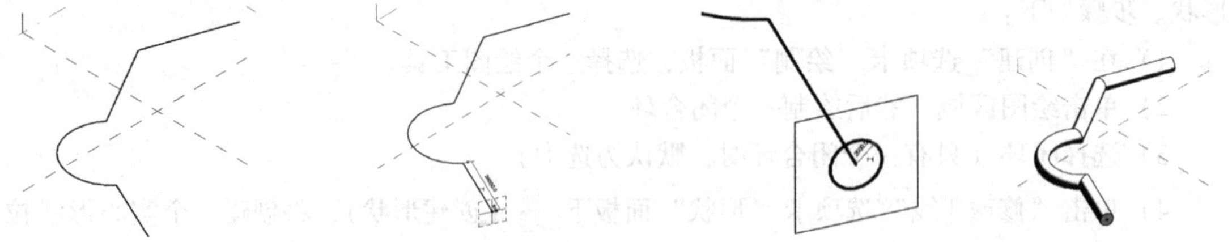

a） b） c） d）

图 5-3 放样

（4）放样融合

建模原理：类似于构件族中的融合，可以在多个平行或不平行截面之间融合为一个复杂体量模型。步骤如下：

1）绘制线以形成路径，如图 5-4a 所示。

2）单击“创建”选项卡”“绘制”面板下 ●（点图元），然后沿路径放置放样融合轮廓的参照点，如图 5-4b 所示。

3）选择一个参照点并在其工作平面上绘制一个闭合轮廓，如图 5-4c 所示。

4）绘制其余参照点的轮廓，如图 5-4d 和 e 所示。

5）选择路径和轮廓，按<Ctrl>键加选。

6）单击“修改 | 线”选项卡“形状”面板下（创建形状），结果如图 5-4f 所示。

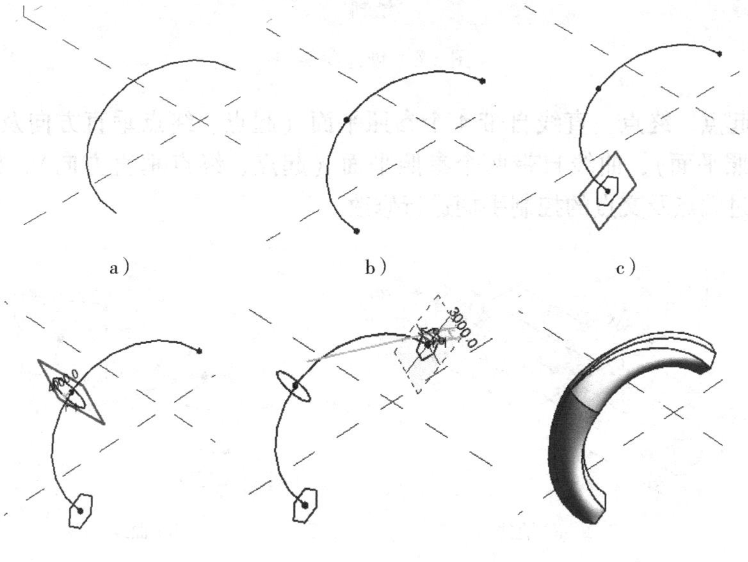

a） b） c） d） e） f）

图 5-4 放样融合

(5) 表面

建模原理：上述拉伸、旋转、放样、融合的实体模型都是使用封闭轮廓创建的，如果选择开放模型线或参照线，然后再拉伸、旋转、放样、融合即可创建表面模型。步骤如下：

1）在绘图区域中绘制或选择模型线、参照线或几何图形的边，如图 5-5a 所示。

2）单击“修改 | 线”选项卡“形状”面板下（创建形状），线或边将拉伸成为表面，如图 5-5b 所示。

a） b）

图 5-5 创建表面形状

需要注意的是，绘制闭合的二维几何图形时，在选项栏上选择“根据闭合的环生成表面”以自动绘制表面形状。

5.2 两种类型体量创建

5.2.1 创建体量形状

1. 参照线

参照线是体量中的基本图元，在体量编辑器界面的“绘制”面板中选择“参照”选项可创建参照平面，如图 5-6 所示。

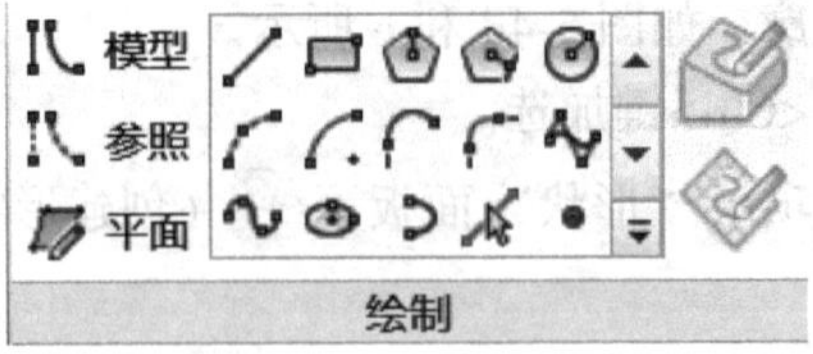

图 5-6　创建参照线

参照线有起点、终点，直线自带 4 个参照平面（起点、终点垂直方向及沿直线方向的两个正交的参照平面），曲线自带两个参照平面（起点、终点垂直方向），如图 5-7 所示。参照线可以通过端点及交点的控制手柄进行修改。

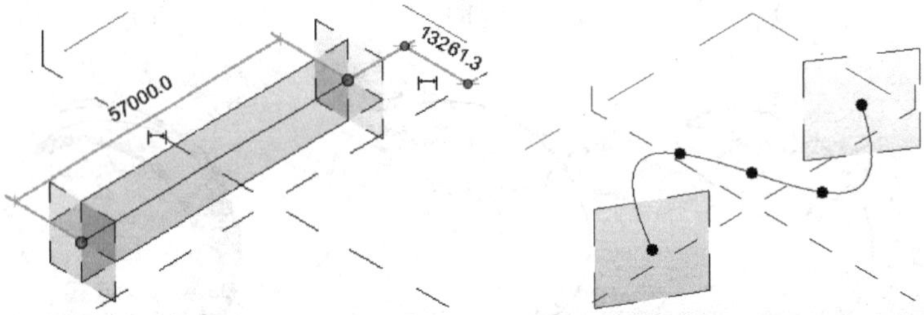

a）直线　　b）曲线

图 5-7　参照线

2. 参照点

参照点分为自由点、基于主体的点及驱动点三种类型。在“创建”选项卡的“绘制”面板中单击“参照”选项工具 ● 可以创建参照点。

自由的点可在工作平面中自由放置；基于主体的点通过移动光标到参照主体（三维模型的边、模型线、参照线），如图 5-8 所示；驱动点具有三个方向的驱动手柄，通过拖曳手柄可改变主体的形状。

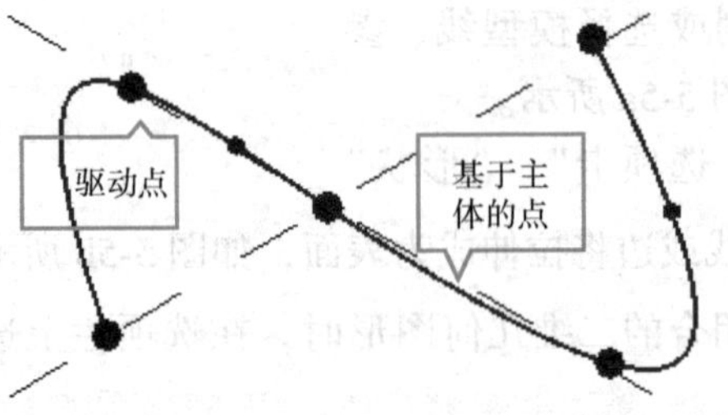

图 5-8　参照点

基于主体的点自带一个与主体垂直的参照平面，可在平面上创建形状；当选中基于主体的点时，会弹出“修改 | 参照点”选项卡，在工具条中单击“生成驱动点”按钮可将基于主体的点转换为驱动点，如图 5-9 所示。

图 5-9　转换驱动点

3. 模型线与实心形状

模型线可基于工作平面绘制，也可以在几何模型的表面绘制。首先，在“工作平面”面板中将“显示”切换为打开状态，单击“设置”按钮设置需要绘制模型线的平面，如图 5-10 所示。

接下来，在“绘制”面板中单击“模型”按钮，选择适当的绘制工具创建模型线，如图 5-11 所示。

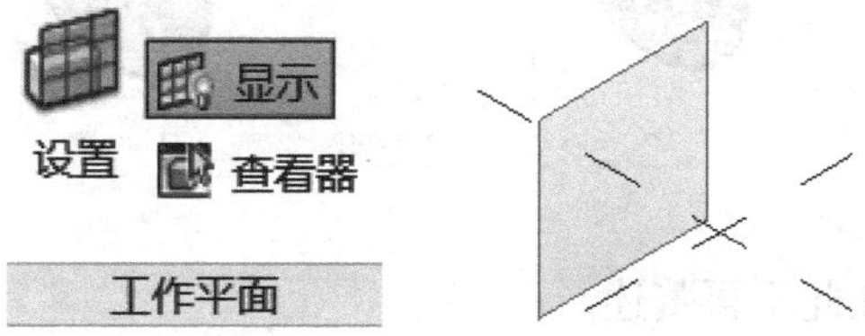

图 5-10　设置工作平面

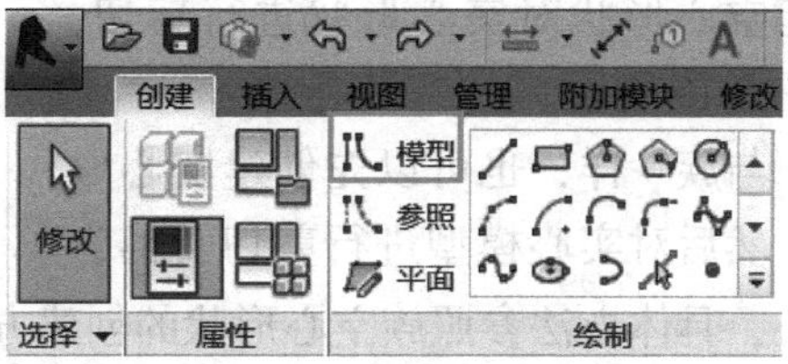

图 5-11　创建模型线

重复上述步骤，在不同的平面上创建不同形式的模型线，同时选中创建的模型线，在“修改 | 线”选项卡中会出现创建形状工具，如图 5-12 所示。单击“创建形状”按钮即可创建一个简单的体量模型，如图 5-13 所示。在创建的几何模型边界添加点，并在点确定的参照平面上绘制模型线，然后选中模型线与几何模型的边界轮廓，单击“创建形状”按钮，可完成如图 5-14 所示的体量形状。

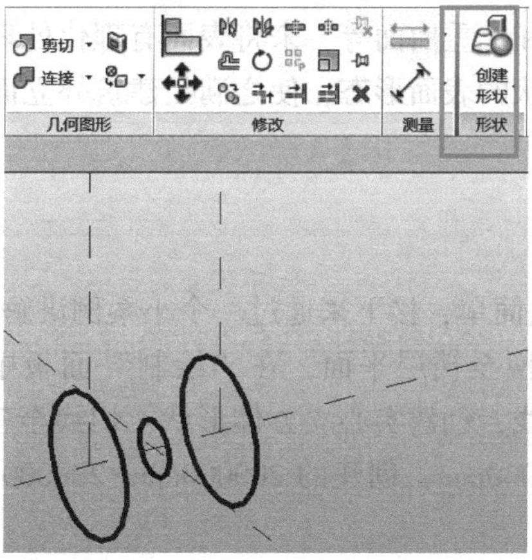

图 5-12　创建形状

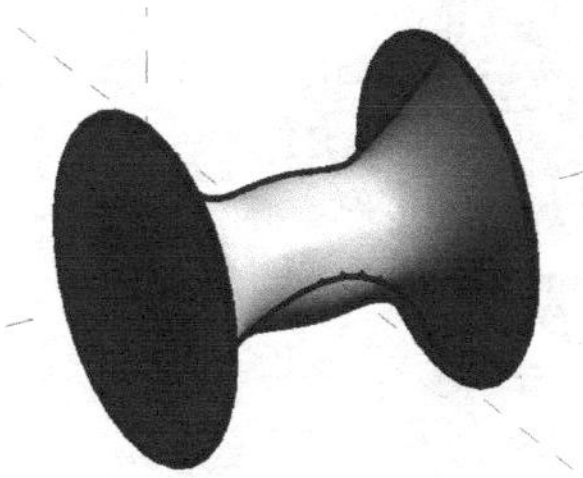
图 5-13　实心体量

a)　b)　c)
图 5-14　轮廓与路径生成体量

4. 空心形状

除了创建实心形状外，还可以创建空心形状，首先和实心形状一样，在模型表面创建模型线，选中模型线，在“创建形状”下拉列表中单击“空心形状”，单击界面空白位置，可创建空心形状对实心形状进行剪切，如图 5-15 所示。

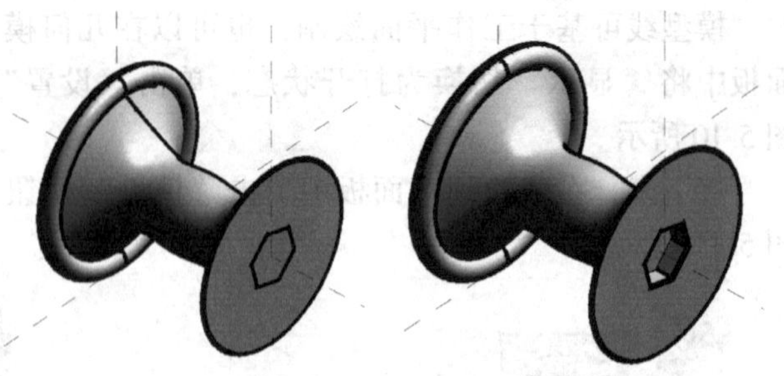

图 5-15　空心形状

与族一样，也可以先创建实心形状，然后对实心模型进行剪切转换为空心，具体方法参照族空心形状的创建方法，在此不再赘述。

5.2.2　体量参数

与族参数的添加方式相似，可以为体量赋予材质、尺寸及其他数据参数，方便对体量模型进行参数化控制。具体方法参照族参数的添加方法。

5.2.3　有理化表面处理

概念设计环境中，可以通过分割一些形状的表面并在分割的表面中应用填充图案，包括平面、规则表面、旋转表面和二重曲面等，来将表面有理化处理为参数化的可构建构件。有理化表面处理，可以丰富形状的表面形态，使之满足建筑外立面对于玻璃幕墙和其他赋有重复机理效果的要求。

1. UV 网格分割

(1) 创建与编辑网格

UV 网格分割表面的方法简单，接下来通过一个小案例讲解 UV 网格分割的操作方法。

首先新建一个体量，切换至楼层平面，在“绘制”面板中绘制 200000mm×200000mm 的正方形模型线，选中模型线，创建实心立方体形状；切换至三维视图，按<Tab>键选择立方体上表面，修改高度为 50000mm，创建的 200000mm×200000mm×50000mm 立方体体量模型如图 5-16 所示。

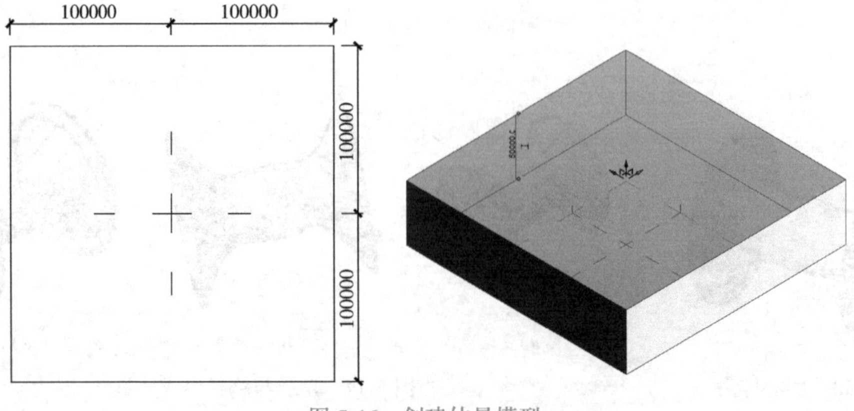

图 5-16　创建体量模型

选中立方体，在“修改丨形式”选项卡的“分割”面板中单击↘按钮，弹出默认分割设置对话框，如图 5-17 所示。

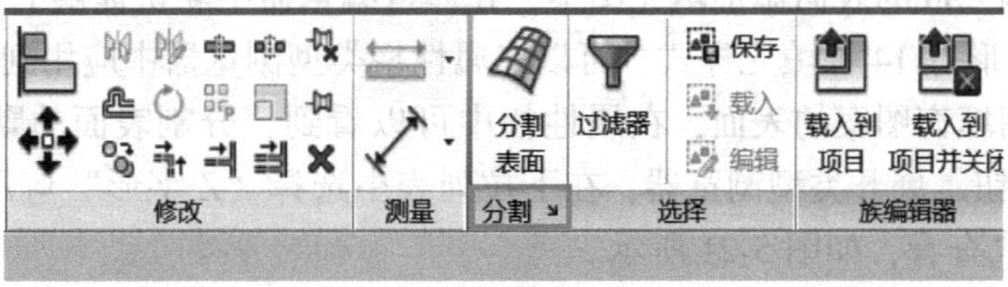

图 5-17 设置默认分割

在弹出的对话框中默认 UV 网格均为“数量：10”，可以修改为距离、最小距离、最大距离，并按图 5-18 所示设置距离的尺寸。单击“确定”按钮完成默认分割设置。

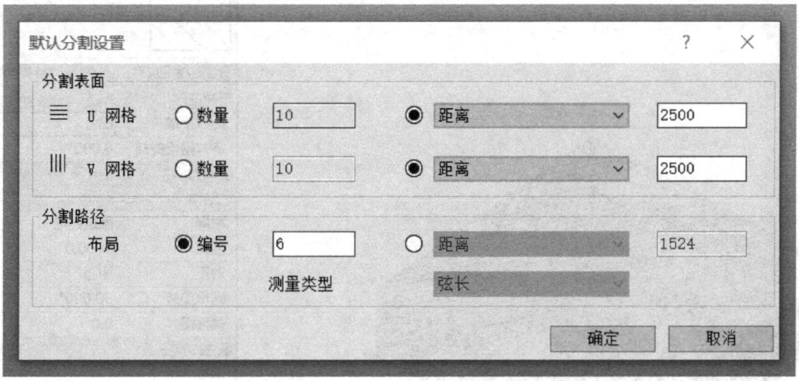

图 5-18 修改默认设置

选择体量的表面，单击“分割表面”按钮可按照设置的默认分割方式对体量表面进行自动分割。

选择分割后的表面，在“修改丨分割的表面”选项卡的“UV 网格和交点”面板中，“U 网格”及“V 网格”将会高亮显示，如图 5-19 所示。

当选中表面时，工具条件和属性栏会显示 UV 网格的属性，修改参数可调整网格的形状。在属性栏中，修改 UV 网格的距离为 5000mm，顶部网格旋转为 30°，U 网格对正方式为终点，V 网格对正方式为起点，其他参数保持为默认，设置完成，如图 5-20 所示。

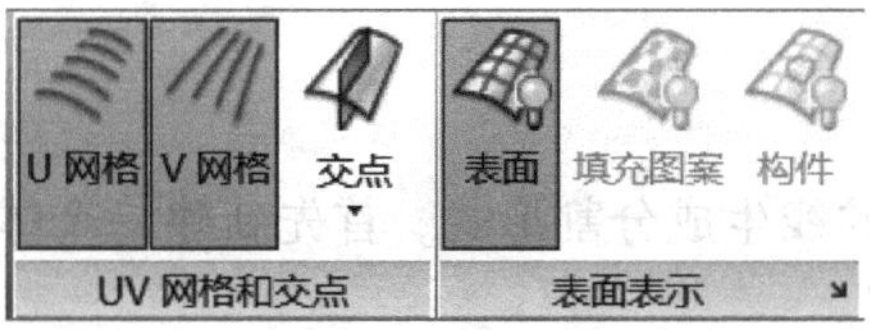

图 5-19 显示 UV 网格

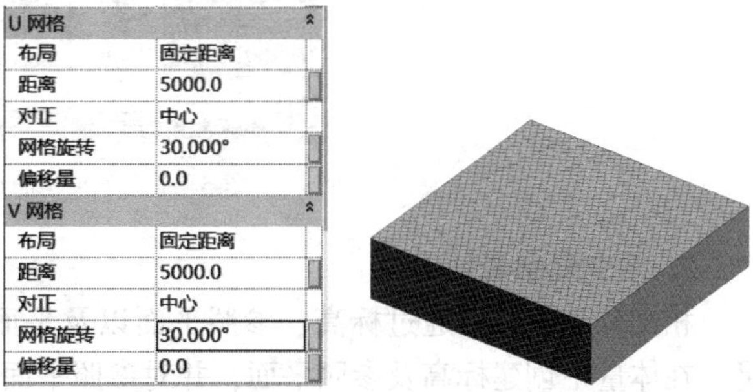

图 5-20 U 网格属性设置

网格的布局方式包括固定距离、固定数量、最大间距和最小间距四种，对正方式有起点、中心和终点三种，角度可在-89°~89°内任意设置。

（2）添加表面填充图案

接下来为分割完成的表面添加填充图案，在体量编辑器中默认提供了六边形、错缝、菱形、Z 字形和八边形等 14 种填充样式。可以在属性栏类型浏览器中应用到分割表面。

选择需要应用填充图案的表面，在属性栏中可以看到，分割表面的默认类型为“无填充图案”，单击按钮，展开类型浏览器，在下拉列表中选择“Z 字形”应用到分割表面，切换到“着色”模式查看，如图 5-21 所示。

填充图案的编辑与 UV 网格的编辑方式相同，除了对约束条件、布局方式、网格旋转、偏移的设置外，还可以对图案进行缩进、旋转、镜像、翻转。以上操作均可以在属性栏进行设置，如图 5-22 所示。

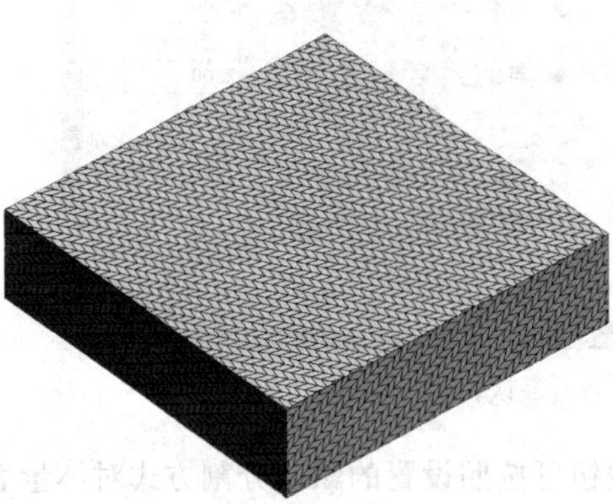

图 5-21　填充图案

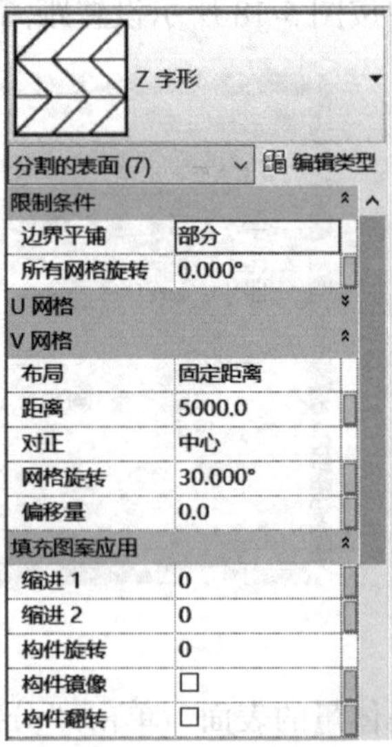

图 5-22　编辑分割表面

除了使用系统自带的分割表面形状，也可以通过族自定义新的样式载入体量中使用。在“修改 | 分割的表面”选项卡的“表面表示”面板中可设置分割表面和填充图案的可见性，如图 5-23 所示。

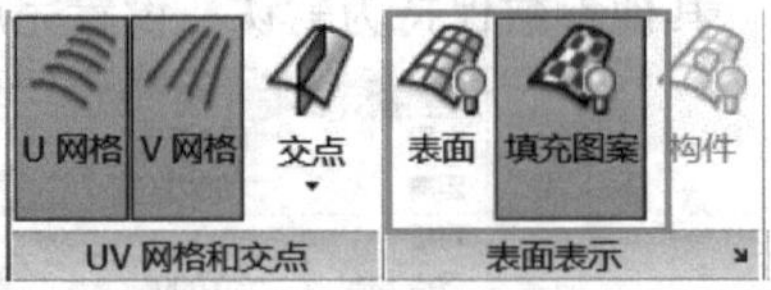

图 5-23　分割表面显示控制

2. 相交分割表面

相交分割表面可通过标高、参照平面以及平面上的线生成分割形式。首先新建一个体量，在体量中创建标高及参照平面，并对参照平面命名。

切换至南立面视图，创建如图 5-24 所示的模型线。选择直线和闭合轮廓，单击“创建形状”按钮，创建如图 5-25 所示的体量模型。

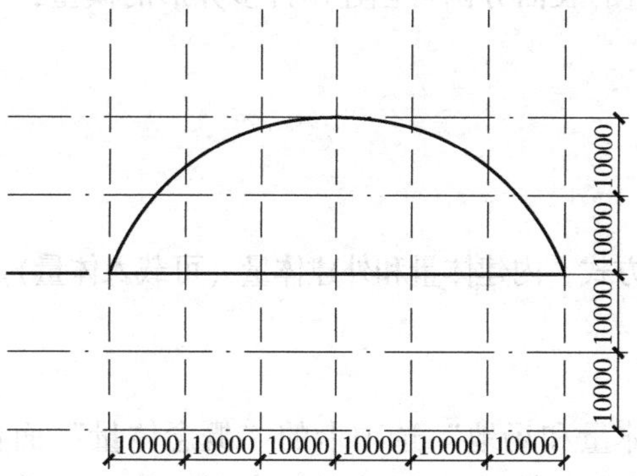

图 5-24 参照平面与模型线

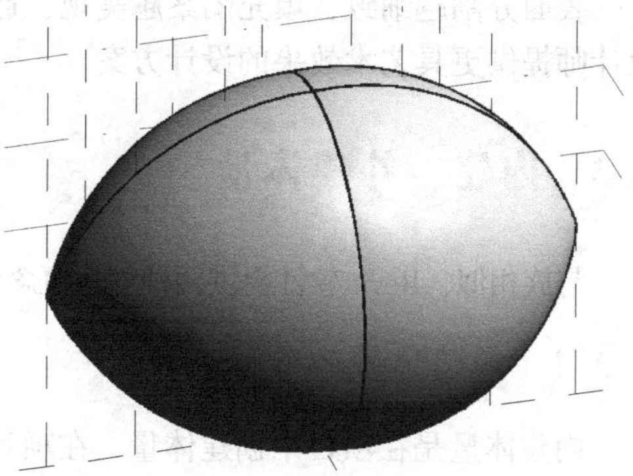

图 5-25 体量模型

选择体量表面，单击“分割表面”按钮，选择分割完成的表面，在“UV 网格和交点”面板禁用 UV 网格，并展开“交点”下方的下拉列表，切换为“交点列表”，如图 5-26 所示。

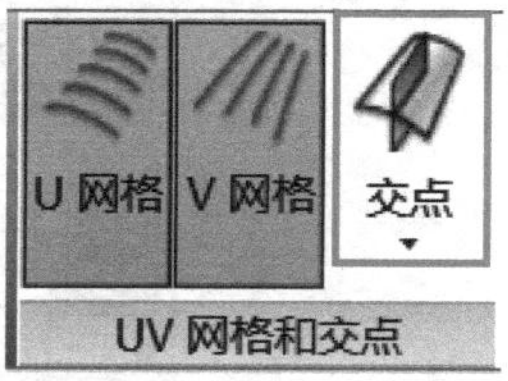

图 5-26 交点列表

单击“交点列表”按钮，在弹出的“相交命名的参照”对话框中勾选全部标高及参照平面，如图 5-27 所示。单击“确定”按钮，忽略弹出的“警告”，完成表面分割，同样的方法对其他表面进行分割，如图 5-28 所示。将表面填充图案设置为矩形，创建完成的体量形状如图 5-29 所示。

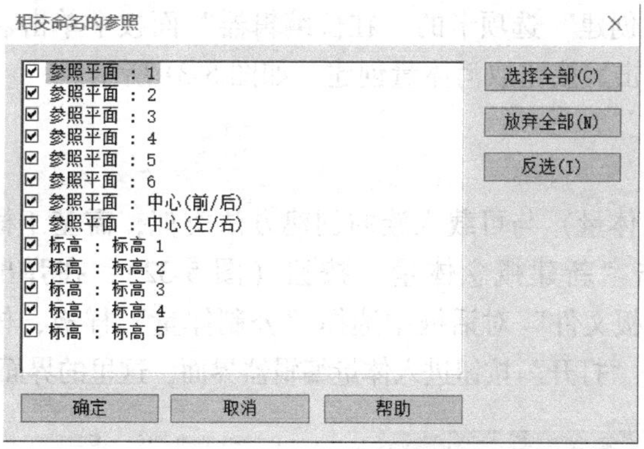

图 5-27 选择相交命名的参照

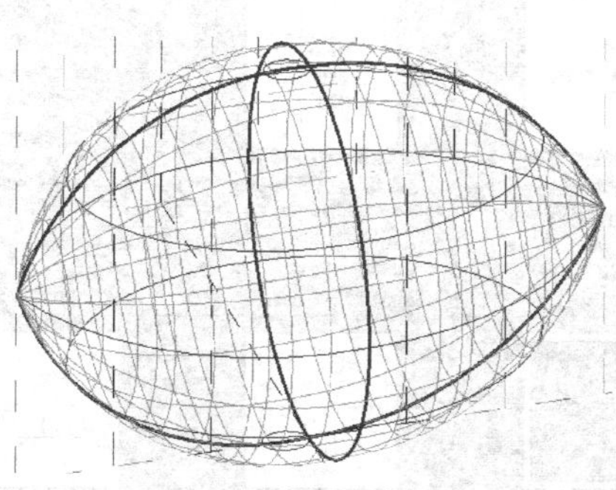

图 5-28 生成表面分割

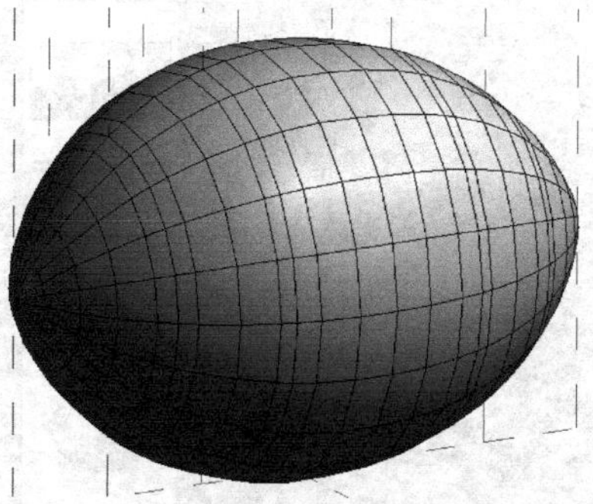

图 5-29 表面填充

表面分割越细致，填充图案越美观，通过体量的表面分割可创建出许多异形的模型，为设计师提供更具艺术效果的设计方案。

5.3 内建、外建体量

与族相似，Revit 软件提供两种创建概念体量的方式：内建体量和外建体量（可载入体量）。

5.3.1 内建体量

内建体量是在项目中创建体量，在项目中“体量和场地”选项卡的“概念体量”面板中单击“内建体量”工具，如图 5-30 所示，可弹出“体量-显示体量以启用”窗口，单击“关闭”按钮弹出体量名称对话框。

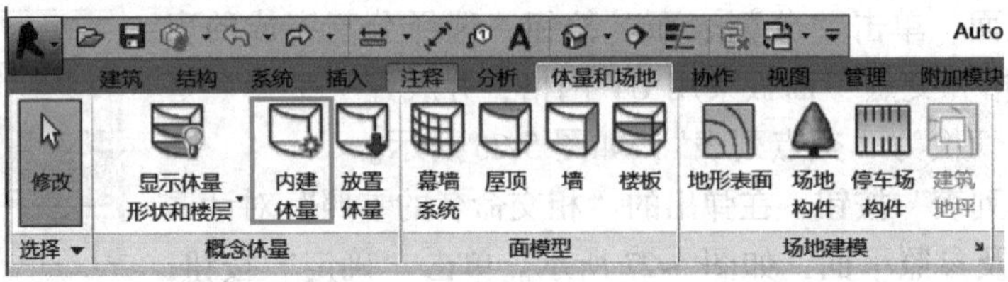

图 5-30 内建体量

输入名称后，单击“确定”按钮进入内建体量的界面，可以创建体量。创建完成后，在“创建”选项卡的“在位编辑器”面板中单击✔按钮完成体量创建，或单击✖按钮取消体量创建，如图 5-31 所示。

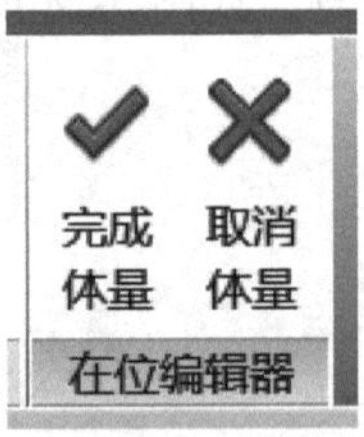

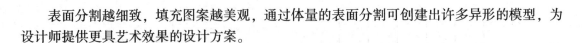

图 5-31 完成或取消体量创建

5.3.2 外建体量

外建体量（可载入体量）与可载入族的创建方法类似，需基于概念体量样板来创建。单击“新建概念体量”按钮（图 5-32），在弹出的“新建概念体量-选择样板文件”对话框中选择“公制体量”样板，体量样板的格式为 .rft，单击“打开”按钮进入体量编辑器界面，这里的界面与内建体量界面相似。

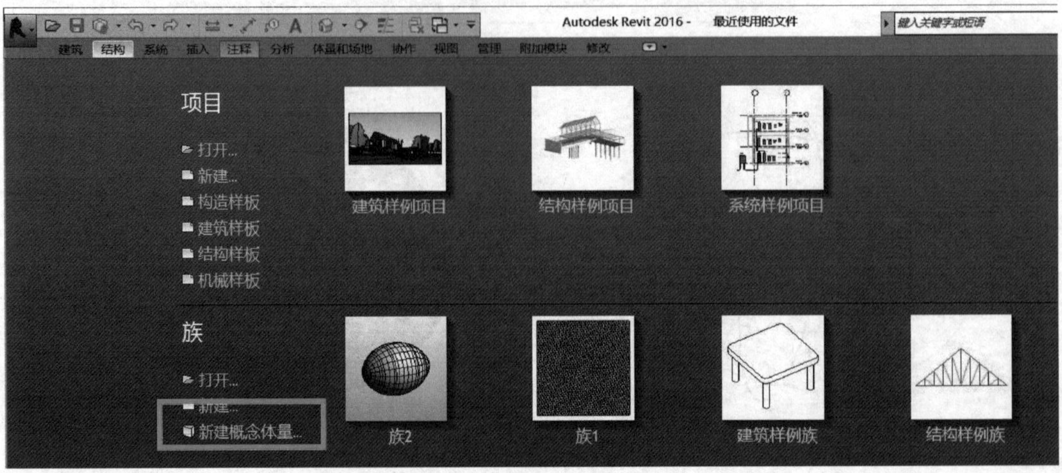

图 5-32 新建概念体量

5.3.3 内建体量与外建体量的区别

内建体量与外建体量两种创建体量形状的方式一致，但在使用时有一定的区别，主要体现在以下两个方面：

（1）使用方式不同

内建体量是直接在项目中创建，只能在当前项目中使用；可载入体量为单独创建，通过“载入族”插入项目中，然后通过“放置体量”来放置体量。

（2）操作的便捷性不同

内建体量可基于项目的标高轴网或拟建建筑的相对位置关系来进行定位；可载入体量需在体量编辑器中新建标高、参照平面、参照线来进行定位。在实际使用时，多个具有相对位置关系的体量建议采用内建体量的方式来创建，例如做场地规划；单个独立的体量设计或复杂的异形设计建议采用可载入体量来创建。

5.3.4 可载入体量族与构件族（可载入族）的区别

（1）数量级不同

在体量和族中分别绘制参照平面，可以发现，体量中绘制的尺寸较大，而族尺寸较小。体量中采用的比例为1:200，族中采用的比例为1:10或1:20（当然比例可以自定义）。所以，体量常用于较大模型的创建，如一栋建筑物等；族常用于建筑构件的创建，如家具等。

（2）默认参数不同

族样板提供的默认参数与族的类型有关；体量提供的参数为“默认高程”，并且当体量载入项目中后，会自动计算总表面积、总楼层面积以及总体积。

（3）创建方法不同

1）创建构件族，先选择某个“实心”“空心”命令，再绘制轮廓、路径等创建三维模型。

2）创建体量族，先绘制轮廓、对称轴、路径等二维图元，然后才用“实心形状”或“空心形状”命令创建三维模型。

（4）模型复杂程度不同

1）构件族只能用拉伸、整合、旋转、放样和放样融合5种方法创建。

2）体量族可使用点、线、面图元创建复杂的实体模型和面模型（用开放轮廓线创建）。

（5）表面有理化与智能子构件

体量族可自动使用有理化图案分割体量表面，并且可以使用嵌套的智能子构件来分割体量表面，实现一些复杂的设计。

5.4 建筑体量创建

除了创建体量模型，还可以基于体量快速创建建筑模型，包括楼板、墙体、屋顶等。接下来通过“体量大厦”的项目案例来讲解体量在建筑项目中的应用。

5.4.1 体量楼层

在项目中，可以基于标高将体量模型拆分为若干楼层，并基于楼层创建楼板。

首先新建一个建筑项目，将创建好的“体量大厦”载入项目中，在“体量和场地”选项卡的“概念体量”面板中选择“放置体量”工具，如图 5-33 所示，在项目任意位置放置“体量大厦”。

切换至任意立面视图，从地面开始创建 15 个间距为 4m 的标高，选择“体量大厦”，在“修改 | 体量”选项卡的“模型”面板中单击“体量楼层”按钮，如图 5-34 所示。

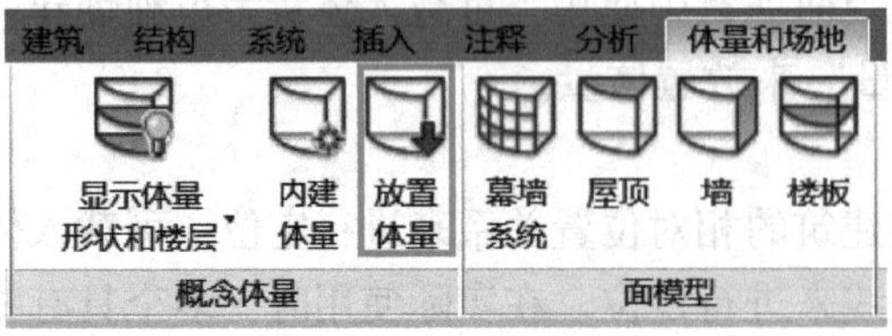

图 5-33　放置体量

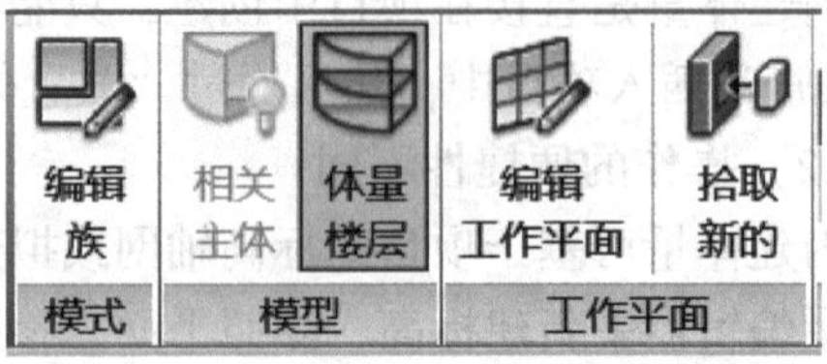

图 5-34　体量楼层

在弹出的“体量楼层”对话框中选择全部标高，单击“确定”按钮完成楼层创建，结果如图 5-35 所示。

在“体量和场地”选项卡的“面模型”面板中选择“楼板”工具，如图 5-36 所示。在弹出的“修改 | 放置面楼板”选项卡的“多重选择”面板中单击“选择多个”按钮，如图 5-37 所示。选中所有楼层，在属性栏的“类型选择器”中设置适当的楼板类型，在“多重选择”面板中单击“创建楼板”按钮完成楼板的生成。

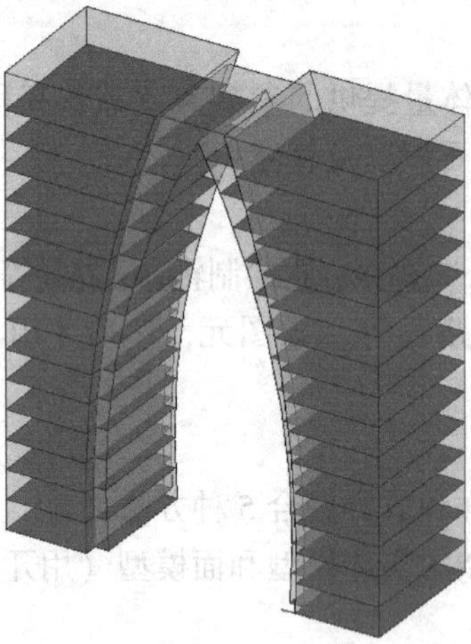

图 5-35　生成楼层

图 5-36　楼板工具

图 5-37　选择多个

5.4.2　面墙

体量的面墙可以创建异形墙体，例如弧形墙体、斜墙等。其创建方法与楼板的创建方法相似。首先在“体量和场地”选项卡中单击“墙”按钮（图 5-38），然后选择需要创建墙体的类型，拾取到体量表面单击，完成墙体创建，如图 5-39 所示。

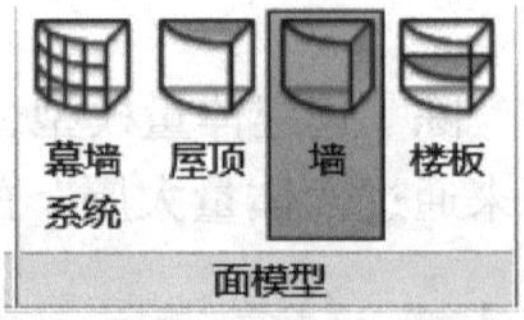

图 5-38　“墙”按钮

除了在体量和场地选项卡生成面墙外，也可以在“建筑”选项卡的“墙体”工具中通过“面墙”命令来创建。

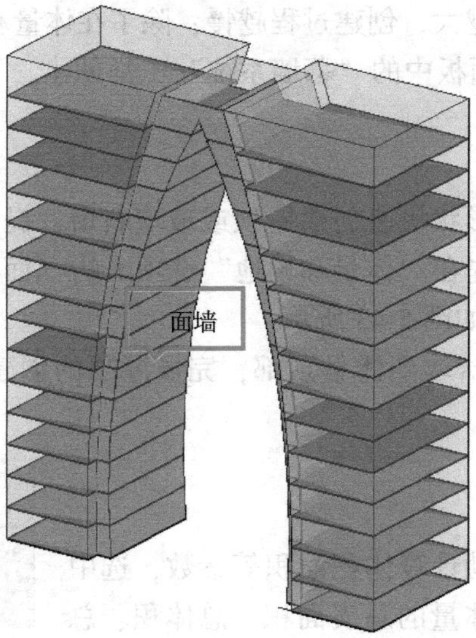

图 5-39 生成面墙

5.4.3 幕墙系统

通过幕墙系统能快速生成幕墙布局，包括幕墙网格、嵌板、竖梃，创建方法与面楼板相似。在“体量和场地”选项卡的“面模型”面板中单击“幕墙系统”按钮，图 5-40 所示为生成幕墙系统，图 5-41 所示为选择多个。

图 5-40 生成幕墙系统

图 5-41 选择多个

在“类型选择器”中设置幕墙类型为“1500mm×3000mm”，边界竖梃设置为“矩形竖梃：50mm×150mm”。拾取到需要创建幕墙系统的表面，单击“创建系统”按钮完成幕墙系统的创建，如图 5-42 所示。

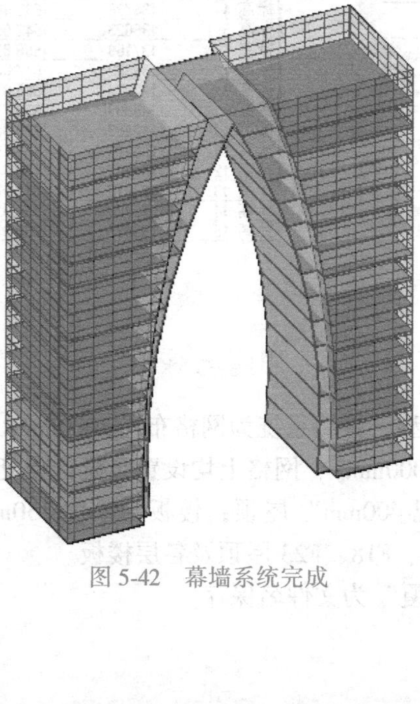

图 5-42 幕墙系统完成

在创建时，选择的面积越大，创建过程越慢；除了在体量和场地中创建外，也可以通过“建筑”选项卡的“构建”面板中的“幕墙系统”工具创建。

5.4.4 面屋顶

面屋顶工具可基于体量形状快速创建屋顶或玻璃斜窗，提供更便捷的屋顶造型方案。首先在“体量和场地”选项卡的“面模型”中选择“屋顶”工具，如图5-43所示。

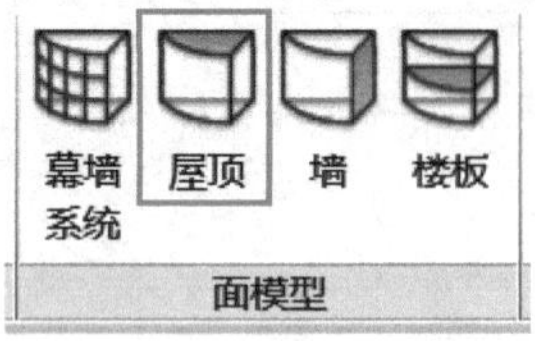

图5-43 屋顶工具

选择适当的屋顶类型，拾取到体量顶部，完成屋顶的创建，如图5-44所示。

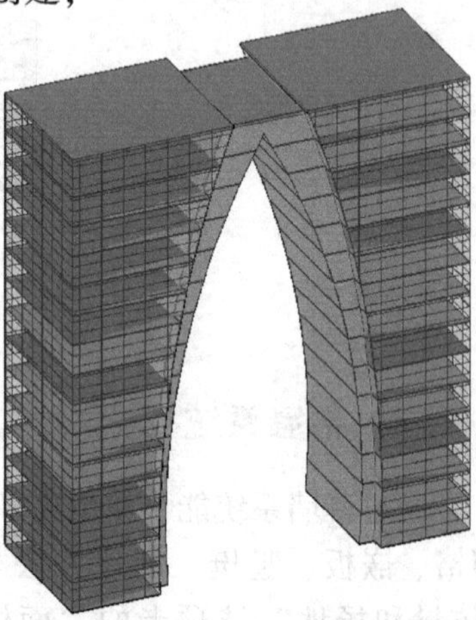

图5-44 面屋顶模型完成

5.4.5 体量分析

载入项目中的体量会自动计算体积面积等参数，选中体量，在属性栏中可以看到体量的总表面积、总体积、总楼层面积，如图5-45所示。单击“编辑”按钮可对体量楼层进行重新定义。

Revit软件中提供体量的明细表工具，可对体量楼层、墙体、分区、洞口、天窗等构件创建明细清单。在“视图”选项卡的“创建”面板中选择“明细表”，弹出“新建明细表”对话框，在体量选项中展开并选择“体量楼层”，添加适当的明细表字段，生成如图5-46所示的明细表。

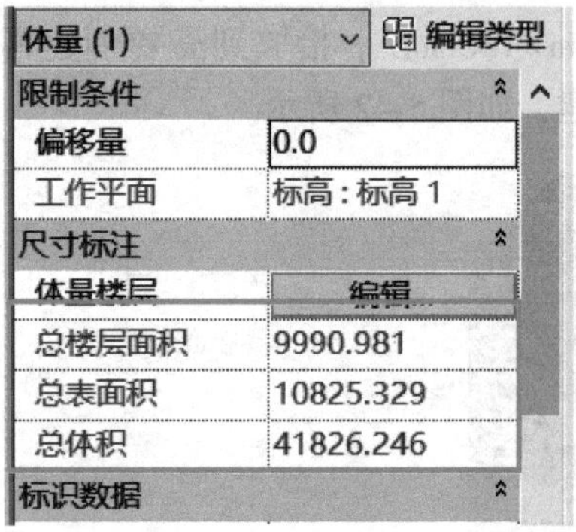

图5-45 体量参数

<体量楼层明细表>

A	B	C	D	E
标高	楼层周长	楼层面积	外表面积	楼层体积
标高 1	136000	544.00	541.94	2154.71
标高 2	134924	534.38	538.66	2128.34
标高 3	134503	530.85	538.32	2126.55
标高 4	134736	533.40	540.74	2148.86
标高 5	135623	542.05	546.06	2195.66
标高 6	137169	556.82	554.27	2267.18
标高 7	139382	577.80	565.42	2363.57
标高 8	142274	605.07	579.62	2485.55
标高 9	145859	638.77	596.89	2633.47
标高 10	150158	679.08	617.39	2808.25
标高 11	155196	726.19	641.22	3010.70
标高 12	161002	780.38	668.64	3242.18
标高 13	167615	841.96	699.78	3503.90
标高 14	175080	911.32	734.95	3797.63
标高 15	183453	988.92	1917.44	4959.70

图5-46 体量明细表

思考与练习

创建如图5-47所示的模型，幕墙系统为网格布局3000mm×9000mm（即横向网格间距为9000mm，竖向网格间距为3000mm），网格上均设置竖梃，竖梃均为圆形，竖梃半径50mm；屋顶为厚度400mm的“常规-400mm”屋顶；楼板为厚度150mm的“常规-150mm”楼板。大厦四周均为幕墙，创建F8、F18、F23屋顶及各层楼板。

请将该模型以“投资大厦”为文件名保存。

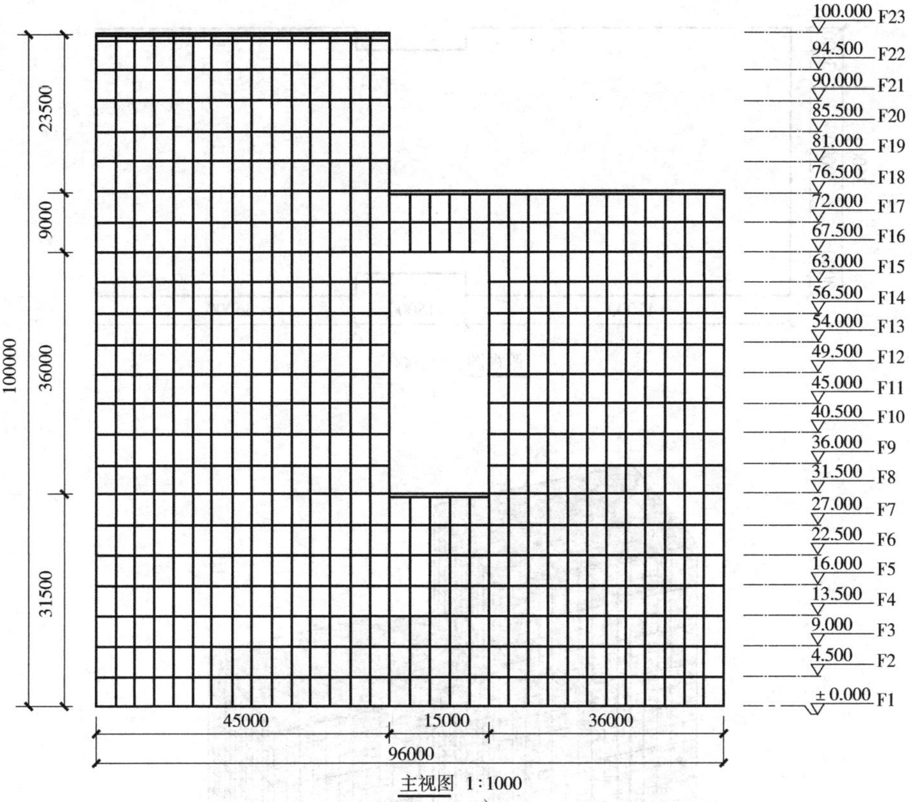

a）

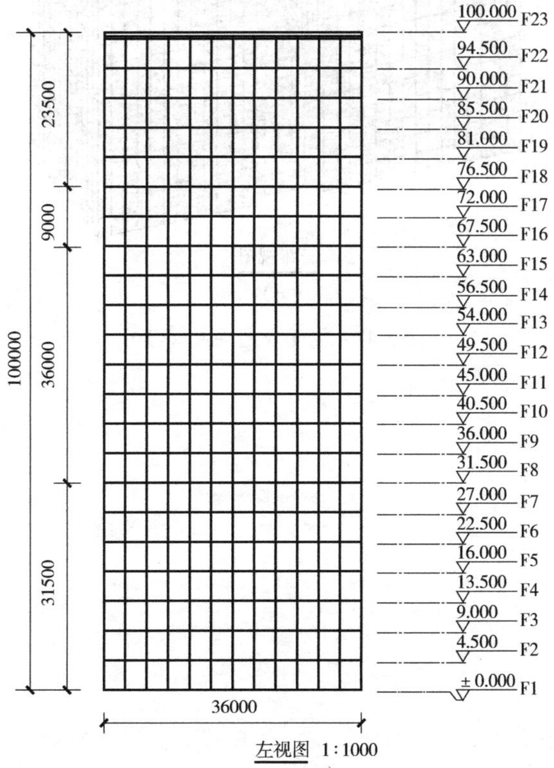

b）

图 5-47 创建模型练习

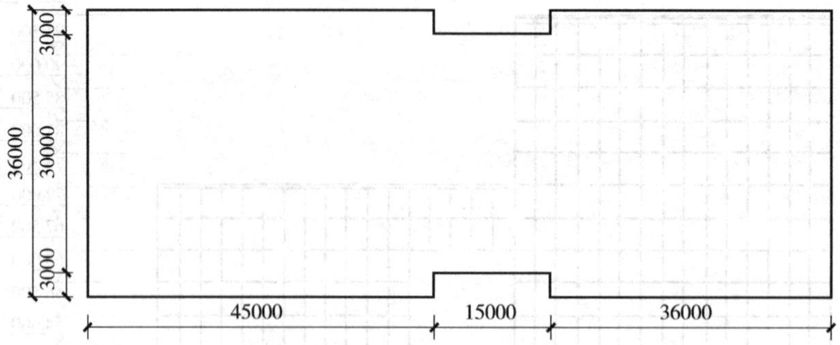

俯视图 1:1000

c）

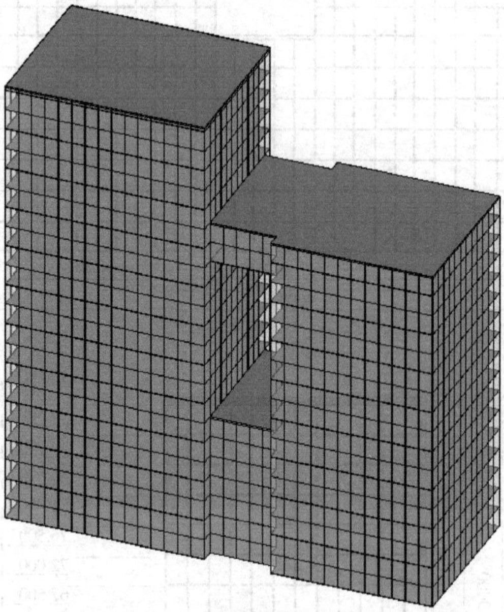

三维视图

d）

图 5-47 创建模型练习（续）

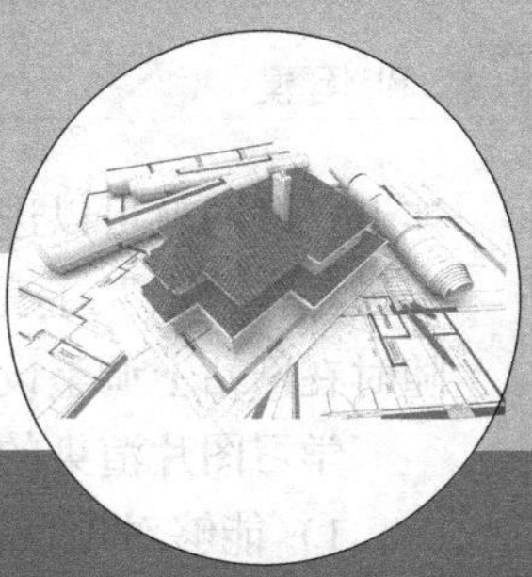

项目6

模型后期应用

内容提要

本项目主要介绍三个方面的内容：一是图片渲染；二是明细表输出；三是图纸输出。通过学习本项目的内容，读者可以清楚地了解标准化出图过程。

成果输出

教学要求

知识要点	能力要求	相关知识
图片渲染	(1) 能够对房屋的三维模型进行渲染 (2) 能通过渲染获得高质量图像 (3) 能将渲染结果以“渲染.JPG”为文件名保存	(1) 理解本地渲染和云渲染两种渲染方式 (2) 理解如何对渲染参数进行设置
明细表输出	(1) 能够创建门和窗的明细表 (2) 能够将明细表按照类型进行分组和统计 (3) 能够正确设置明细表属性	(1) 创建明细表 (2) 正确进行明细表属性的设置 (3) 使用明细表完成项目统计的工作
图纸输出	(1) 能够在 Revit 项目内创建施工图 (2) 能进行图纸修订 (3) 能将 Revit 视图导出为以“图纸.DWG”命名的文件	(1) 创建图纸和布置视图 (2) 打印和导出图纸

6.1 图片渲染

6.1.1 图片渲染的意义与学习目标

图片渲染是模型进行真实场景展现的重要途径，通过针对不同效果和内容（如灯光、植物和人物）对模型进行渲染，能够展示模型真实的材质和纹理。通过 Revit 软件可以完成渲染工作，Revit 集成了第三方的 AccuRender 渲染引擎，可以在项目的三维视图中使用各种效果，创建具有照片级效果的图像。

Revit 提供了两种渲染方式，分别是本地渲染和云渲染。云渲染可以使用 Autodesk 360 访问多个版本的渲染，将图像渲染为全景，更改渲染质量以及为渲染的场景应用背景环境。本地渲染相对云渲染的优势在于对计算机硬件要求不高，只要能打开 Revit 软件的计算机并连上互联网就可以进行渲染操作，并且只要能顺利完成模型的上传，就可以继续工作，渲染工作都在“云”上完成，一般十几分钟后就可以看到渲染结果。在渲染的过程中，也可以随时在网站上调整设置重新渲染。

学习图片渲染的目标有以下两个：

1）能够对项目模型进行渲染，掌握渲染的不同创建方式、渲染参数的设置，并通过渲染得到高质量图像。

2）能够培养学生认真细致的职业精神、团队合作的能力以及创新思维的能力。

6.1.2 图片渲染具体操作

1）Revit 软件的渲染设置非常容易操作，只需要设置真实的地点、日期、时间和灯光即可渲染三维及相机视图。切换至三维视图 1，单击视图选项卡中的“渲染”命令弹出“渲染”对话框，如图 6-1 和图 6-2 所示。

图 6-1 渲染位置

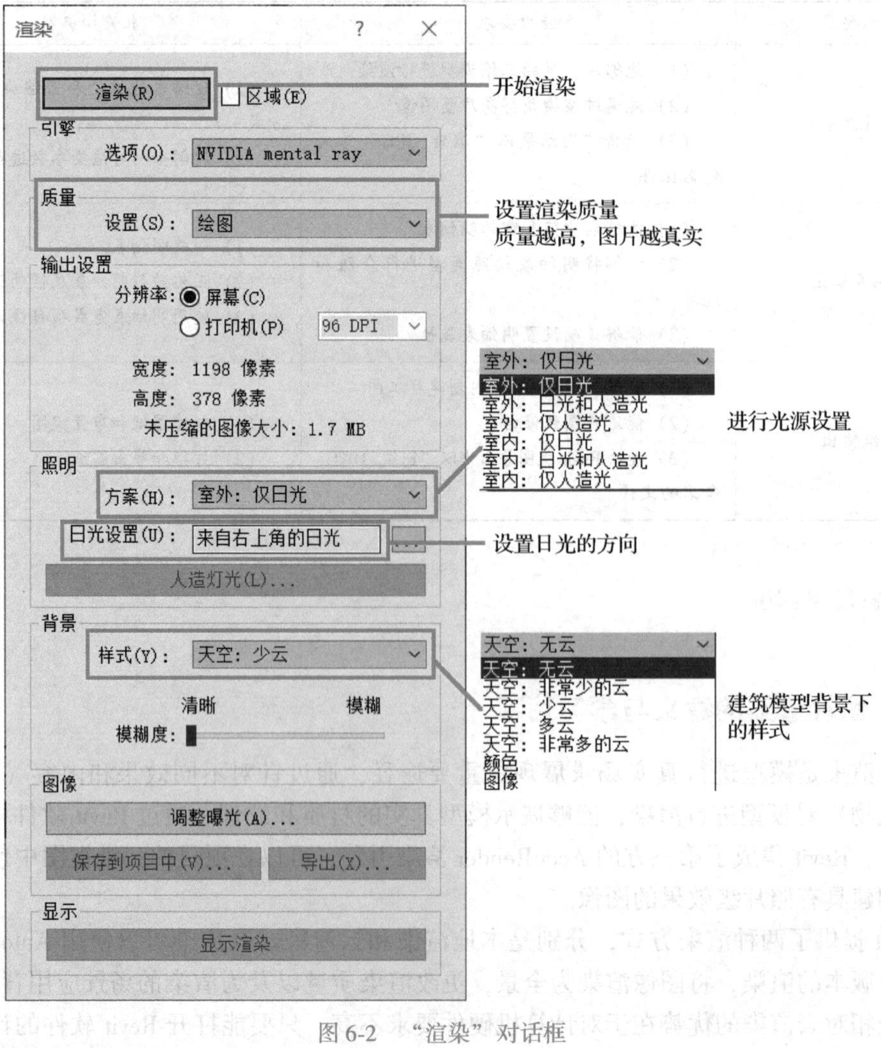

图 6-2 “渲染”对话框

2）按照“渲染”对话框设置渲染样式，单击“渲染”按钮，开始渲染并弹出“渲染进度”工具条，同时显示渲染进度，如图 6-3 所示。在渲染过程中，可单击“取消”按钮或按<Esc>键取消渲染。

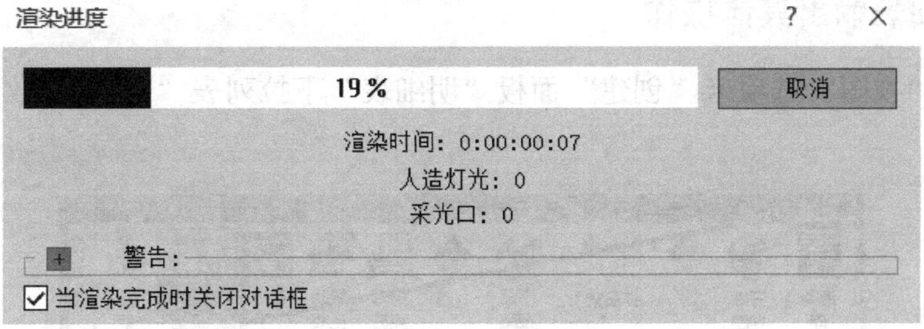

图 6-3 “渲染”过程

3）完成渲染后的图形如图 6-4 所示，单击“导出…”按钮将渲染存为图片格式。关闭“渲染”对话框后，图形恢复到未渲染状态。

图 6-4 “渲染”结果

6.2 明细表输出

6.2.1 明细表输出的意义与学习目标

主体模型绘制完成后，在 Revit 软件中可以对模型进行简单的图元明细表统计。明细表是进行建筑技术经济分析的基础。建筑设计中需要对建筑构件或部件工程量进行统计，例如：门、窗和墙体，其结果可以作为项目概预算的工程量使用。

Revit 软件中的明细表共分为 6 种类别，分别是“明细表/数量”“图形柱明细表”“材质提取”“图纸列表”“注释块”和“视图列表”。在创建明细表的时候，选择需要统计的关键字即可。明细表内所统计的内容，由构件本身的参数提供。快速生成明细表作为 Revit 软件依靠强大数据库功能的一大优势，被广泛接受并使用。

学习明细表输出的目标有以下两个：

1）学会使用明细表完成项目统计的工作，生成门窗明细表，正确进行明细表属性的设置。

2）能够培养学生精益求精的职业精神、团队协作的能力以及创新思维的能力。

6.2.2 明细表输出具体操作

1）单击“视图”选项卡“创建”面板“明细表”下拉列表“明细表/数量”，如图 6-5 所示。

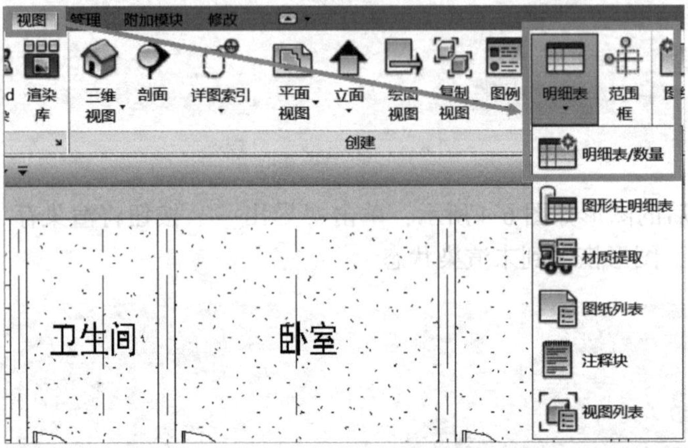

图 6-5 “明细表”位置

2）弹出的“新建明细表”对话框中，在“类别”列表中选择“门”对象类型，即本明细表将统计门对象类别的图元信息；默认的明细表名称为“门明细表”，确认为“建筑构件明细表”，其他参数默认，单击“确定”按钮，弹出“明细表属性”对话框，如图 6-6 所示。

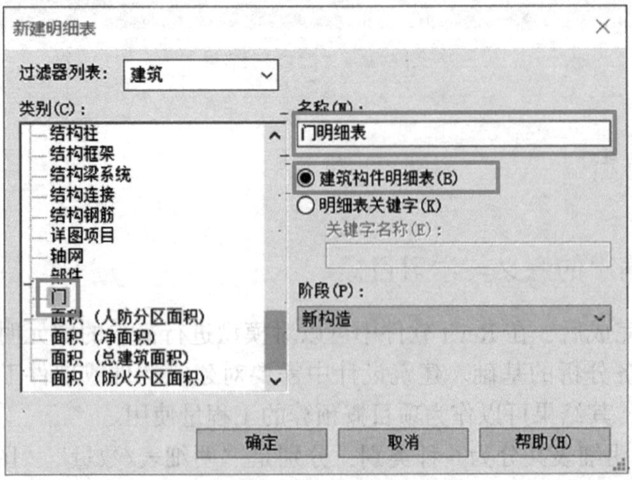

图 6-6 新建明细表

3）在“明细表属性”对话框的“字段”选项卡中，可用的字段列表中包括门在明细表中统计的实例参数和类型参数，选择“门明细表”所需的字段，单击“添加”按钮到“明细表字段”，如类型、宽度、高度、合计。如需调整字段顺序，则选中所需调整的字段，单击“上移”或“下移”按钮来调整顺序。明细表字段从上至下的顺序对应于明细表从左至右各列的显示顺序（图6-7）。

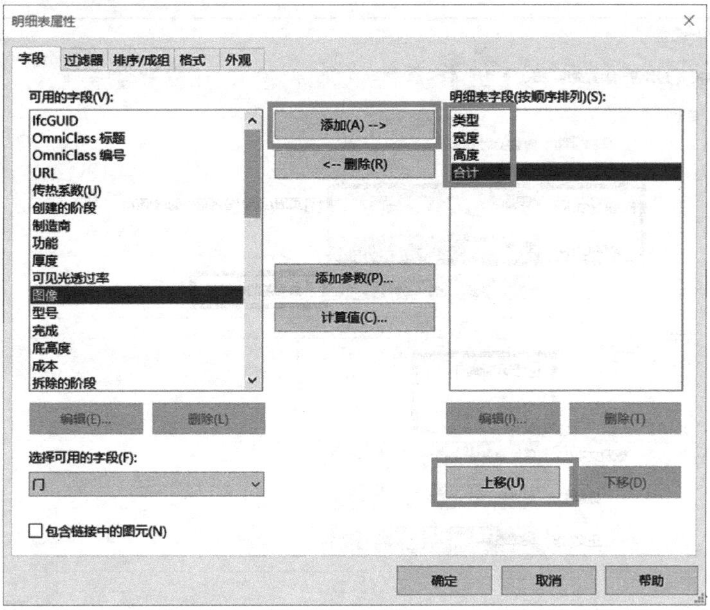

图6-7　明细表字段排序

4）完成“明细表字段”的添加后，切换至“排序/成组”选项卡，如图6-8所示，设置“排序方式”为“类型”，排序顺序为“升序”；取消勾选“逐项列举每个实例”，否则生成的明细表中的各图元会按照类型逐个列举出来。单击“确定”后，“门明细表”中将按“类型”参数值汇总所选各字段。

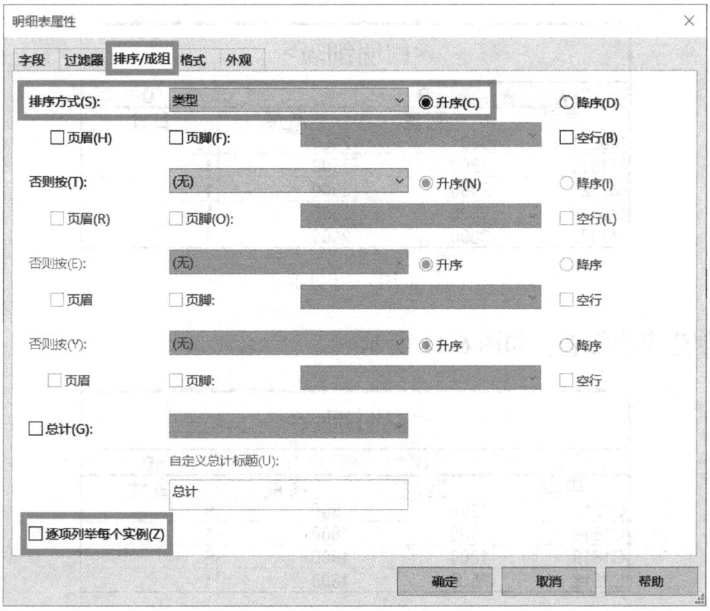

图6-8　排序/成组

5）切换至“外观”选项卡，确认勾选“网格线”选项，设置网格线为“细线”；勾选“轮廓”选项，设置“轮廓”样式为“中粗线”，取消勾选“数据前的空行”；其他选项参照如图 6-9 所示设置，单击“确定”按钮，完成明细表属性设置。

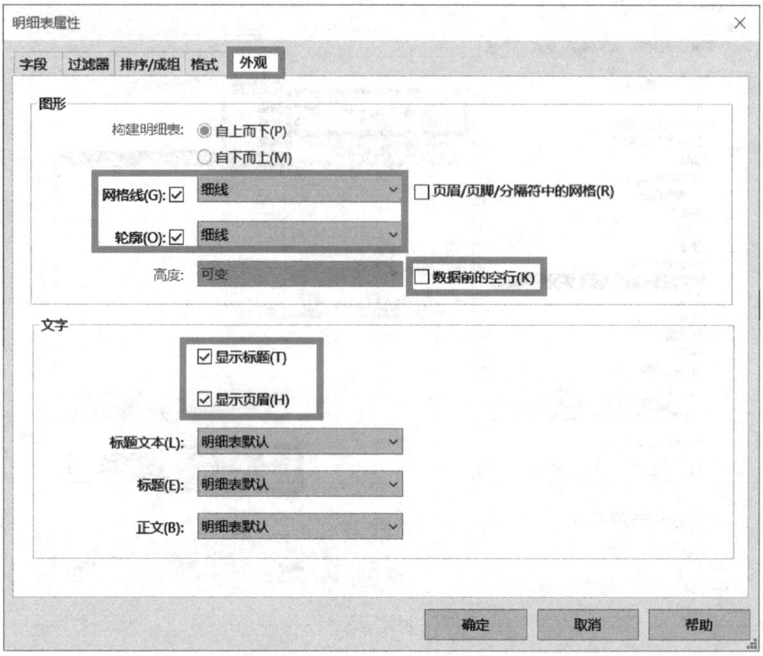

图 6-9 “外观”选项卡

6）Revit 软件会自动弹出“门明细表”视图，同时弹出“修改明细表/数量”上下文选项卡，以及自动在“项目浏览器”的“明细表/数量”中生成“门明细表”，如图 6-10 所示。

<门明细表>			
A	B	C	D
类型	宽度	高度	合计
M0921	900	2100	12
M1825	1800	2500	1
M2025	2000	2500	1
M2825	2800	2500	1
M3025	3000	2500	1

图 6-10 门明细表

7）同理，创建窗明细表，如图 6-11 所示。

<窗明细表>			
A	B	C	D
类型	宽度	高度	合计
C1218	1200	1800	9
C1518	1500	1800	1
C1818	1800	1800	6
C2518	2500	1800	1

图 6-11 窗明细表

6.3 图纸输出

6.3.1 图纸输出的意义与学习目标

在 Revit 软件中，可以创建一张图纸，将不同的明细表、视图等添加到其中，从而形成施工图用于发布和打印，也可以将施工图导出为 CAD 格式的文件，以实现与其他软件的信息交换。在施工现场，客户、工程师、施工专业人员可以在已打印的图纸上进行标注，以便后期的修订。图纸布置是设计过程中的最后一个阶段。其工作内容是将比例不同的图纸放置到图框内并填写必要的信息，为施工图出图做准备。

学习图纸输出的目标有以下几个：

1）学会在 Revit 项目内创建施工图，能进行图纸修订以及版本控制，能布置视图及视图设置。

2）能将 Revit 视图导出为 DWG 文件，并能在导出 CAD 时对图层进行设置。

3）能够培养学生一丝不苟的职业精神、团结一致的能力及创新思维的能力。

6.3.2 图纸输出具体操作

1）单击“视图”选项卡“图纸组合”面板“图纸”工具，如图 6-12 所示，弹出“新建图纸”对话框。如果此项目中没有标题栏可供使用，单击“载入”按钮，在弹出的“载入族”对话框中，查找到系统族库中，选择所需的标题栏，单击“打开”载入到项目中，如图 6-13 所示。

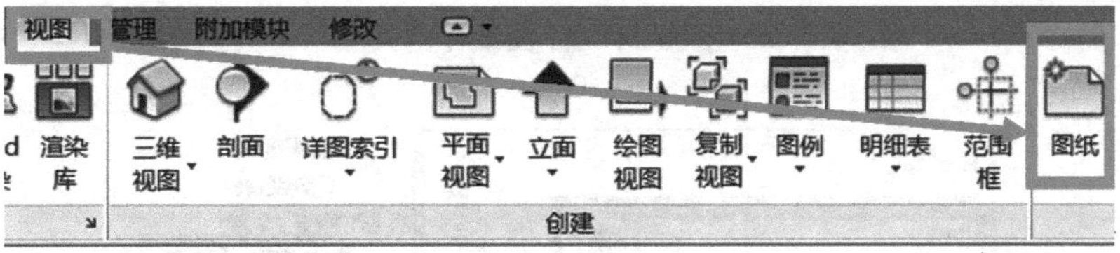

图 6-12 “图纸”位置

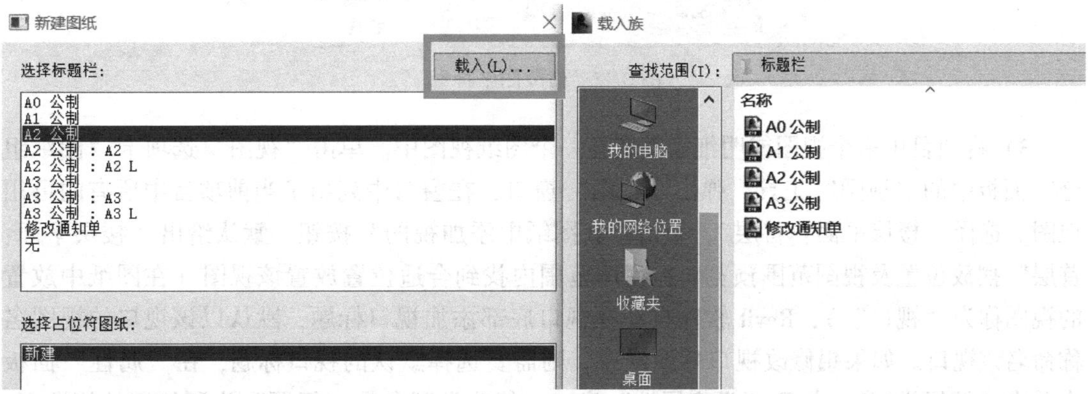

图 6-13 新建图纸

2）单击选择“A1 公制”，单击“确定”按钮，此时绘图区域打开一张新创建的 A1 图纸，如图 6-14 所示，完成图纸创建后，在项目浏览器“图纸”项下自动添加了图纸“J0-11-未命名”。选择刚创建的新图纸视图，单击“右键-重命名”，修改“编号”为“001”，修改“名称”为“别墅图纸”，如图 6-15 所示。

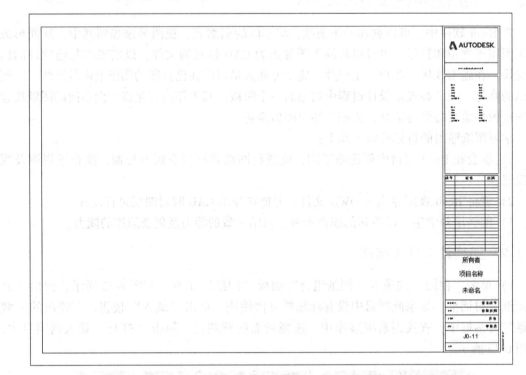

图 6-14　A1 图纸样例

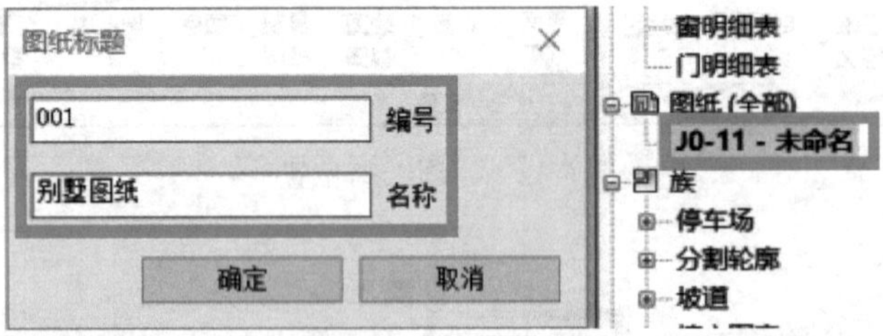

图 6-15　修改图纸标题

3）将项目中多个视图或明细表布置在一个图纸视图中。单击“视图”选项卡“图纸组合”面板中的“视图”工具，弹出“视图”窗口，在窗口中列出了当前项目中所有的可用视图。选择“楼层平面：首层”，单击“在图纸中添加视图”按钮，默认给出“楼层平面：首层”摆放位置及视图范围预览，在视图范围内找到合适位置放置该视图（在图纸中放置的视图称为“视口”），Revit 软件自动在视口底部添加视口标题，默认以该视口的视图名称命名该视口。如果想修改视口标题样式，则需要选择默认的视口标题，在“属性”面板中单击“编辑类型”，打开“类型属性”窗口，修改类型参数“标题”为所使用的族即可，如图 6-16 所示。

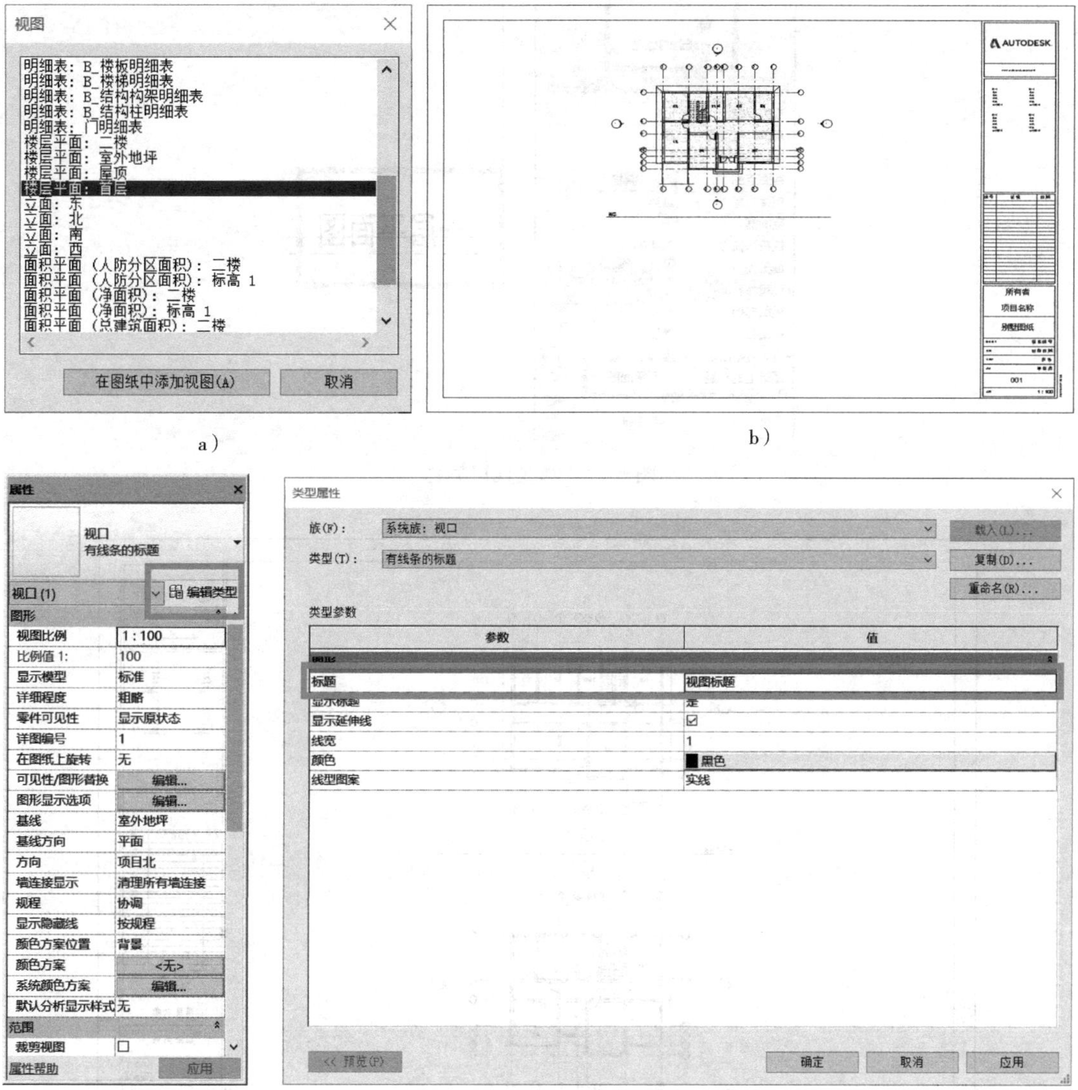

a） b） c） d）

图 6-16 放置图纸

4）除了修改视口标题样式，还可以修改视口的名称。选择刚放入的首层视口，鼠标指针在视口“属性”面板中向下拖动，找到“图纸上的标题”，输入“一层平面图”，按<Enter>键确认，视口标题则由原来的“首层”自动修改为“一层平面图”，如图 6-17 所示。

5）按照上述操作方法可以将其他平、立、剖面图纸和材料明细表等视图添加到图纸视图中。需要注意的是，除了上述讲到的放置视图的方法外，还可以通过拖拽的方式把视图放入图纸中。保证“别墅图纸”处于激活状态下，在项目浏览器中找到“二层”，单击“二层”视图并按住鼠标左键不放将此视图拖入“别墅图纸”视图中合适位置放置即可，如图 6-18 所示。

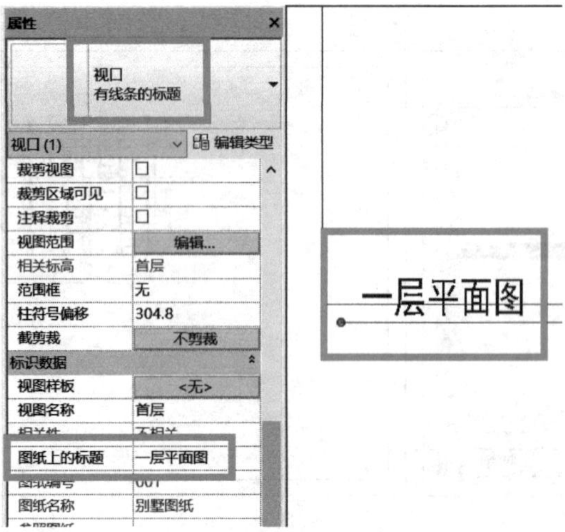

图 6-17 修改视口标题

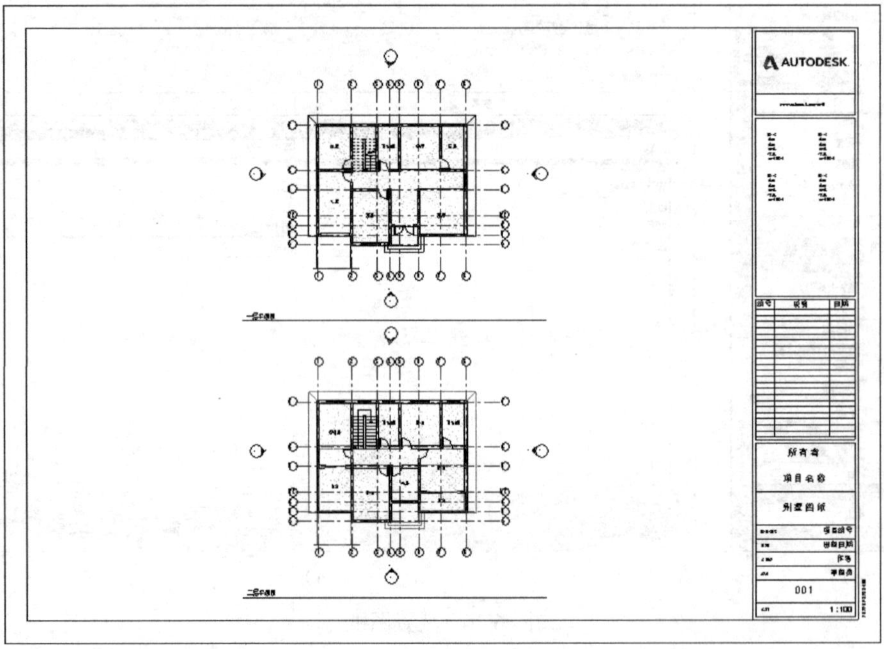

图 6-18 放置图纸

6）图纸中的视口创建好后，单击“注释”选项卡“符号”面板中的“符号”工具。在“属性”面板的下拉类型选项中找到“指北针”，在图纸右上角空白位置单击放置指北针符号，如图 6-19 和图 6-20 所示。

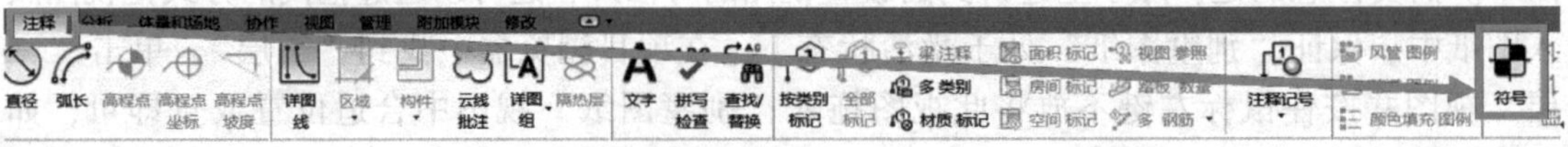

图 6-19 “符号”位置

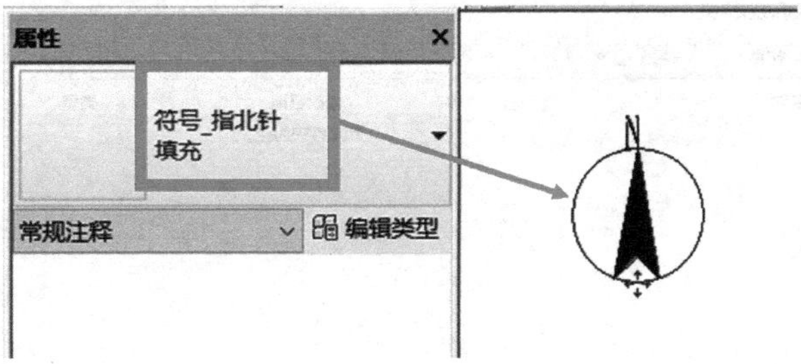

图 6-20　放置指北针

7）图纸布置完成后，可以将图纸导出，在实际项目中实现图纸共享。单击“应用程序”按钮，单击“导出”“CAD 格式”下的“DWG”工具，弹出“DWG 导出”窗口，无须修改，单击“下一步”按钮，关闭窗口，弹出“导出 CAD 格式”窗口，单击“确定”按钮，关闭窗口，如图 6-21 和图 6-22 所示。

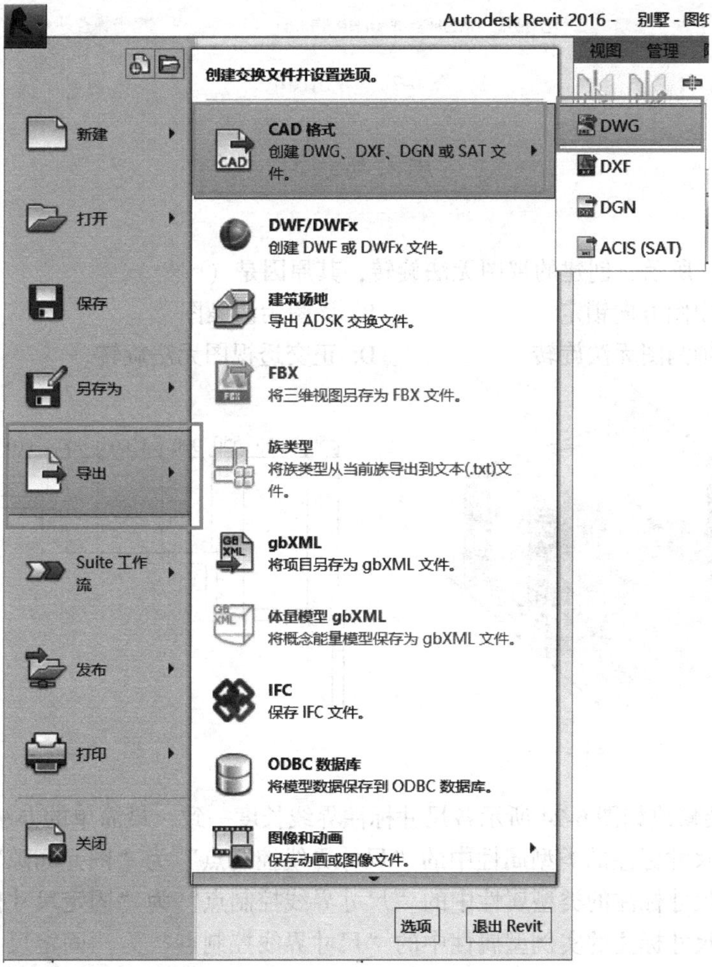

图 6-21　导出位置

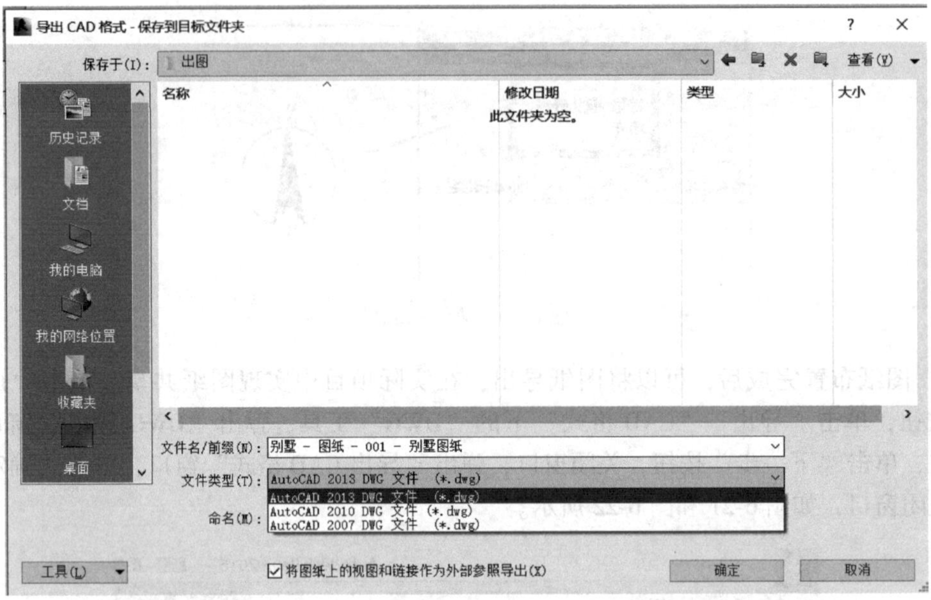

图 6-22 导出图纸

思考与练习

一、单选题

1. 如图 6-23 所示，创建的视图无法旋转，其原因是（　　）。
   A. 三维视图方向锁定　　B. 该图为渲染图
   C. 正交轴测图无法旋转　　D. 正交透视图无法旋转

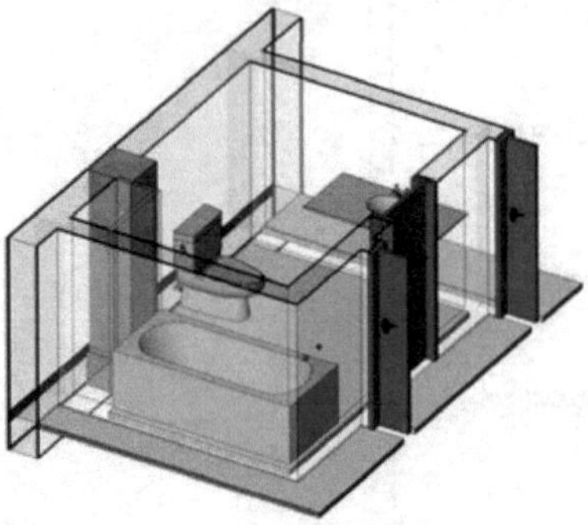

图 6-23

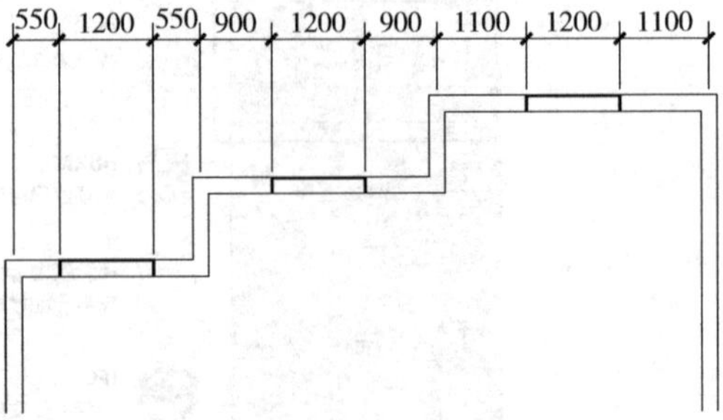

图 6-24

2. 如果需要修改如图 6-24 所示各尺寸标注界线长度一致，最简单的办法是（　　）。
   A. 修改尺寸标注的类型属性中的“尺寸界线控制点”为“图元间隙”
   B. 修改尺寸标注的类型属性中的“尺寸界线控制点”为“固定尺寸标注线”
   C. 修改尺寸标注的实例型属性中的“尺寸界线控制点”为“固定尺寸标注线”
   D. 使用对齐工具

二、多选题

1. 要缩短渲染图像所需的时间，下列方法中正确的有（　　）。

A. 隐藏不必要的模型图元　　B. 减少材质反射表面的反射次数

C. 将视图的详细程度修改为精细　　D. 减小要渲染的视图区域

E. 选择多个构件

2. 下列关于修订编号的描述中正确的有（　　）。

A. 在“注释”选项卡中单击“云线批注”，进入云线绘制模式

B. 修订编号可定义成字母或数字

C. 修订编号不能定义前缀和后缀

D. 通过对象样式中“云线批注”，来修改云线样式的线宽、线颜色和线型

E. 修订编号时不能按照字母顺序排序

项目7

Revit与其他软件的对接

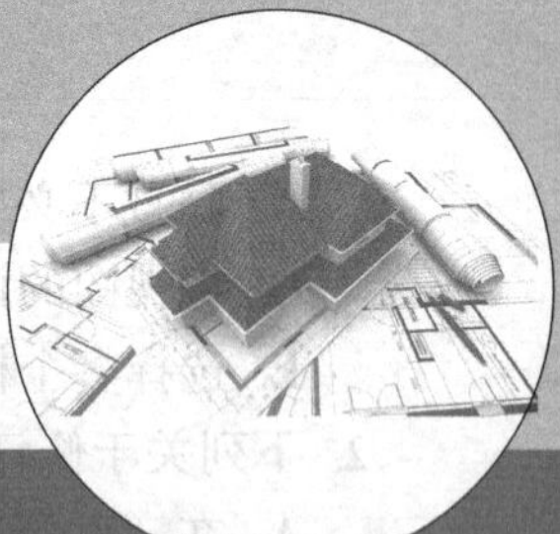

内容提要

前期 BIM 模型搭建是 BIM 工作的第一步，模型后期还有很多应用场景，如利用模型进行工程量统计，以便指导施工现场报量采购工作；或利用 BIM 模型进行碰撞检查，将大部分模型碰撞问题解决在施工前期，避免现场返工。Revit 软件本身具有强大的建模能力，但是 BIM 模型的后期应用还需要与众多行业优秀软件合作。本项目重点讲解如何将搭建好的 Revit 模型与建筑行业其他主流 BIM 软件［如 Navisworks 软件、Fuzor 软件、广联达土建算量软件（GCL2013）、广联达 BIM 5D 软件］进行对接，以方便模型后期的多层次应用，最终为 BIM 模型提升应用价值。

教学要求

知识要点	能力要求	相关知识
Revit 与 Navisworks 软件对接	了解 Navisworks 软件	认识 Navisworks 软件的操作界面
Revit 与 Fuzor 软件对接	了解 Fuzor 软件	认识 Fuzor 软件的操作界面
Revit 与广联达算量软件（GCL2013）对接	了解广联达算量软件（GCL2013）	认识广联达算量软件（GCL2013）的操作界面
Revit 与广联达 BIM 5D 软件对接	了解广联达 BIM 5D 软件	认识广联达 BIM 5D 软件的操作界面

7.1 Revit 与 Navisworks 软件对接

通过了解 Navisworks 软件，学习使用“Navisworks 2016”等命令导出 Navisworks 文件，实现 Revit 与 Navisworks 软件对接。下面将从软件简介与数据对接两方面进行讲解。

1. Navisworks 软件简介

Autodesk Navisworks 软件能够将 AutoCAD 和 Revit 系列等应用创建的设计数据，与来自其他设计工具的几何图形和信息相结合，将其作为整体的三维项目，通过多种文件格式进行实时审阅，而无须考虑文件的大小。Navisworks 软件产品可以帮助所有相关方将项目作为一个整体来看待，从而优化从设计决策、建筑实施、性能预测和规划直至设施管理和运营等各个环节。

Autodesk Navisworks 软件系列包括四款产品，能够加强对项目的控制，使用对现有的三维设计数据透彻了解并预测项目的性能，即使在复杂的项目中也可提高工作效率，保证工程质量。

Autodesk Navisworks Manage 软件针对设计和施工管理专业人员使用，用于全面审阅解决方案，以保证项目顺利进行。Navisworks Manage 将精确的错误查找和冲突管理功能与动态的四维项目进度仿真和照片级可视化功能完美结合。

Autodesk Navisworks Simulate 软件能够精确地再现设计意图，制定准确的四维施工进度表，超前实现施工项目的可视化。在实际动工前就可以在真实的环境中体验所设计的项目，更加全面地评估和验证所用材质和纹理是否符合设计意图。

Autodesk Navisworks Review 软件支持实现整个项目的实时可视化，审阅各种格式的文件，而无须考虑文件大小。

2. Revit 与 Navisworks 数据对接

1）Revit 软件可以直接导出为 Navisworks 软件可识别的数据格式，所以两个软件数据互通只需要在计算机上安装好 Revit 和 Navisworks 程序即可，无须其他插件。安装好的 Revit 和 Navisworks 软件如图 7-1 所示。

图 7-1 Revit 和 Navisworks 软件图标示意图

2）回到 Revit 软件，单击“附加模块”选项卡“外部”面板中的“外部工具”下拉下的“Navisworks 2016”工具，弹出“导出场景为”窗口，指定存放路径为“Desktop \ 案例工程 \ 专用宿舍楼 \ Revit 与 Navisworks 软件对接”，命名为“Revit 与 Navisworks 对接文件”，默认保存的文件类型为“. nwc”格式。单击“保存”按钮，弹出“导出进度条”窗口，等待片刻，全部导出完成后进度条消失。如图 7-2 和图 7-3 所示。

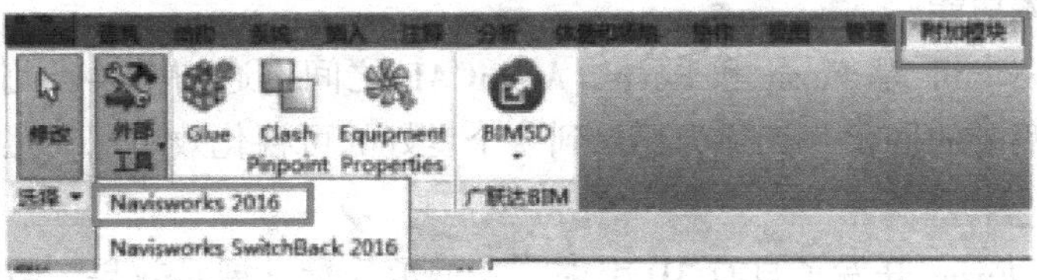

图 7-2 保存

图 7-3 导出进度条

3）打开安装好的 Navisworks 软件，单击“快速访问栏”中“打开”工具，弹出“打开”窗口，找到刚刚 Revit 导出的“Revit 与 Navisworks 对接文件”，单击“打开”按钮，Revit 建立好的 BIM 模型整体显示在 Navisworks 软件中。配合<Shift>键和鼠标滚轮，对模型进行查看，如图 7-4 所示。

4）在 Navisworks 软件中可以对 BIM 模型进行浏览查看、碰撞检查、渲染图片、动画制作、进度模拟等操作，以配合现场投标、施工过程指导等工作。这里不再详述操作步骤，读者可自行寻找 Navisworks 软件资料进行学习。

图 7-4 模型查看

7.2 Revit 与 Fuzor 软件对接

通过了解 Fuzor 软件，学习使用“Launch Fuzor”等命令将 Revit 文件转化进入 Fuzor 软件，实现 Revit 数据与 Fuzor 软件对接。下面将从软件简介与数据对接两方面进行讲解。

1. Fuzor 软件简介

Fuzor 是由美国 KallocStudios 打造的一款虚拟现实级的 BIM 软件平台，首次将先进的多人游戏引擎技术引入建筑工程行业，拥有双向实时无缝链接专利。

Fuzor 是创新性的 BIM 软件，不仅提供实时的虚拟现实场景，更可在瞬间转换成和游戏场景一样的亲和度极高的模型，最重要的是它保留了完整的 BIM 信息，实现了“用玩游戏的体验做 BIM”。Fuzor 包含以下具体功能：

1）双向实时同步。Fuzor 的 Live Link 是 Fuzor 和 Revit、ArchiCAD 之间沟通的桥梁，此功能使两个软件可以双向实时同步两者的变化，无须为再得到一个良好的可视化效果而在几个软件中转换。

2）强大的 BIM 虚拟现实引擎。Fuzor 开发了自有 3D 引擎，模型承受量、展示效果、数据支持都是为 BIM 量身定做。在 Fuzor 里的光照模拟、材质显示都在性能和效果之间找了良好的平衡。

3）服务器、平台化支持。Fuzor 支持多人基于私有服务器的协同工作，模型文件以及它的一切变化都可以记录在服务器里。

4）云端问题追踪。Fuzor217 通过协同服务器，可将项目参与各方的问题交互都放到用户的私有云或公有云上，让项目管理者可以随时调出或添加项目中发生的问题，并实时地将问题分配给相应责任人。

5）移动端支持。Fuzor 有强大的移动端支持，可以让大于 5G 的 BIM 模型在移动设备里流畅展示，即可以在移动端设备里自由浏览、批注、测量、查看 BIM 模型参数。

6）客户端浏览器。Fuzor 可以把文件打包为一个 EXE 的可执行文件，供其他没有安装 Fuzor 的人员一样审阅模型，并同时对 BIM 成果进行标注，操作非常便捷。

7）2D 地图导航。在 Fuzor 的 2D 地图导航中，点选地图上某一点，视图将会瞬间移动所需位置；允许用户输入 X、Y、Z 坐标瞬移相机（或虚拟人物）到项目的特定点。

8）物体可见控制。Fuzor 允许隐藏、着色或改变对象的不透明度，这些变化可以应用于所选对象或所有实例，突出显示问题区域和快速识别项目中的对象。

9）FUZOR 注释功能。用户可以对一个对象添加注释，也可以将注释保存为一个文件，使其他同事可以将注释载入到 Fuzor 或 Revit 中，注释清晰且被标注模型高亮显示。

10）实时族对象放置。用户可以在 Fuzor 环境下直接放置 Revit 族对象时，移动或删除族对象时可以使用 LiveLink 连接功能把这些改变同步到 Revit 文件中。

11）广泛的设备支持。Fuzor 用户可以使用多种设备（USB 游戏垫、触摸屏和 3D 鼠标），也可以跨越不同的显示平台。

2. Revit 与 Fuzor 数据对接

1）Revit 软件可以直接与 Fuzor 软件实现数据互通，在计算机上安装好 Revit 和 Fuzor 程序后，在 Revit 软件中会自动添加“Fuzor Plugin”选项卡，点开选项卡，出现“Fuzor Ultimate”面板，面板中有“Launch Fuzor”等 8 个工具。

2）保持 Revit 软件和 Fuzor 软件同时处于打开状态。切换到 Revit 软件，单击“Fuzor Plugin”选项卡“Fuzor Ultimate”面板中的“Launch Fuzor”。Revit 软件开始将 BIM 模型输出到 Fuzor 软件，切换到 Fuzor 软件后等待片刻，可以看到 Revit 软件中的模型传输到 Fuzor 软件中，如图 7-5 所示。

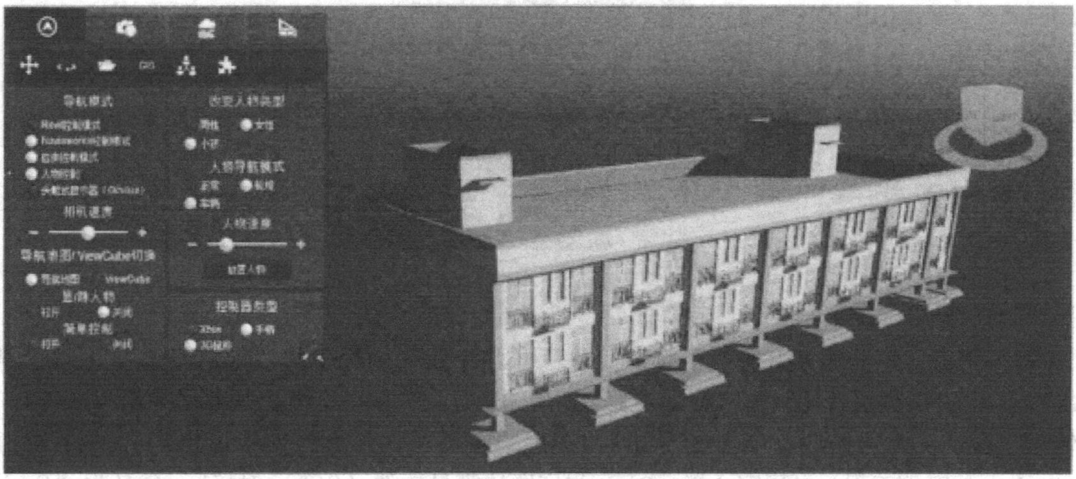

图 7-5 传输成果

3）在 Fuzor 软件中可以对 BIM 模型进行浏览查看、碰撞检查、渲染图片、动画制作等操作，以配合现场投标、施工过程指导等工作。这里不再详述操作步骤，读者可自行寻找 Fuzor 软件资料进行学习。

7.3 Revit 与广联达算量软件（GCL 2013）对接

通过了解广联达算量软件（GCL 2013），学习使用“导出 GFC”等命令导出 GFC 文件，实现 Revit 数据与广联达算量软件（GCL 2013）对接。下面将从软件简介与数据对接两方面进行讲解。

1. 广联达算量软件（GCL 2013）简介

广联达算量软件（GCL 2013）是基于广联达公司自主平台研发的一款算量软件，无须安装 CAD 软件即可运行。软件内置全国各地现行清单、定额计算规则，能够响应全国各地行业动态，确保用户及时使用。软件采用 CAD 导图算量、绘图输入算量、表格输入算量等多种算量模式，三维状态自由绘图、编辑，高效、直观、简单。软件运用三维计算技术，轻松处理跨层构件计算，彻底解决困扰用户的难题。提量简单，无须套做法也可出量，报表功能强大，提供了做法及构件报表量，满足招标方、投标方各种报表需求。

2. Revit 与广联达算量软件（GCL）数据对接

1）由于 Revit 数据不能直接导出广联达算量软件（GCL 2013）可识别的数据格式，所以需要安装广联达研发的“GFC 插件”来实现两个软件之间的数据互通。GFC 插件在 Revit 和广联达算量软件（GCL 2013）安装完毕后进行安装。GFC 插件安装完毕后在 Revit 软件中会自动添加“广联达 BIM 算量”选项卡，点开选项卡，有“广联达土建”面板，面板中有“导出 GFC”等 5 个工具，如图 7-6 和图 7-7 所示。

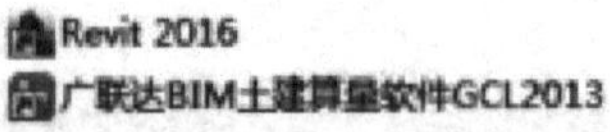

图 7-6 “广联达土建”面板

图 7-7 工具

2）单击“广联达 BIM 算量”选项卡“广联达土建”面板中的“导出 GFC”工具，弹出“导出 GFC-楼层转化”窗口，无须修改，单击“下一步”按钮，弹出“导出 GFC-构件转化”窗口，无须修改，单击“导出”按钮，弹出“另存为”窗口，指定存放路径为“Desktop \ 案例工程 \ 专用宿舍楼 \ Revit 与广联达算量软件（GCL）对接”，命名为“Revit 与广联达算量软件（GCL 2013）数据对接”，默认保存的文件类型为“.gfc”格式。单击“保存”按钮，弹出“构件导出进度”窗口，等待片刻，全部导出完成后弹出“提示”窗口，显示导出成功。

3）打开广联达算量软件（GCL 2013），新建工程后，需要登录广联云账号，如图 7-8 所示。需要注意的是，广联达算量软件（GCL 2013）在导入 Revit 导出的 .gfc 数据时需要登录广联云账号，没有广联云账号的需要先注册。

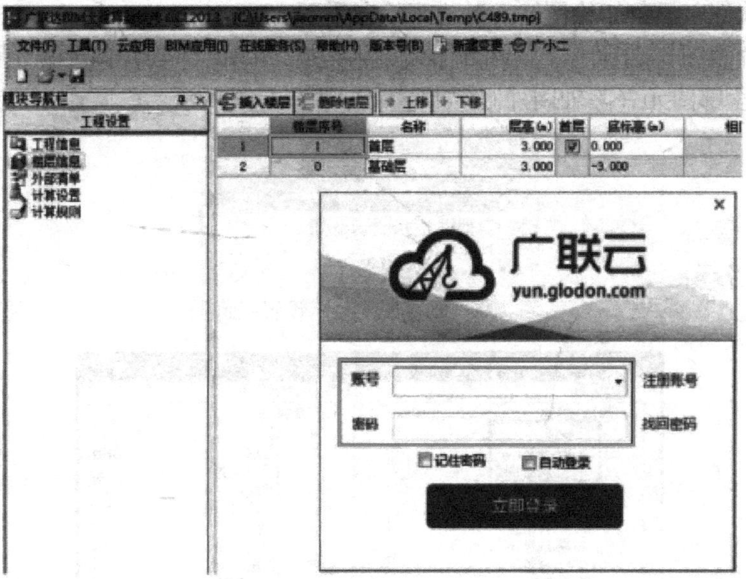

图 7-8 登录广联云账号

图 7-9 导入 Revit 交换文件（GFC）-单文件导入

4）广联云登录完成后，单击“BIM 应用”选项卡“导入 Revit 交换文件（GFC）-单文件导入”工具，弹出“打开”窗口，选择刚导出的“Revit 与广联达算量软件（GCL 2013）数据对接”文件，单击“打开”按钮，弹出“GFC 文件导入向导”窗口，无须修改，单击“完成”按钮，弹出“GFC 文件导入向导-正在导入”窗口，导入完成后，单击“完成”按钮，弹出“确认”窗口，单击“否”按钮，关闭窗口。此时 Revit 数据已经导入到广联达算量软件（GCL 2013）中。操作过程如图 7-9、图 7-10 所示。

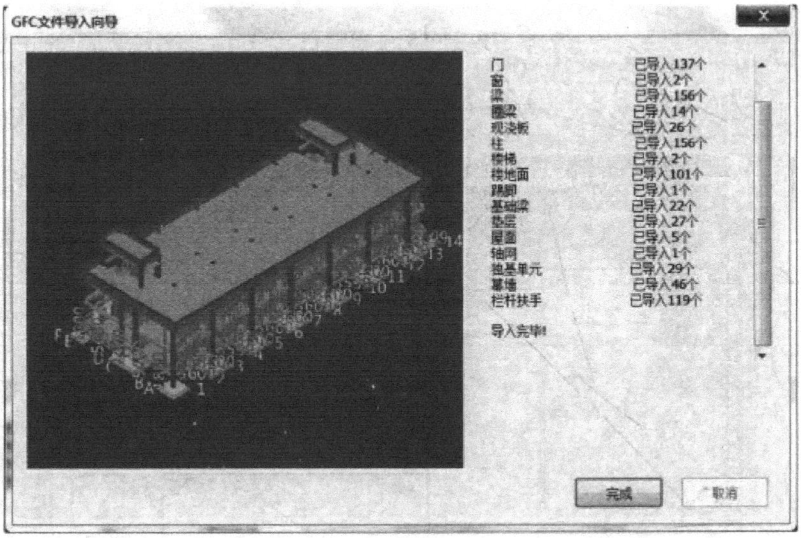

图 7-10 导入成功

5）单击软件左下角“绘图输入”进入绘图界面。

6）单击“视图”选项卡下“构件图元显示设置”弹出“构件图元显示设置-轴网”窗口，勾选左侧全部图元（除轴网外），如图 7-11 和图 7-12 所示。

图 7-11 构件图元显示设置-轴网

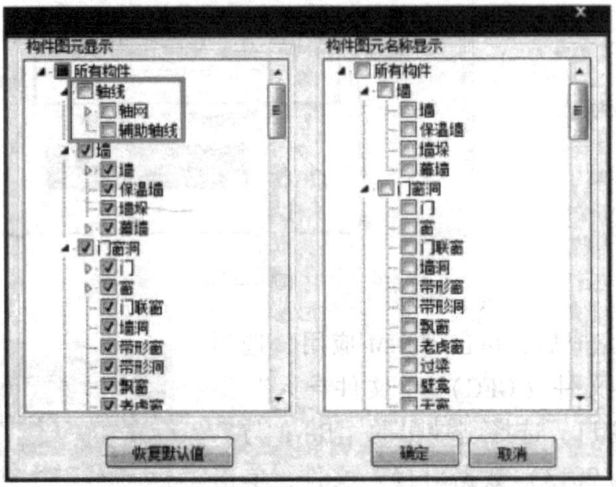

图 7-12 勾选图元

7）单击“全部楼层”后单击“三维”工具，Revit 软件建立好的 BIM 模型整体显示在广联达算量软件（GCL 2013）中，按住<Ctrl>键+鼠标左键可旋转查看模型，如图 7-13 和图 7-14 所示。

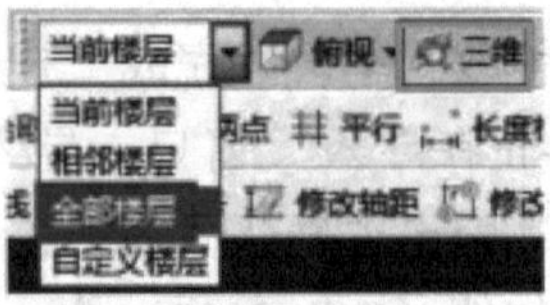

图 7-13 显示模型

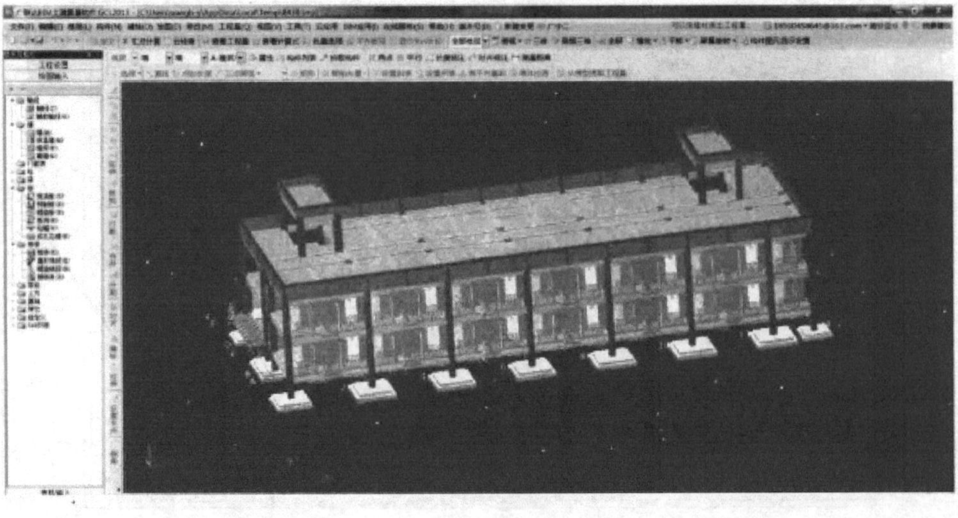

图 7-14 旋转模型

8）在广联达算量软件（GCL 2013）中可以对模型进行汇总计算，出具工程量表单数据，指导现场算量结算等工作。这里不再详述操作步骤，读者可自行寻找广联达算量软件（GCL 2013）资料进行学习。

7.4 Revit 与广联达 BIM 5D 软件对接

通过了解广联达 BIM 5D 软件，学习使用“BIM 5D”等命令导出 E5D 文件，实现 Revit 数据与广联达 BIM 5D 软件对接。下面将从软件简介与数据对接两方面进行讲解。

1. 广联达 BIM 5D 软件简介

广联达 BIM 5D 以 BIM 集成平台为核心，通过三维模型数据接口集成土建、钢结构、机电、幕墙等多个专业模型，并以 BIM 集成模型为载体，将施工过程中的进度、合同、成本、清单、质量、安全、图纸等信息集成到同一平台，利用 BIM 模型形象直观、可计算分析的特性，为施工过程中的进度管理、现场协调、合同成本管理、材料管理等关键过程及时提供准确的构件几何位置、工程量、资源量、计划时间等，帮助管理人员进行有效决策和精细管理，减少施工变更，缩短项目工期、控制项目成本、提升质量。

广联达 BIM 5D 包含以下几大模块内容：基于 BIM 的进度管理、基于 BIM 的物资管理、基于 BIM 的分包和合同管理、基于 BIM 的成本管理、基于 BIM 的质量安全管理、基于 BIM 的云端管理和基于平台的安全权限控制管理。

2. Revit 与广联达 BIM 5D 软件数据对接

1）目前计算机上单独安装 Revit 软件不能直接把数据导出为广联达 BIM 5D 软件可识别的数据格式，只有计算机上同时安装 Revit 软件和广联达 BIM 5D 软件，并且在安装广联达 BIM 5D 软件过程中需要勾选 BIM 5D 软件所要支持的 Revit 版本（目前广联达 BIM 5D 软件支持 Revit 2014~2017 版本），勾选后安装完成才会在 Revit 软件的“附加模块”选项卡中添加“广联达 BIM”面板（含有“BIM 5D”图标及下拉菜单的“配置规则、导出全部图元、导出所选图元、关于”四个工具），如图 7-15~图 7-17 所示。

图 7-15 安装广联达 BIM 5D

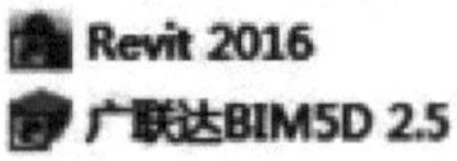

图 7-16　安装完成

图 7-17　四个下拉工具

2）单击“广联达 BIM”面板中的“BIM 5D”下拉菜单的“导出全部图元”工具，弹出“E5D 文件路径”窗口，指定存放路径为“Desktop \ 案例工程 \ 专用宿舍楼 \ Revit 与广联达 BIM 5D 软件对接”，命名为“Revit 与广联达 BIM 5D 软件数据对接”，默认保存的文件类型为“. E5D”格式。单击“保存”按钮，弹出“范围设置”窗口，在“选项设置-专业选择”中勾选“土建（土建、粗装修、幕墙、钢结构、措施）”，实际项目中需根据项目所属专业选择合适的专业。窗口中其他设置保持不变，单击“下一步”按钮，进入“跨层图元楼层设置”窗口。默认继续单击“下一步”按钮，进入“图元检查”窗口，“图元检查”窗口含有“已识别图元、多义性的图元、未识别的图元”3 个选项卡，单击“未识别的图元”选项卡，向下滑动右侧滚动条，可以看到未识别图元主要为“独立基础-二阶”以及“门、窗”构件。可以快速批量选择同类构件进行 BIM 5D 专业的匹配和构件类型的匹配。单击序号 1 的“独立基础-二阶”，按住键盘的<Shift>键，向下滑动右侧滚动条，单击序号 29 的“独立基础-二阶”，全部选中后，单击序号 29 对应的“BIM 5D 专业”下拉小三角，单击“土建”专业，此时被选中的序号 1~29 行“构件类型”自动显示为“墙-墙”，继续单击序号 29 对应的“构件类型”下拉小三角，单击“基础-独立基础”，此时选中的 1~29 行的 BIM 5D 专业和构件类型修改正确。同样的操作，单击序号 30 的“M-1”，按住键盘的<Shift>键，单击序号 119 的“M-1”，统一修改“BIM 5D 专业”为“粗装修”，“构件类型”为“门窗-门”。同样的方法修改窗构件。全部修改完毕后，查看最后的序号 227~229 行，双击定位到三维模型中，可以看到“属性”面板显示为“漫游”，这些不影响实体构件，无须修改。最后除序号 227~229 行外，将序号1~226 行全部选中，勾选“是否导出”复选框。单击“导出”按钮，弹出“确认”窗口，提示还有图元专业为“未知”（就是指的序号 227~229 行），是否继续导出，单击“是”按钮，关闭窗口，切换到进度条模式，等待片刻，全部导出完成后弹出“导出完成”窗口，Revit 模型数据导出为 . ED5 文件数据。

3）打开广联达 BIM 5D 软件，新建工程后，在导航栏左侧功能模块区单击“数据导入”，在“模型导入”选项卡“实体模型”一栏中单击“添加模型”，弹出“打开模型文件”窗口，选择刚导出的“Revit 与广联达 BIM 5D 软件数据对接”文件，单击“打开”按钮，弹出“添加模型”窗口，可以修改“单体匹配”中单体的名称，单击“导入”按钮，将模型导入到 BIM 5D 软件。选中刚导入的模型文件，单击“文件预览”，可以对导入进来的三维模型进行各维度查看。

4）BIM 5D 软件作为一个平台型的软件，不仅可以集成 Revit、Tekla、MagiCAD、GCL 及 GGJ 等不同的 BIM 软件产生的模型，还可以利用这些 BIM 模型进行项目进度管理，实时获得项目进度详情，显示进度滞后预警；可以进行 BIM 的物资管理，多维度地快速统计工程量、自动生成物资报表；能够通过移动端进行质量安全数据采集，将质量安全问题反馈到平台上并与模型定位挂接，实现质量安全过程管理的可视化、统一化；能够进行 5D 模拟的多方案对比，预测随着项目进展所需的资源需求以及消耗情况。这里不再详述操作步骤，读者可自行寻找广联达 BIM 5D 软件资料进行学习。

7.5 总结

在用 Revit 软件进行 BIM 建模的过程中，除了上述讲到的可以将 Revit 软件中的模型导出为 Navisworks、Fuzor、GCL、BIM 5D 软件可读取的数据之外，Revit 软件中创建的模型也可以导入到 3ds Max 中进行更加专业绚丽的渲染操作；也可以导入到 Autodesk Ecotest Analysis 中进行生态方面的分析，比如环境影响模拟、节能减排设计分析等；还可以通过专用的接口将结构柱、梁等模型导入到 PKPM 或 YJK 软件进行结构模型的受力计算。

由此可见，Revit 软件具有强大的 Open 特性，可以和众多主流 BIM 软件进行数据交换，以提高数据共享、协同工作的效率，这也是 Revit 软件作为 BIM 圈内市场占有率较高的一款软件的重要原因。通过上述内容，读者需要了解的是没有任何一款 BIM 软件可以解决实际项目中所有的需求，在现阶段 BIM 模型创建及应用的过程中，应该根据项目需求选择更轻便快捷的软件进行组合，通过数据传输保证各 BIM 软件都发挥最大的价值，这也体现了 BIM 圈内合作共赢的理念。

思考与练习

一、单选题

1. 结构施工图设计模型的关联信息不包括（　　）。

   A. 构件之间的关联关系　　B. 模型与模型之间的关联关系

   C. 模型与信息之间的关联关系　　D. 模型与视图之间的关联关系

2. 用于统计项目中不同对象使用的材料数量，并且将其统计在一张统计表中的操作是（　　）。

   A. 使用材质提取功能，分别统计，导出到 Excel 中进行汇总

   B. 使用材质提取功能，设置多类别材质统计

   C. 使用明细表功能，将材质设置为关键字

   D. 使用材质提取功能，设置材质所在族类别

二、多选题

1. BIM 构件资源库中应对构件进行管理的方面有（　　）。

   A. 命名　　B. 分类

   C. 位置信息　　D. 数据格式

   E. 版本信息

2. 下列关于建筑剖面图的说法不正确的有（　　）。

   A. 用正立投影面的平行面进行剖切得到的剖面图称为纵剖切面

B. 用侧立投影面的平行面进行剖切得到的剖面图称为纵剖切面
C. 用正立投影面的平行面进行剖切得到的剖面图称为横剖切面
D. 剖面图是指房屋的垂直或水平剖面图
E. 用侧立投影的平行面进行剖切得到的剖面图称为横剖切面

参考文献

[1] 朱溢镕，焦明明．BIM 建模基础与应用［M］．北京：化学工业出版社，2017.

[2] 付敏娥．BIM 建模之土建建模［M］．杭州：浙江大学出版社，2018.

[3] 刘占省，赵雪锋．BIM 技术与施工项目管理［M］．北京：中国电力出版社，2015.

[4] 赵雪锋，李炎锋，王慧琛．建筑工程专业 BIM 技术人才培养模式研究［J］．中国电力教育，2014（2）：53-54.

[5] 何关培．建立企业级 BIM 生产力需要哪些 BIM 专业应用人才［J］．土木建筑工程信息技术，2012（1）：57-60.

[6] 刘占省，赵明，徐瑞龙，等．推广 BIM 技术应解决的问题及建议［N］．建筑时报，2013-11-28（4）．

[7] 刘占省，赵明，徐瑞龙．BIM 技术在我国的研发及工程应用［J］．建筑技术，2013，44（10）：893-897.

[8] 张春霞．BIM 技术在我国建筑行业的应用现状及发展障碍研究［J］．建筑经济，2011（9）：96-98.

[9] 贺灵童．BIM 在全球的应用现状［J］．工程质量，2013，31（3）：12-19.

[10] 刘占省．由 500m 口径射电望远镜（FAST）项目看建筑企业 BIM 应用［J］．建筑技术开发，2015.（14）：16-19.

[11] 黄亚斌，王全杰．Revit 建筑应用实训教程［M］．北京：化学工业出版社，2016.

[12] 黄亚斌，王全杰．Revit 机电应用实训教程［M］．北京：化学工业出版社，2016.

[13] 朱溢镕．BIM 算量一图一练［M］．北京：化学工业出版社，2016.